Otto Föllinger

Nichtlineare Regelungen I

Nichtlineare Regelungen I

Grundlagen und Harmonische Balance

von Dr. rer. nat. Otto Föllinger,
Universität Karlsruhe

Mit 166 Abbildungen

Akademie-Verlag · Berlin 1980

Erschienen im Akademie-Verlag, DDR-1080 Berlin, Leipziger Straße 3—4
Von R. Oldenbourg, München, genehmigte Lizenzausgabe.

Lizenznummer: 202 · 100/417/80
Gesamtherstellung: VEB Druckerei „Thomas Müntzer", 5820 Bad Langensalza
Einbandgestaltung: Rolf Kunze
Bestellnummer: 762 815 3 (6556/1) · LSV 3505
Printed in GDR
DDR 28,— M

Inhaltsverzeichnis

Aus dem Vorwort zur 1. Auflage 7

Vorwort zur 2. erweiterten Auflage 9

1. Grundbegriffe nichtlinearer Systeme 11

1.1 Lineare und nichtlineare Übertragungsglieder 11
1.2 Struktur nichtlinearer Systeme und häufig auftretende Kennliniengliederder 14
1.3 Zustandsvariable 25
1.4 Ruhelage eines dynamischen Systems und nichtlinearer Standardregelkreis 37
1.5 Stabilitätsverhalten von nichtlinearen Systemen 44

2. Die Methode der Harmonischen Balance (Harmonische Linearisierung, Methode der Beschreibungsfunktion) 55

2.1 Ruhelage und Dauerschwingungen eines nichtlinearen Systems 55
2.2 Einführung der Beschreibungsfunktion und die Gleichung der Harmonischen Balance 58
2.3 Berechnung der Beschreibungsfunktion 66
2.4 Lösung der Gleichung der Harmonischen Balance 73

3. Bedingungen für die globale asymptotische Stabilität der Ruhelage und die Stabilisierung nichtlinearer Regelkreise 97

4. Grenzschwingungen 104

4.1 Stabilitätsverhalten von Dauerschwingungen 104
4.2 Stabilitätsverhalten der Ruhelage bei Vorhandensein von Grenzschwingungen 115

5. Anwendung von Frequenzkennlinien 121

6. Anwendung der Harmonischen Balance auf Regelkreise mit unsymmetrischer Kennlinie und konstanten Eingangsgrößen 132

6.1 Aufstellen der Gleichungen der Harmonischen Balance 132
6.2 Lösung der Gleichungen der Harmonischen Balance 139

7. Anwendung der Harmonischen Balance auf Regelkreise mit mehreren Kennlinien 149

7.1 In Reihe gelegene Kennlinien 149
7.2 Beliebige Lage der Kennlinien im Regelkreis 155

8. Harmonische Balance bei allgemeineren Nichtlinearitäten und bei harmonischen Eingangsgrößen (Querverbindung zur Schwingungstechnik) 162

8.1 Die Schwingungsdifferentialgleichung als Regelkreis 162
8.2 Die Gleichungen der Harmonischen Balance für den Regelkreis der Schwingungsdifferentialgleichung 168
8.3 Beispiele 171

9. Nichtlineare Stabilisierung anhand eines Anwendungsbeispiels 174

9.1 Struktur des Systems 175
9.2 Lose 178
9.3 Stabilitätsanalyse und Stabilisierung 183

Übungsaufgaben mit Lösungen 190

Zusammenstellung einiger Beschreibungsfunktionen . . 221

Literaturverzeichnis 223

Sachwortverzeichnis 225

Aus dem Vorwort zur 1. Auflage

In diesem Bändchen, „Nichtlineare Regelungen I, Grundlagen und Harmonische Balance“, sowie in den beiden folgenden, „Nichtlineare Regelungen II, Anwendung der Zustandsebene“ und „Nichtlineare Regelungen III, Ljapunow-Theorie und Popow-Kriterium“, werden Methoden zur Stabilitätsanalyse und Stabilisierung nichtlinearer Regelkreise beschrieben. Auf die Optimierung von Regelungen wird nur beim Entwurf schnelligkeitsoptimaler Systeme in der Zustandsebene eingegangen.

Aus der Vielfalt der zur Verfügung stehenden Methoden habe ich diejenigen herausgegriffen, die meiner Erfahrung nach zur Bearbeitung konkreter regelungstechnischer Probleme besonders geeignet sind, wobei mir vor allem Anwendungen aus dem Bereich der Anlagen- und Verfahrenstechnik vor Augen standen.

Den nichtlinearen Methoden ist ein Kapitel über einige Grundbegriffe vorausgeschickt. Es soll vor allem dazu dienen, dem Ingenieur, der bisher nur mit den klassischen Frequenzgangmethoden zu tun hatte, die Zustandsvariablen und die verschiedenen nichtlinearen Stabilitätsbegriffe nahezubringen.

Die Darstellung beschränkt sich auf die wesentlichen Grundzüge der Methoden. Vollständigkeit ist ebensowenig angestrebt wie mathematische Präzision. Die Bändchen sind zunächst für den Gebrauch des Ingenieurs geschrieben und darüber hinaus für alle Anwender, die sich für Regelungsprobleme interessieren, aber nicht für den, dem es in erster Linie um den mathematischen Aspekt der nichtlinearen Methoden geht. Auf Anschaulichkeit ist Wert gelegt. Die Methoden und allgemeinen Begriffsbildungen werden an typischen Beispielen erörtert, die eingehend beschrieben sind. Die theoretischen Ergebnisse werden mit der Nachbildung am Analog- und Digitalrechner verglichen.

An mathematischen Kenntnissen werden die Elemente der Laplace-Transformation vorausgesetzt, an einigen Stellen die Grundregeln der Vektor- und Matrizenrechnung benötigt. In regelungstechnischer Hinsicht werden die Grundbegriffe des Regelkreises, seine Darstellung im Strukturbild (Signalflußbild), die linearen Stabilitätskriterien und die Frequenzgangmethoden als bekannt angesehen.

Es war mir nicht immer möglich, mich an die Symbole und Benennungen von DIN 19226 zu halten. Das gilt insbesondere für die Beschreibung eines Systems durch Zustandsvariable, wo der internationale Sprachgebrauch stark von unserer Norm abweicht.

In den Strukturbildern sind die Übertragungsglieder durch Übertragungsfunktionen oder Frequenzgänge symbolisiert, also durch komplexe Funktionen, obgleich an den Wirkungslinien Zeitfunktionen zu denken sind. Ich glaube nicht, daß durch diese Symbolik Verwirrung entstehen kann. Man spart sich so die Einführung eines besonderen Differentiationsoperators, der bei den hier interessierenden Zusammenhängen doch keinen weiteren Nutzen bringt.

Periodische Vorgänge werden als „Dauerschwingungen" bezeichnet. Ich habe hier den bei linearen Systemen üblichen technischen Sprachgebrauch übernommen, wo eine Schwingung, die von einem Polpaar auf der imaginären Achse herrührt, als Dauerschwingung bezeichnet wird, obwohl sie in einem realen System keine Dauererscheinung darstellt.

Zum Schluß möchte ich sehr herzlich meinen Mitarbeitern danken, die mich bei der Abfassung der Bändchen mit Rat und Tat unterstützt haben, ganz besonders Herrn Dieter Franke, der das ganze Manuskript kritisch durchgesehen und die mühevolle Arbeit des Korrekturlesens übernommen hat, sowie Herrn M. Pandit und Herrn G. Preusche für wertvolle Ratschläge. Nicht zuletzt möchte ich Herrn Dr. R. Oldenbourg und Herrn Professor Sartorius meinen Dank für ihre Unterstützung und die Ermutigung zu dieser Arbeit aussprechen.

Karlsruhe, März 1969 O. Föllinger

Vorwort zur 2. erweiterten Auflage

Bezüglich Ziel, Interessentenkreis und Voraussetzungen gilt nach wie vor das im Vorwort zur 1. Auflage Gesagte. Das vorliegende Bändchen behandelt einige Grundlagen nichtlinearer Systeme und die Methode der Harmonischen Balance.

Abgesehen von kleinen Korrekturen und Ergänzungen entsprechen die Kapitel 1—5 dem Inhalt der 1. Auflage der „Nichtlinearen Regelungen I". Neu hinzugekommen ist in der 2. Auflage die Anwendung der Harmonischen Balance

- auf unsymmetrische Kennlinien und konstante Eingangsgrößen (Kapitel 6),
- auf Systeme mit mehreren Kennlinien (Kapitel 7),
- auf allgemeinere Nichtlinearitäten und Systeme mit harmonischen Eingangsgrößen, wodurch zugleich eine Querverbindung zur Schwingungstechnik hergestellt wird (Kapitel 8),
- zur nichtlinearen Stabilisierung (Kapitel 9).

Es wäre verlockend gewesen, einige mit der Harmonischen Balance eng zusammenhängende Verfahren anzuschließen, etwa die Methode der langsam veränderlichen Parameter, die exakte Berechnung periodischer Vorgänge in Relaissystemen, die Methode der Beschreibungsreihen von D. Teodorescu. Dadurch wäre jedoch der Umfang des Bändchens, der sich ohnehin schon fast verdoppelt hat, zu sehr angewachsen. Statt dessen wurde, einem mehrfach geäußerten Wunsch entsprechend, eine Anzahl von Übungsaufgaben mit Beschreibung des Lösungsweges aufgenommen.

Auch bei der Fertigstellung der 2. Auflage haben mich meine Mitarbeiter tatkräftig unterstützt. Ich danke Herrn Dipl.-Ing. R. Sommer für die Durchsicht des Manuskriptes und die Anfertigung des Sachverzeichnisses und ganz besonders Herrn Dr.-Ing. K. S. Yeung für wertvolle Ratschläge und die Durchrechnung von Beispielen.

Mein herzlicher Dank richtet sich auch an meinen früheren Mitarbeiter Herrn Dr. G. Kallina (Siemens Karlsruhe). Die Einsicht in sein noch nicht veröffentlichtes Manuskript ermöglichte mir die wirklichkeitsnahe Darstellung einer nichtlinearen Stabilisierung. Dem Oldenbourg-Verlag danke ich für die stets angenehme Zusammenarbeit.

Karlsruhe, Weihnachten 1977 — O. Föllinger

1. Grundbegriffe nichtlinearer Systeme

1.1 Lineare und nichtlineare Übertragungsglieder

Am Anfang einer Betrachtung über nichtlineare Systeme muß die Begriffsbestimmung des nichtlinearen Systems stehen. Da es durch eine Vereinigung definiert ist, wird man vom linearen System ausgehen müssen.

Ganz allgemein sei zunächst unter einem *Übertragungsglied* eine Anordnung verstanden, welche aus einer Eingangsgröße $u(t)$ oder auch mehreren Eingangsgrößen $u_1(t), \dots, u_p(t)$ eine eindeutig bestimmte Ausgangsgröße $y(t)$ erzeugt. Bezeichnet man die Gesamtheit der Operationen, durch die das geschieht, mit dem Symbol G, so kann man das Übertragungsglied durch die Gleichung

(1) $$y = G(u) \qquad \text{bzw.} \qquad y = G(u_1, \dots, u_p)$$

charakterisieren. G heißt der Operator des Übertragungsgliedes.

Beispielsweise gilt für einen Integrator, wie er etwa in einem Analogrechner vorkommt, die Beziehung

$$y(t) = \int_0^t u(\tau)\, d\tau ,$$

durch die jeder Eingangsgröße $u(t)$ eine eindeutig bestimmte Ausgangsgröße $y(t)$ zugeordnet wird. Der Operator G besteht hier in der Ausführung der Integration.

Ein Operator kann somit als eine Abbildung von Funktionen auf Funktionen angesehen werden. Er ist daher wohl zu unterscheiden von einer Funktion, die eine Abbildung von Zahlen auf Zahlen vermittelt. So wird z. B. durch $y = e^x$ jeder Zahl x eine Zahl y zugeordnet.

Man nennt nun ein *Übertragungsglied linear, wenn es das Überlagerungs- und Verstärkungsprinzip erfüllt.* Das soll heißen: Sind für irgend zwei Eingangsgrößen $u(t)$ und $\tilde{u}(t)$ die zugehörigen Ausgangsgrößen $y(t)$ und $\tilde{y}(t)$, so ist die zur Summe $u(t) + \tilde{u}(t)$ gehörende Ausgangsgröße $y(t) + \tilde{y}(t)$; ist c irgendeine reelle Zahl, so gehört zu $cu(t)$ die Ausgangsgröße $cy(t)$.

In Formeln sieht das so aus: Ist $y = G(u)$, $\tilde{y} = G(\tilde{u})$, so gilt $G(u + \tilde{u}) = y + \tilde{y}$, also

(2) $$G(u + \tilde{u}) = G(u) + G(\tilde{u}),$$

und $G(cu) = cy$, also

(3) $$G(cu) = cG(u).$$

Das ist die formelmäßige Definition des linearen Übertragungsgliedes, wobei zu beachten ist, daß (2) und (3) für beliebige Eingangsfunktionen $u(t)$ und $\tilde{u}(t)$ sowie für beliebige reelle Zahlen c gelten sollen.

Betrachtet man beispielsweise das Integrierglied, so sind diese Beziehungen gewiß erfüllt, denn es gilt

$$\int_0^t [u(\tau) + \tilde{u}(\tau)]\, d\tau = \int_0^t u(\tau)\, d\tau + \int_0^t \tilde{u}(\tau)\, d\tau, \quad \int_0^t cu(\tau)\, d\tau = c \int_0^t u(\tau)\, d\tau.$$

Erfüllt ein Übertragungsglied das Überlagerungs- und Verstärkungsprinzip nicht, gibt es also Funktionen $u(t)$ und $\tilde{u}(t)$, für die (2) nicht gilt, oder eine Funktion $u(t)$ und eine Zahl c, für die (3) nicht erfüllt ist, *so heißt das Übertragungsglied nichtlinear.*

Ein einfaches Beispiel sieht man im Bild 1. Hier ist eine Begrenzungskennlinie $y = F(u)$ dargestellt, wie sie in Regelungssystemen häufig vorkommt, vor allem in der Stelleinrichtung. Der Operator besteht hier in der Anwendung der Funktion F auf die Eingangsgröße $u(t)$. Schaltet man speziell die konstante Zeitfunktion $u_0(t) = 0{,}5$ auf, so ist auch die Ausgangsgröße $y_0(t) = 0{,}5$. Wählt man dann $4u_0(t) = 2$ als Eingangsgröße, so ist die zugehörige Ausgangsgröße nicht etwa $4y_0(t) = 2$, sondern wegen der Begrenzung nur 1. Also ist $F(4u_0) \neq 4y_0$, d. h., das Verstärkungsprinzip ist verletzt. Entsprechend sieht man, daß auch das Überlagerungsprinzip nicht gilt. Wie hier für die Begrenzung, so kann man generell für *alle nicht geradlinigen Kennlinien* einsehen, daß sie *nichtlineare Übertragungsglieder* sind.

Bisher wurden ausschließlich Übertragungsglieder mit einer einzigen Eingangsgröße betrachtet. Bei mehreren Eingangsgrößen sind die Verhältnisse ganz ent-

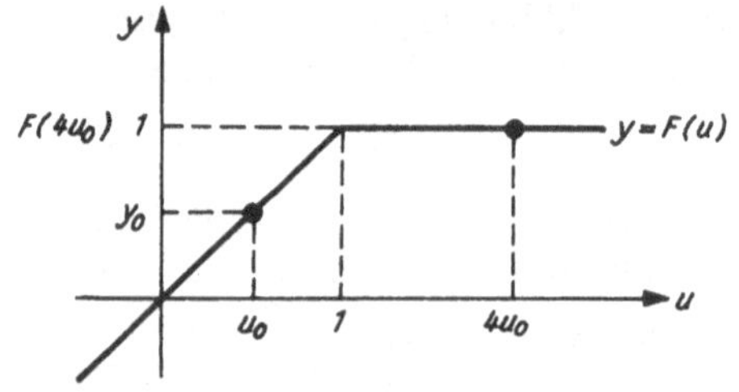

Bild 1 Beispiel eines nichtlinearen Übertragungsgliedes

sprechend. Hat man etwa zwei Eingangsgrößen $u_1(t)$ und $u_2(t)$, so lauten Überlagerungs- und Verstärkungsprinzip:

(4) $$G(u_1 + \tilde{u}_1, u_2 + \tilde{u}_2) = G(u_1, u_2) + G(\tilde{u}_1, \tilde{u}_2)\,,$$

(5) $$G(cu_1, cu_2) = cG(u_1, u_2)\,.$$

Sind (4) und (5) für ein Übertragungsglied erfüllt, und zwar für beliebige Funktionen $u(t)$ und beliebige reelle Zahlen c, so heißt das Übertragungsglied wiederum linear.

Ein einfaches Beispiel ist die Summationsstelle $y = u_1 + u_2$, bei der also der Operator G in der Ausführung der Addition besteht: $G(u_1, u_2) = u_1 + u_2$. Hier gilt

$$\begin{aligned} G(u_1 + \tilde{u}_1, u_2 + \tilde{u}_2) &= (u_1 + \tilde{u}_1) + (u_2 + \tilde{u}_2) \\ &= (u_1 + u_2) + (\tilde{u}_1 + \tilde{u}_2) \\ &= G(u_1, u_2) + G\tilde{u}_1, \tilde{u}_2) \end{aligned}$$

und

$$G(cu_1, cu_2) = cu_1 + cu_2 = c(u_1 + u_2) = cG(u_1, u_2)\,.$$

Gelten für ein Übertragungsglied mit zwei Eingangsgrößen die Beziehungen (4) und (5) nicht für beliebige $u(t)$ *und* c, *so heißt es nichtlinear* (entsprechend für mehrere Eingangsgrößen).

Als Beispiel kann man ein multiplikatives Glied (z. B. Multiplikator eines Analogrechners) anführen. Bei ihm besteht der Operator G in der Multiplikation der beiden zeitveränderlichen Eingangsgrößen:

$$y = G(u_1, u_2) = u_1 u_2\,.$$

Daher ist

$$\begin{aligned} G(u_1 + \tilde{u}_1, u_2 + \tilde{u}_2) &= (u_1 + \tilde{u}_1)(u_2 + \tilde{u}_2) \\ &= u_1 u_2 + \tilde{u}_1 \tilde{u}_2 + u_1 \tilde{u}_2 + \tilde{u}_1 u_2 \\ &= G(u_1, u_2) + (G\tilde{u}_1, \tilde{u}_2) + u_1 \tilde{u}_2 + \tilde{u}_1 u_2\,. \end{aligned}$$

Wegen der beiden letzten Terme ist also (4) im allgemeinen nicht erfüllt. Gleiches gilt für das Verstärkungsprinzip:

$$G(cu_1, cu_2) = cu_1 \cdot cu_2 = c^2 u_1 u_2 = c^2 G(u_1, u_2)\,.$$

Schließlich kann man auch Übertragungsglieder mit mehreren Ausgangsgrößen $y_1(t), \ldots, y_q(t)$ in die Betrachtung einbeziehen. Dann ist es zweckmäßig, die Ein- und Ausgangsgrößen jeweils zu einem Vektor zusammenzufassen:

$$\boldsymbol{u} = \begin{bmatrix} u_1 \\ \vdots \\ u_p \end{bmatrix}, \qquad \boldsymbol{y} = \begin{bmatrix} y_1 \\ \vdots \\ y_q \end{bmatrix}.$$

Das Übertragungsglied ist dann durch eine Beziehung von der Form

(6) $$y = G(u)$$

gegeben, wobei G wiederum die Gesamtheit der Operationen bezeichnet, durch die aus dem Eingangsvektor $\boldsymbol{u}$ der Ausgangsvektor $\boldsymbol{y}$ erzeugt wird. Etwas wesentlich Neues bringt diese Darstellung nicht, da man das durch (6) charakterisierte Übertragungsglied durch q getrennte Übertragungsglieder mit je einer einzigen Ausgangsgröße ersetzen kann:

$$y_1 = G_1(\boldsymbol{u}), \ldots, y_q = G_q(\boldsymbol{u}) .$$

Sie ist aber für viele Zwecke sehr praktisch.

Die Linearität ist ganz entsprechend wie bisher definiert:

(7) $$G(\boldsymbol{u} + \tilde{\boldsymbol{u}}) = G(\boldsymbol{u}) + G(\tilde{\boldsymbol{u}}) .$$

(8) $$G(c\boldsymbol{u}) = cG(\boldsymbol{u}) .$$

Ein Übertragungsglied, das diese Beziehungen nicht für beliebige $\boldsymbol{u}$, $\tilde{\boldsymbol{u}}$ und c erfüllt, heißt nichtlinear.

1.2 Struktur nichtlinearer Systeme und häufig auftretende Kennlinienglieder

Nachdem der Begriff des nichtlinearen Übertragungsgliedes geklärt ist, erhebt sich sogleich die Frage, welche Arten nichtlinear Übertragungsglieder es gibt. Es liegt auf der Hand, daß es vom mathematischen Standpunkt eine unübersehbare Mannigfaltigkeit solcher Glieder geben wird, da eben alles, was nicht die Linearitätseigenschaft aufweist, zum nichtlinearen Bereich gehört. Für die technischen Anwendungen, vor allem auf dem Gebiet der Anlagen- und Verfahrenstechnik, reduziert sich diese Fülle aber sehr stark. Um dies zu sehen, werde ein einfaches Beispiel betrachtet, das für viele andere stehen mag. Es wurde ein elektrotechnisches System gewählt, um seine Gleichungen leicht aufstellen zu können. Technische Systeme mit anderen physikalischen Gesetzmäßigkeiten führen aber auf die gleiche Grundstruktur.

Es werde der *Gleichstrommotor* betrachtet. Aus Bild 2 liest man zunächst für den Feldkreis die Gleichung

$$u_f = R_f i_f + \dot{\psi}_f$$

ab, wobei u_f die von außen angelegte Feldspannung ist, während $R_f i_f$ den Spannungsabfall am Ohmschen Widerstand R_f des Feldkreises und $\dot{\psi}_f = \mathrm{d}\psi_f/\mathrm{d}t$ den induktiven Spannungsabfall an der Feldwicklung darstellt. Dabei hängt der

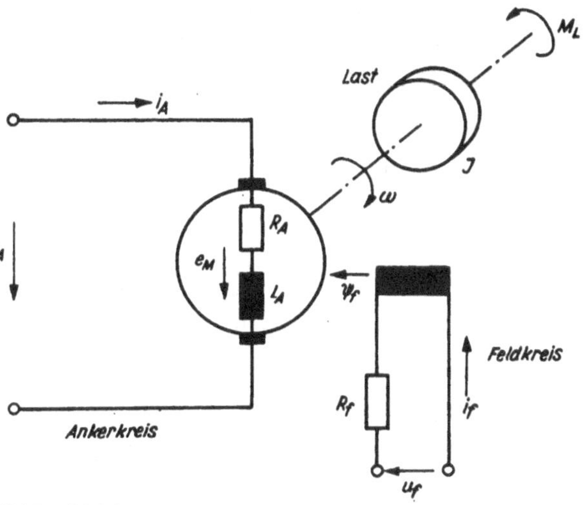

Bild 2 Gleichstrommotor

magnetische Fluß ψ_f von dem Feldstrom i_f ab, und zwar über eine Magnetisierungskennlinie

$$\psi_f = F(i_f) ,$$

wie sie in Bild 3 wiedergegeben ist.

Bezeichnet u_A die von außen aufgeprägte Ankerspannung des Motors und e_M die im Anker induzierte Gegen-EMK, so gilt für den Ankerkreis die Gleichung

$$u_A - e_M = R_A i_A + L_A \dot{i}_A ,$$

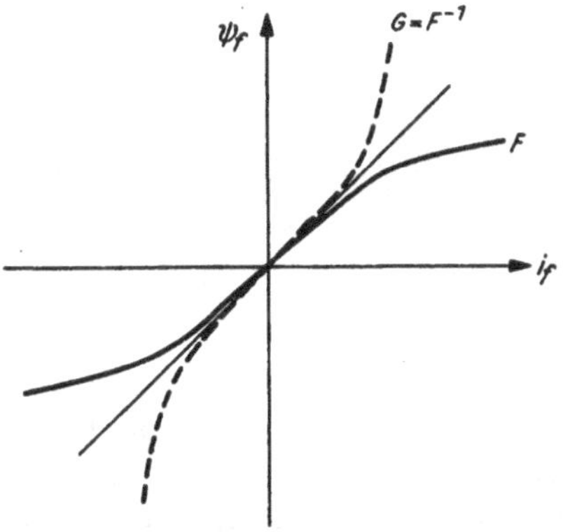

Bild 3 Magnetisierungskennlinie

wobei also $R_A i_A$ bzw. $L_A \dot{i}_A$ der Spannungsabfall am Ohmschen Widerstand bzw. der Induktivität des Ankerkreises ist. Die Gegen-EMK e_M ist durch das Produkt aus der Winkelgeschwindigkeit ω des Ankers und dem Feldfluß ψ_f gegeben:

$$e_M = c\omega\psi_f\,, \qquad c \text{ konstant.}$$

Der Motor entwickelt das Antriebsmoment

$$M_A = c i_A \psi_f\,,$$

wobei i_A der Ankerstrom ist. Damit treibt er eine Last an, die starr mit dem Anker gekoppelt sei (z. B. Pumpe, Arbeitsmaschine). Wirkt auf sie das Lastmoment M_L und ist J das gemeinsame Trägheitsmoment von Motoranker und Last, so gilt die Bewegungsgleichung

$$J\dot{\omega} = M_A - M_L\,.$$

Damit sind die Gleichungen, welche das dynamische Verhalten des Motors beschreiben, zusammengestellt. Da die in ihnen enthaltenen Differentialgleichungen linear sind, kann man auf sie die Laplace-Transformation anwenden. Zur Vermeidung von Umständlichkeiten wird dabei hier wie auch im folgenden die Bezeichnung der Größen nicht geändert. Sofern die Anfangswerte Null sind, erhält man so die folgenden Beziehungen:

Feldkreis:

$$\psi_f = \frac{1}{s}(u_f - R_f i_f)\,,$$

$$i_f = F^{-1}(\psi_f) = G(\psi_f);$$

Ankerkreis:

$$i_A = \frac{1/R_A}{1 + (L_A/R_A)\,s}(u_A - e_M)\,,$$

$$e_M = c\omega\psi_f;$$

Mechanische Gleichungen:

$$\omega = \frac{1}{Js}(M_A - M_L)\,,$$

$$M_A = c i_A \psi_f\,.$$

Wie man sieht, besteht jedes der drei Teilsysteme, durch die man die Dynamik des Motors beschreiben kann, aus zwei Gleichungen, einer linearen Differentialgleichung und einer nichtlinearen gewöhnlichen Gleichung. Darin ist $G = F^{-1}$ die Umkehrfunktion zu F, die man also durch Spiegelung an der Winkelhalbierenden des 1. und 3. Quadranten aus der gewöhnlich graphisch gegebenen Kennlinie F erhält (Bild 3).

Stellt man diese Gleichungen in der üblichen Weise im Strukturbild (Signalflußbild) dar, so ergibt sich Bild 4. Da auch nichtlineare Glieder auftreten, muß man bei dem gesamten Bild im Zeitbereich bleiben. Dennoch sind die linearen Übertragungsglieder durch ihre komplexen Übertragungsfunktionen charakterisiert, die man in diesem Zusammenhang lediglich als einfache Symbole für die zugehörigen Differentialgleichungen aufzufassen hat.

Das Typische an Bild 4, das unabhängig von der speziellen Natur des Beispiels ist, besteht darin, daß die Struktur ein *lineares Grundgerüst* besitzt, *in dem das Zeitverhalten des Systems konzentriert ist und in das einzelne nichtlineare Glieder eingesprengt sind,* welche durch gewöhnliche Gleichungen beschrieben werden.

Das lineare Gerüst setzt sich dabei meist aus sehr einfachen Gliedern zusammen, die entweder durch lineare Differentialgleichungen mit konstanten Koeffizienten

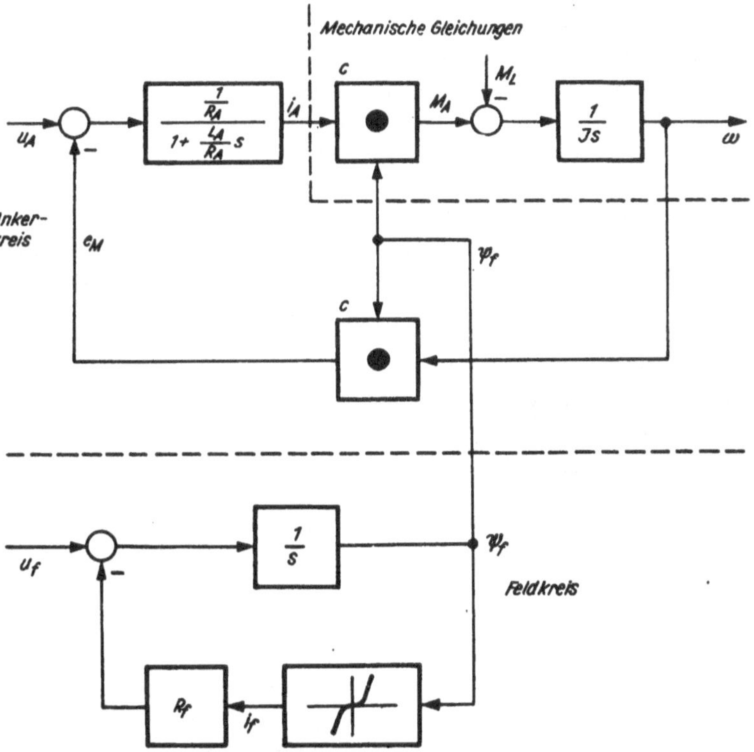

Bild 4 Strukturbild des Gleichstrommotors

beschrieben werden (rationale Übertragungsglieder) oder aber Totzeitglieder sind. Die nichtlinearen Übertragungsglieder sind entweder *Kennliniengleider*, werden also durch eine Gleichung

(9) $y = F(u)$

beschrieben, oder stellen *multiplikative Glieder* dar, genügen also der Gleichung

(10) $y = u_1 u_2$.

Beide Nichtlinearitäten gemeinsam werden durch eine Beziehung der Form

(11) $y = F(u_1, u_2, \dots, u_p)$

erfaßt. Gleichungen dieser Art können ebenfalls bei der Beschreibung realer Systeme auftreten, lassen sich aber gewöhnlich aus Kennliniengliedern vom Typ (9) mit nur einer Eingangsgröße, aus multiplikativen Gliedern, Proportionalgliedern und Summierungsstellen zusammensetzen.

Nichtlineare Strukturen der eben beschriebenen Art treten bei zahlreichen technischen Anwendungen auf, ganz besonders in der Anlagen- und Verfahrenstechnik. Liegt insbesondere ein *nichtlinearer Regelkreis* vor, so kommt sehr häufig der Fall vor, daß er nur eine wesentliche Nichtlinearität enthält, und zwar in Form einer Kennlinie, während die anderen Glieder linear sind oder doch mit genügender Näherung als linear angesehen werden dürfen. Die nichtlineare Kennlinie kann zur Regeleinrichtung gehören, und zwar absichtlich in sie eingebaut sein, um ein gewünschtes dynamisches Verhalten der Regelung zu liefern, oder einfach deshalb, weil sie besonders billig zu realisieren ist (z. B. Relaisregler). Sie kann aber auch in der Stelleinrichtung oder Strecke als eine sehr unerwünschte Erscheinung auftreten, die man nicht vermeiden kann. Das gilt besonders für eine Begrenzung in der Stelleinrichtung, die grundsätzlich stets vorhanden und oft nicht zu ignorieren ist. Ein Regelkreis dieser Art hat meist die in Bild 5 wiedergegebene Struktur, wobei es gleichgültig ist, ob die Kennlinie zur dynamischen Beeinflussung der Regelung dient, in der Stelleinrichtung oder der Strecke auftritt, ob sie gewollt oder ungewollt ist. $L_1(s)$, $L_2(s)$ und $L_3(s)$ sind die Übertragungsfunktionen

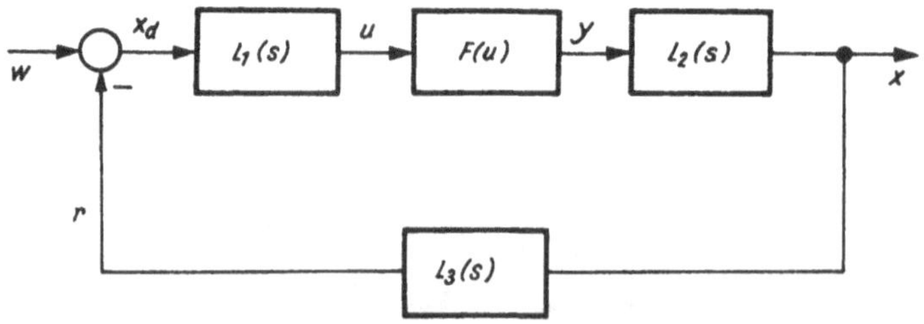

Bild 5 Normaltyp eines nichtlinearen Regelkreises

seiner linearen Teilsysteme, wobei $L_1(s)$ und $L_3(s)$ auch identisch 1 sein können (Bild 6). An eine nichtlineare Struktur nach Bild 5 oder 6 ist bei den folgenden Betrachtungen in erster Linie gedacht.

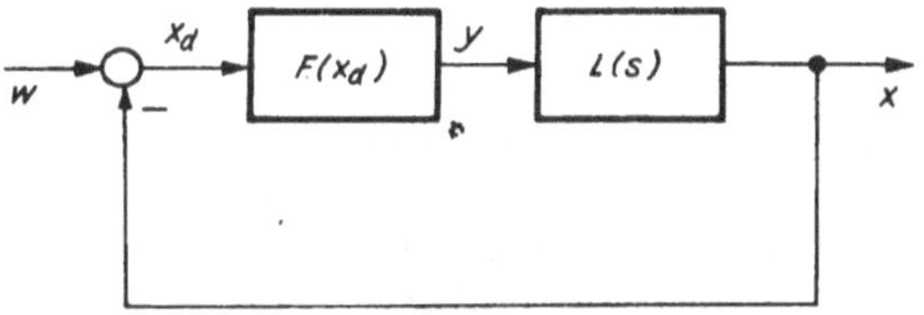

Bild 6 In dem Regelkreis nach Bild 5 enthaltener Spezialfall

Die wesentliche Nichtlinearität in einem Regelkreis kann von recht verschiedener Gestalt sein. Im Beispiel des Gleichstrommotors trat eine *gekrümmte Kennlinie* auf. Solche Kennlinien können als Magnetisierungs-, Verstärker-, Ventilkennlinien und dergleichen vorkommen. Vielfach lassen sie sich durch Polygonzüge approximieren, wodurch man zu *stückweise linearen Kennlinien* gelangt, die aber auch direkt bei der Beschreibung realer Systeme erhalten werden. Einige der wichtigsten seien im folgenden kurz besprochen.

Da ist zunächst als einfachste die *Zweipunktkennlinie*, die in Bild 7 wiedergegeben ist. Bei ihr ist

$$y = \begin{cases} b & \text{für} \quad u > 0\,, \\ -b & \text{für} \quad u < 0\,. \end{cases}$$

Für $u = 0$ ist der Wert der Ausgangsgröße nicht erklärt, da dies praktisch ohne Belang ist. Um den Zusammenhang zwischen u und y durch ein Funktionssymbol auszudrücken, benutzt man die „Vorzeichen“- oder „Signum-Funktion“,

$$\text{(12)} \qquad \operatorname{sgn} u = \begin{cases} +1 & \text{für} \quad u > 0\,, \\ -1 & \text{für} \quad u < 0\,, \end{cases}$$

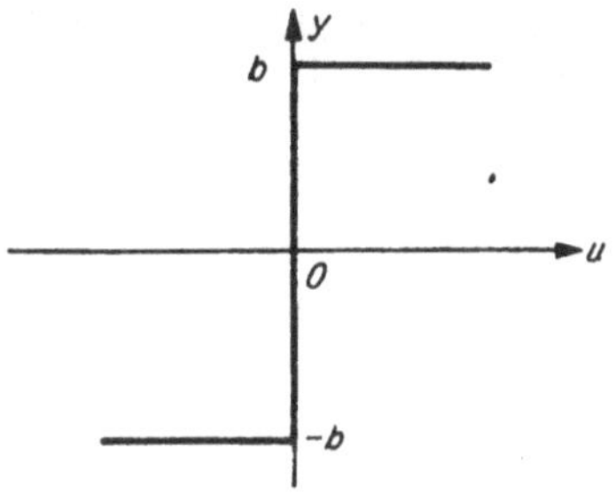

Bild 7 Zweipunktkennlinie

so genannt, weil sie gerade das Vorzeichen der Variablen u liefert. Die Zweipunktkennlinie ist dann durch

$$y = F(u) = b \operatorname{sgn} u \tag{13}$$

gegeben.

Sie tritt dann auf, wenn man ein Relais ohne mittlere Ruhelage verwendet. Das kann beispielsweise bei Temperaturregelungen der Fall sein, wo das Zweipunktglied als Regler eingesetzt wird. Der Aufwand ist dabei sehr gering. Allerdings nimmt der Regelkreis keine dauerhafte Ruhelage ein, weil bei den geringsten Schwankungen von u um die Nullage y zwischen $-b$ und b hin und her pendelt. Ebenfalls als Regler, aber in regeldynamisch viel vollkommenerer Weise, wird das Zweipunktglied bei einer zeitoptimalen Regelung eingesetzt.

Will man die beim Einsatz eines Zweipunktgliedes unvermeidliche fortwährende Beunruhigung der Stelleinrichtung durch kleine Störungen vermeiden, so geht man zu einer *Dreipunktkennlinie* über (Bild 8). Bei ihr ist

$$y = \begin{cases} -b & \text{für} \quad u < -a, \\ 0 & \text{für} \quad -a < u < a, \\ b & \text{für} \quad u > a. \end{cases}$$

Daher kommt eine von Null verschiedene Ausgangsgröße erst dann zustande, wenn die Störungen so groß sind, daß $|u| > a$ wird. Man vermeidet so eine zu starke Abnutzung der Stelleinrichtung, was außer bei sehr langsamen Strecken, wie einer Temperaturregelung, ein wichtiger Gesichtspunkt ist.

Es werde jetzt wieder ein Zweipunktglied betrachtet und von einem Zustand mit $u > 0$ und $\dot{u} < 0$ ausgegangen. Dann wird die Stelle $u = 0$ von rechts überschritten. Es kann dann sein, daß das Relais nicht sofort umschaltet, sondern auf Grund irgendwelcher Verzögerungseffekte erst für einen Wert $u = -a$ auf $y = -b$ übergeht. Geht u wachsend durch den Nullpunkt, so kann ganz entsprechend der Fall eintreten, daß y nicht sofort umspringt, sondern erst dann, wenn u bis auf $+a$ angewachsen ist. Der Zusammenhang zwischen u und y wird dann

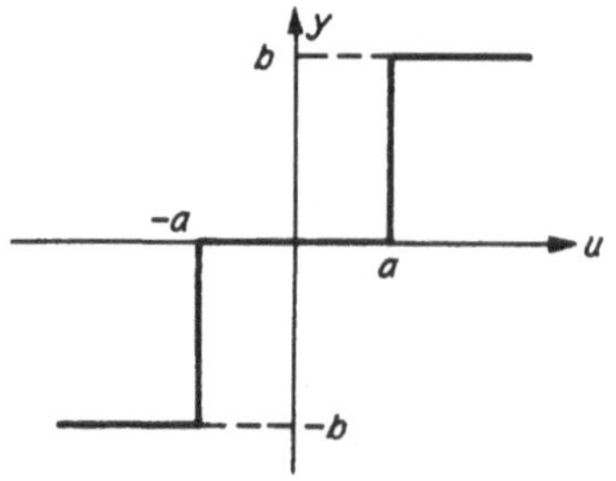

Bild 8 Dreipunktkennlinie

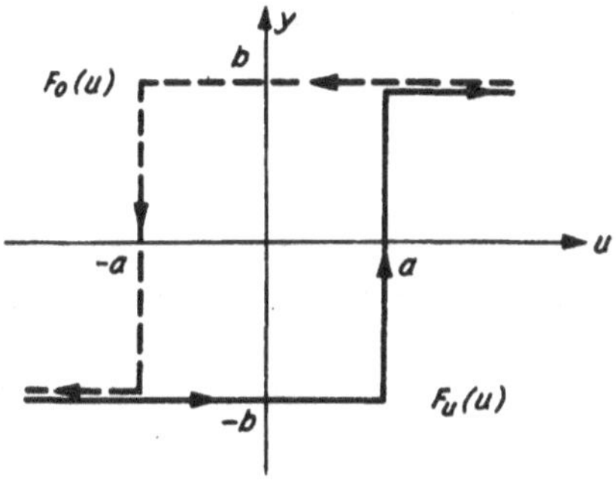

Bild 9 Zweipunktkennlinie mit Hysterese

$$y = \begin{cases} F_0(u) & \text{für } \dot{u} < 0 \text{ (gestrichelt)}, \\ F_u(u) & \text{für } \dot{u} > 0 \text{ (durchgezogen)} \end{cases}$$

durch die Kennlinie in Bild 9 gegeben. Sie besteht aus zwei Ästen, die nur teilweise zusammenfallen und von denen der eine für wachsendes u, der andere für abnehmendes u durchlaufen wird:

$$(14) \qquad y = \begin{cases} F_0(u) & \text{für} \quad \dot{u} < 0, \\ F_u(u) & \text{für} \quad \dot{u} > 0, \end{cases}$$

mit

$$F_0(u) = \begin{cases} -b & \text{für} \quad u < -a, \\ b & \text{für} \quad u > -a, \end{cases} \qquad F_u(u) = \begin{cases} -b & \text{für} \quad u < a, \\ b & \text{für} \quad u > a. \end{cases}$$

Dabei ist hier wie auch später vorausgesetzt, daß $\dot{u}$ in der Zone $|u| < a$ nicht das Vorzeichen wechselt.*)

Mit Hilfe der Signum-Funktion kann man hierfür schreiben:

$$F_0(u) = b \operatorname{sgn}(u + a),$$

$$F_u(u) = b \operatorname{sgn}(u - a)$$

und damit

$$y = b \operatorname{sgn}[u - a \operatorname{sgn} \dot{u}].$$

Wie man sieht, hängt die Beziehung zwischen u und y, die durch eine solche mehrdeutige Kennlinie vermittelt wird, nicht nur von der Eingangsgröße u selbst, sondern auch von $\dot{u}$ ab, wobei $\dot{u}$ allerdings nur unter der Signum-Funktion auf-

*) Wenn $\dot{u}$ im Bereich $|u| < a$ das Vorzeichen wechselt, wandert der Punkt (u, y) auf dem gleichen Ast zurück.

taucht. Diese Tatsache ist charakteristisch für mehrdeutige Kennlinien, die also durch eine Beziehung von der Form

$$y = F(u, \operatorname{sgn} \dot{u}) \tag{15}$$

gegeben sind. Hat man mit ihnen zu rechnen, so wird man allerdings nicht von einer solchen formelmäßigen Darstellung, sondern von ihrer geometrischen Gestalt ausgehen und berücksichtigen, daß sie nach Art von (14) in zwei Äste aufzuspalten sind (Abschnitt 2.3).

Da mehrdeutige Kennlinien zuerst bei magnetischen Erscheinungen eine Rolle spielten, bezeichnet man sie auch allgemein, ohne Rücksicht auf ihre physikalische Herkunft, als *Hysteresekennlinien.* Im eben besprochenen Fall handelt es sich um das *Zweipunktglied mit Hysterese.* Ganz Entsprechendes gilt für das *Dreipunktglied mit Hysterese*, das in Bild 10 wiedergegeben ist.

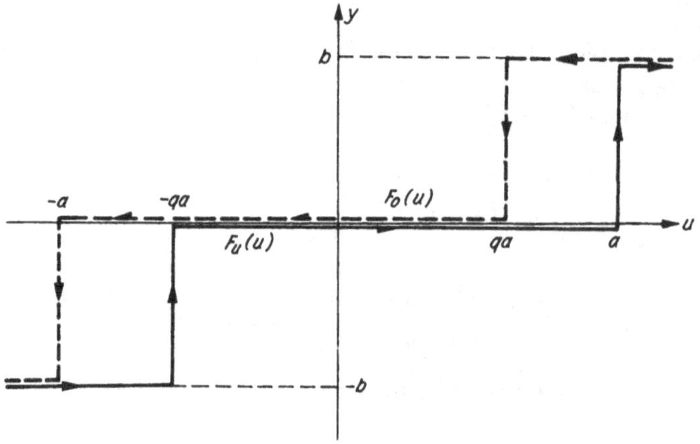

Bild 10 Dreipunktkennlinie mit Hysterese

$$y = \begin{cases} F_0(u) & \text{für} \quad \dot{u} < 0 \quad \text{(gestrichelt)}, \\ F_u(u) & \text{für} \quad \dot{u} > 0 \quad \text{(durchgezogen)} \end{cases}$$

Die bisher betrachteten Kennlinien setzen sich aus achsenparallelen Geradenstücken zusammen. Derartige Kennlinien nennt man *Relaiskennlinien.* Sie brauchen natürlich keineswegs durch eine Relaisschaltung realisiert zu sein. So ist die in Bild 11 dargestellte *Kennlinie der trockenen Reibung*, die bei mechanischen Problemen vorkommt, von dieser Art. Sie kommt dadurch zustande, daß der Betrag der Reibungskraft von der Geschwindigkeit v unabhängig ist, aber die Reibungskraft, als der Geschwindigkeit entgegengerichtet, das entgegengesetzte Vorzeichen wie diese hat. Daher ist sie gleich $-b \operatorname{sgn} v$.

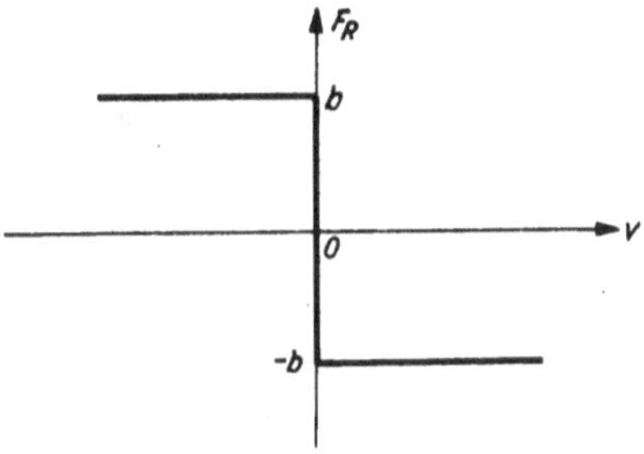

Bild 11 Trockene Reibung

An stückweise linearen Kennlinien, die nicht Relaischarakter haben, seien nur zwei für die Regelungstechnik besonders wichtige angeführt: die *Begrenzungs- oder Sättigungskennlinie* (Bild 12) und die *Totzone* (Bild 13). Erstere hat die Gleichung

$$y = \begin{cases} -b & \text{für} \quad x \leqq -a\,, \\ \dfrac{b}{a}x & \text{für} \quad -a \leqq x \leqq +a\,, \\ b & \text{für} \quad x \geqq a\,. \end{cases}$$

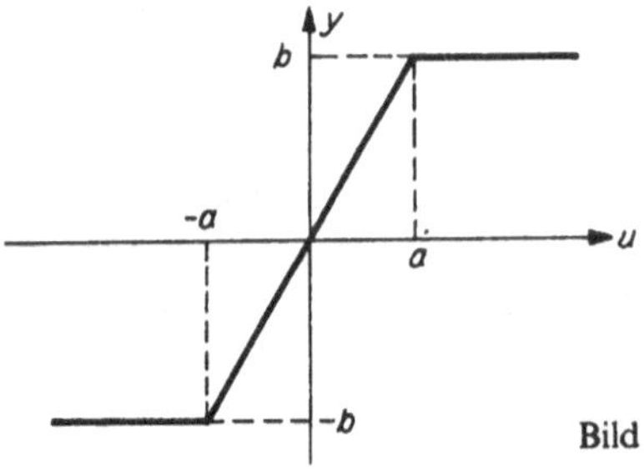

Bild 12 Begrenzung (Sättigung)

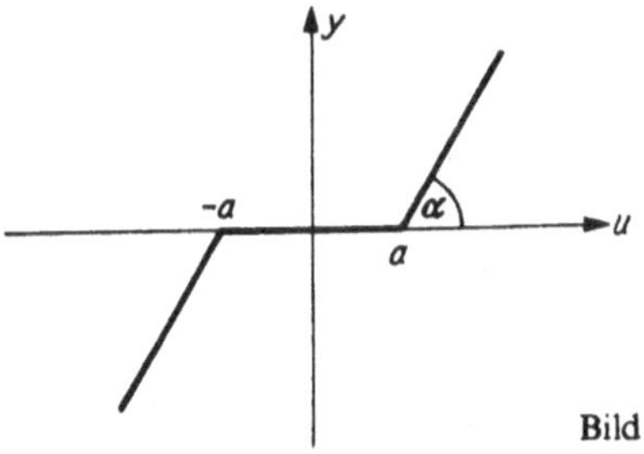

Bild 13 Totzone

Sie darf neben der Zweipunktkennlinie als die wichtigste nichtlineare Kennlinie angesehen werden. Denn bei jedem Entwurf eines Regelkreises muß man die Begrenzung der Stellgröße berücksichtigen, also die Tatsache, daß die Strecke keine beliebig hohen Werte der Stellgröße verarbeiten kann. Das kann verschiedene Ursachen haben. Bei einem mechanischen System gehen die Größen an den Anschlag. So dürfen bei der Steuerung eines Schiffes oder Flugzeuges die Ruderwinkel einen gewissen Betrag nicht überschreiten, da sonst die Strömung abreißt. Bei mechanischen Meßeinrichtungen liegt häufig der Fall vor, daß das Hookesche Gesetz nur über einen gewissen Bereich gilt. Der Zusammenhang zwischen elastischer Kraft und Dehnung über einen größeren Bereich wird in erster Näherung durch eine Sättigungskennlinie beschrieben. Bei elektrischen Maschinen macht sich bei der Aussteuerung über einen größeren Bereich die Eisensättigung bemerkbar, bei elektronischen Verstärkern ihre Begrenzung. Für den Regelungstechniker bedeutet ein solcher Effekt, daß es sinnlos ist, Stellimpulse zu erzeugen, welche die Begrenzung überschreiten. Hierdurch wird der Einsatz vieler Reglertypen eingegrenzt, so insbesondere von PID- und Abtastreglern.

Die Totzone hat die Gleichung

$$y = \begin{cases} m(x+a) & \text{für} \quad x \leqq -a, \\ 0 & \text{für} \quad -a \leqq x \leqq a \quad \text{mit} \quad m = \tan\alpha, \\ m(x-a) & \text{für} \quad x \geqq a. \end{cases}$$

Sie tritt beispielsweise bei Meßeinrichtungen als Ansprechzone auf, kann bei elektrischen Systemen als Schwellwert vorkommen, findet sich bei mechanischen Systemen mit Haftreibung und kann auch mit einer Begrenzung kombiniert sein.

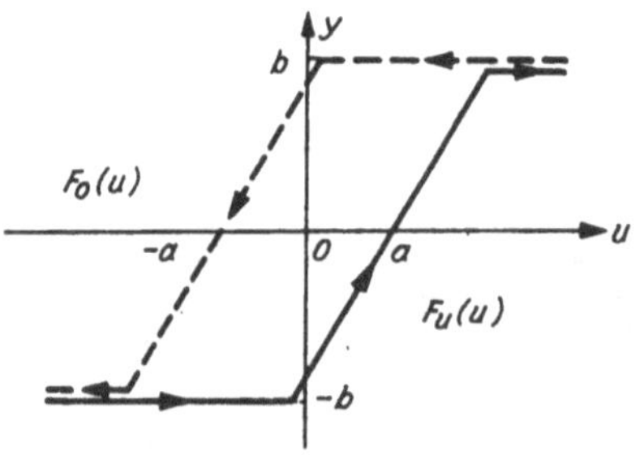

Bild 14 Begrenzung mit Hysterese

Auch bei Kennlinien vom Typ der Begrenzung und der Totzone können Hystereseerscheinungen vorkommen. Bild 14 zeigt eine solche Möglichkeit. Auch hier ist

$$y = \begin{cases} F_u(u) & \text{für} \quad \dot{u} > 0\,, \\ F_0(u) & \text{für} \quad \dot{u} < 0\,. \end{cases}$$

Weitere Beispiele von Kennlinien findet man in den Kapiteln 8 und 9 sowie in den Übungsaufgaben.

1.3 Zustandsvariable

Nachdem erörtert wurde, in welcher Weise Nichtlinearitäten in technischen Systemen auftreten, erhebt sich die Frage nach der zweckmäßigen mathematischen Beschreibung eines nichtlinearen Systems.

Die Tatsache, daß die nichtlinearen Übertragungsglieder die beiden so einfachen Gesetze der ungestörten Überlagerung und Verstärkung nicht erfüllen, ist von einschneidender Bedeutung. Sie hat nämlich zur Folge, daß der Zusammenhang zwischen Ein- und Ausgangsgröße nicht durch ein Faltungsintegral darstellbar ist und infolgedessen keine komplexe Übertragungsfunktion und kein Frequenzgang erklärt werden können, auch nicht in einem abgeschwächten Sinn wie etwa bei den Abtastsystemen. Die in der linearen Theorie so erfolgreichen Hilfsmittel der Laplace-Transformation und komplexen Funktionentheorie sind hier — abgesehen von Einzelfällen — nicht verwendbar.

Man muß daher bei den ursprünglichen Differentialgleichungen des Systems stehen bleiben und kann nur versuchen, sie in möglichst zweckmäßiger Form zu schreiben. Wie das geschehen kann, sei am Beispiel des Gleichstrommotors gezeigt.

Geht man von den Gleichungen des Feld- und Ankerkreises sowie den mechanischen Gleichungen aus und geht dabei von den Übertragungsfunktionen zu den Differentialgleichungen über, so erhält man

$$\dot{\psi}_f = u_f - R_f i_f\,, \qquad i_f = G(\psi_f);$$

$$\frac{L_A}{R_A}\dot{i}_A + i_A = \frac{1}{R_A}(u_A - e_M)\,, \qquad e_M = c\omega\psi_f\,;$$

$$J\dot{\omega} = M_A - M_L\,, \qquad M_A = c i_A \psi_f\,.$$

Setzt man die gewöhnlichen Gleichungen in die Differentialgleichungen ein und löst nach den Ableitungen auf, so ergibt sich die Darstellung

$$\dot{\psi}_f = -R_f G(\psi_f) + u_f\,,$$

(16)
$$\dot{i}_A = -\frac{R_A}{L_A} i_A - \frac{c}{L_A}\omega\psi_f + \frac{1}{L_A}u_A\,,$$

$$\dot{\omega} = \frac{c}{J} i_A \psi_f - \frac{1}{J} M_L\,.$$

Das ist ein System von drei expliziten Differentialgleichungen 1. Ordnung. Als *Eingangsgrößen* gehen in sie die Feldspannung u_f, die Ankerspannung u_A und das Lastmoment M_L ein. Außerdem treten in den Differentialgleichungen noch die zeitveränderlichen Größen ψ_f, i_A und ω auf. Während die Eingangsgrößen nur selbst auftreten, kommen von diesen Größen auch die Ableitungen vor. Sind die drei Eingangsgrößen von einem bestimmten Zeitpunkt t_0 ab als Zeitfunktionen gegeben, z. B. als Sprungfunktionen, und sind überdies die Anfangswerte $\psi_f(t_0)$, $i_A(t_0)$ und $\omega(t_0)$ bekannt, so sind die Funktionen $\psi_f(t)$, $i_A(t)$ und $\omega(t)$ als Lösungen des obigen Differentialgleichungssystems für $t > t_0$ eindeutig bestimmt. Jedenfalls gilt dies unter sehr allgemeinen Voraussetzungen über die rechten Seiten der Differentialgleichungen, die wir bei den hier betrachteten Anwendungen als erfüllt ansehen dürfen. Da also die drei Variablen ψ_f, i_A und ω den dynamischen Zustand des Motors eindeutig kennzeichnen, nennt man sie *Zustandsvariable* des Motors. *Ausgangsgröße* des Motors ist die Winkelgeschwindigkeit ω, die also mit einer Zustandsvariablen identisch ist, was aber im allgemeinen nicht der Fall zu sein braucht.

Was bisher am Beispiel ausgeführt wurde, läßt sich ohne weiteres verallgemeinern. Das dynamische Verhalten eines technischen Systems werde durch die Verknüpfung von Proportional- und Integriergliedern, von Summationsstellen, multiplikativen und Kennliniengliedern beschrieben, wie sie im Strukturbild (Signalflußplan) des Systems oder auch im Koppelplan der zugehörigen Rechenschaltung anschaulich wiedergegeben ist. Dabei dürfen die multiplikativen und Kennlinienglieder auch fehlen, so daß es sich im speziellen Fall um ein lineares System handeln kann. Dann kann man die Ausgangsgröße $x_1, \dots, x_n$ der Integrierglieder als Zustandsvariable wählen und erhält so ein System von Differentialgleichungen 1. Ordnung,

(17)
$$\dot{x}_i = f_i(x_1, \dots, x_n; u_1, \dots, u_p)\,, \qquad i = 1, \dots, n\,,$$

in das außer den x_i noch die Eingangsgrößen $u_1, \dots, u_p$ eingehen. Die Funktionen f_i ergeben sich dabei zwangsläufig durch die Zusammenfassung zu Differentialgleichungen 1. Ordnung. Auf diese Weise kann man auch die Zustandsdifferentialgleichungen (16) aus dem Strukturbild des Motors in Bild 4 erhalten.

Die Ausgangsgrößen $y_1, \dots, y_q$ des technischen Systems sind im allgemeinen Fall Funktionen der Eingangsgrößen und der Zustandsvariablen, die aber nur diese Größen selbst, jedoch keine Ableitungen enthalten:

$$(18) \qquad y_k = g_k(x_1, \dots, x_n; u_1, \dots, u_p), \qquad k = 1, \dots, q.$$

Im Motorbeispiel schrumpfen diese Beziehungen auf die Gleichung $y = x_3$ zusammen, wenn man die Zustandsvariable ω mit x_3 bezeichnet. Übrigens können die Funktionen f_i und g_k noch explizit von der Zeit t abhängen, ein Fall, der im folgenden aber nicht betrachtet wird.

Es ist naheliegend, zur Verkürzung der Schreibweise Vektoren einzuführen:

$$\boldsymbol{u} = \begin{bmatrix} u_1 \\ \vdots \\ u_p \end{bmatrix}, \quad \boldsymbol{x} = \begin{bmatrix} x_1 \\ \vdots \\ x_n \end{bmatrix}, \quad \boldsymbol{y} = \begin{bmatrix} y_1 \\ \vdots \\ y_q \end{bmatrix}, \quad \boldsymbol{f} = \begin{bmatrix} f_1 \\ \vdots \\ f_n \end{bmatrix}, \quad \boldsymbol{g} = \begin{bmatrix} g_1 \\ \vdots \\ g_q \end{bmatrix}.$$

Dann kann man die Gleichungssysteme (17) und (18) als Vektorgleichungen schreiben, wenn man berücksichtigt, daß ein Vektor komponentenweise differenziert wird:

$$(19) \qquad \dot{\boldsymbol{x}} = \boldsymbol{f}(\boldsymbol{x}, \boldsymbol{u}), \qquad \boldsymbol{y} = \boldsymbol{g}(\boldsymbol{x}, \boldsymbol{u}).$$

Hierin ist $\boldsymbol{u}$ der *Eingangs- oder Steuervektor*, $\boldsymbol{x}$ der *Zustandsvektor und* $\boldsymbol{y}$ der *Ausgangsvektor* des Systems.

Die Vektorschreibweise legt eine geometrische Deutung nahe. Man faßt die Zustandsvariablen $x_1, \dots, x_n$ als Koordinaten in einem n-dimensionalen Raum, dem *Zustands- oder Phasenraum* des Systems, auf. In einem bestimmten Zeitpunkt t haben die Zustandsvariablen die Werte $x_1(t), \dots, x_n(t)$ und stellen damit einen bestimmten Punkt im Zustandsraum dar, den Zustandspunkt des Systems. Mit wachsendem t ändert sich die Lage des Zustandspunktes $\boldsymbol{x}(t)$. Er beschreibt eine Kurve im Zustandsraum, die von dem Anfangspunkt $\boldsymbol{x}(0)$ zur Zeit $t = 0$ ausgeht. Sie heißt die Bahnkurve, *Zustandskurve oder Trajektorie* des Systems. Sind der Anfangszustand $\boldsymbol{x}(0)$ und der Steuervektor $\boldsymbol{u}(t)$ gegeben, so ist die Trajektorie $\boldsymbol{x}(t)$ des Systems eindeutig bestimmt.

Im Zustandsraum tritt die Zeit t lediglich als Parameter der Trajektorien auf. Man kann aber auch t auf einer Achse auftragen und damit die Zustandsände-

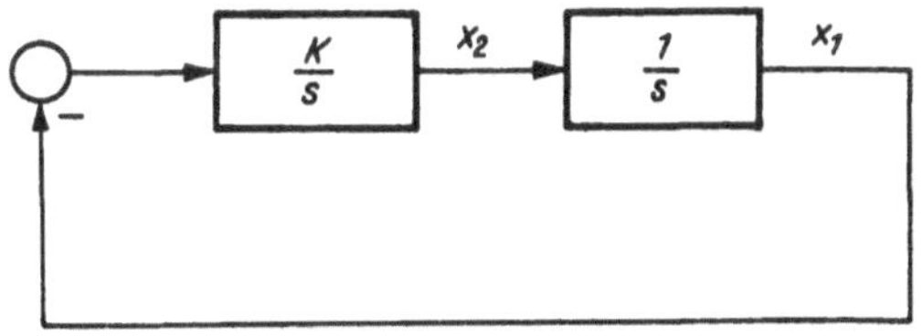

Bild 15 Beispiel zur Darstellung eines Systems im Bewegungs- und Zustandsraum

rung des Systems in einem Raum mit den Koordinaten $t, x_1, x_2, \dots, x_n$ betrachten. Er heißt der *Bewegungsraum* des Systems.

Diese etwas abstrakten Begriffe seien an einem einfachen Beispiel verdeutlicht (Bild 15). Es werde die Gegenkopplung zweier I-Glieder betrachtet, auf die keine äußeren Größen wirken, die aber durch eine momentane Störung zum Zeitpunkt $t = 0$ in Bewegung versetzt wurde. Gemäß dem allgemeinen Rezept wählt man die Ausgangsgrößen der I-Glieder als Zustandsvariable und erhält so die Gleichungen

$$x_1 = \frac{1}{s} x_2, \qquad x_2 = \frac{K}{s}(-x_1) \tag{20}$$

oder im Zeitbereich

$$\dot{x}_1 = x_2, \qquad \dot{x}_2 = -Kx_1,$$

wobei $K > 0$ sei. Faßt man zu einer Differentialgleichung für x_1 zusammen, so erhält man

$$\ddot{x}_1 = \dot{x}_2 = -Kx_1 \qquad \text{oder} \qquad \ddot{x}_1 + Kx_1 = 0,$$

also die ungedämpfte Schwingungsdifferentialgleichung. Ihre allgemeine Lösung ist

$$x_1 = c_1 \cos \sqrt{K} t + c_2 \sin \sqrt{K} t .$$

Darin sind c_1 und c_2 freie Parameter, die durch die Anfangsbedingungen festgelegt werden. Wegen

$$x_2 = \dot{x}_1 = -c_1 \sqrt{K} \sin \sqrt{K} t + c_2 \sqrt{K} \cos \sqrt{K} t$$

muß für $t = 0$ gelten:

$$x_1(0) = c_1, \qquad x_2(0) = c_2 \sqrt{K} .$$

Daher ist $c_1 = x_{10}$, $c_2 = x_{20}/\sqrt{K}$, wenn man abkürzend $x_1(0) = x_{10}$, $x_2(0) = x_{20}$ setzt. Man erhält so

$$x_1 = c_{10} \cos \sqrt{K} t + \frac{x_{20}}{\sqrt{K}} \sin \sqrt{K} t , \tag{21}$$

$$x_2 = \dot{x}_1 = x_{20} \cos \sqrt{K} t - x_{10} \sqrt{K} \sin \sqrt{K} t . \tag{22}$$

Das sind die Gleichungen der Trajektorie des Systems, die vom Anfangspunkt

$\begin{bmatrix} x_{10} \\ x_{20} \end{bmatrix} = \boldsymbol{x}_0$ ausgeht.

Um ihre Gestalt zu erkennen, eliminiert man den Parameter t, indem man (21) mit $\sqrt{K}$ multipliziert, dann die beiden Gleichungen (21) und (22) quadriert und addiert:

$$Kx_1^2 + x_2^2 = Kx_{10}^2 + x_{20}^2 .$$

Für einen festen Anfangspunkt ist die rechte Seite eine Konstante c_0^2, womit die Gleichung in der Form

$$\frac{x_1^2}{c_0^2/K} + \frac{x_2^2}{c_0^2} = 1$$

geschrieben werden kann. Die Trajektorien sind mithin konzentrische Ellipsen, deren Hauptachsen mit den Koordinatenachsen des Zustandsraumes zusammenfallen.

Betrachtet man das System im Bewegungsraum, also im t-x_1-x_2-Raum, so hat man den durch (21) und (22) bestimmten Vektor

$$\boldsymbol{x}(t) = \begin{bmatrix} x_1(t) \\ x_2(t) \end{bmatrix}$$

über der t-Achse zu betrachten. Seine Spitze beschreibt eine Raumkurve, deren Projektion auf die x_1-x_2-Ebene gerade die Trajektorie ergibt. Es handelt sich somit um Raumkurven, die sich auf einem Zylindermantel von elliptischem Querschnitt um die t-Achse herumschrauben (Bild 16).

Es wurde schon darauf hingewiesen, daß man auch lineare Systeme, die sich aus proportionalwirkenden, integrierenden und summierenden Elementen zusammensetzen, in der bisherigen Weise durch Zustandsvariable beschreiben kann. Das kann, wie im allgemeinen Fall, dadurch geschehen, daß man die Zustandsvariablen auf Grund der für das System geltenden physikalischen Gesetze oder aus dem bereits bekannten Strukturbild des Systems einführt. Häufig sind derartige lineare Systeme aber auf andere Weise gegeben, nämlich durch eine einzige Differentialgleichung n-ter Ordnung mit konstanten Koeffizienten oder aber durch ihre rationale Übertragungsfunktion. Solche Systeme seien deshalb im folgenden auch als *rationale Übertragungsglieder* bezeichnet. Auf Grund ihrer besonderen Eigenschaften kann man die Zustandsvariablen in spezieller Weise wählen, die zu besonders übersichtlichen Zustandsdifferentialgleichungen führt.

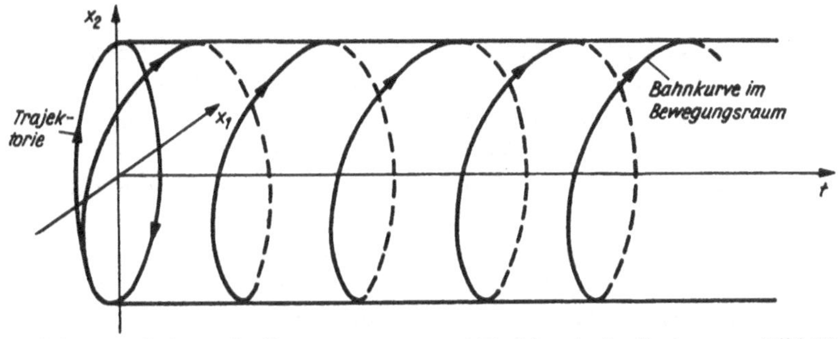

Bild 16 Bahnkurve im Bewegungsraum und Trajektorie des Systems aus Bild 15

Handelt es sich zunächst um ein reines Verzögerungsglied, ist also der Zähler der Übertragungsfunktion eine Konstante, so lautet die zugehörige Differentialgleichung

(23) $$a_n \overset{(n)}{y} + \dots + a_1 \dot{y} + a_0 y = b_0 u\,, \qquad a_n \neq 0\,.$$

Dann liegt folgende Wahl der Zustandsvariablen nahe:

(24) $$x_1 = y\,, \qquad x_2 = \dot{y}\,, \qquad x_3 = \ddot{y}, \dots, x_n = \overset{(n-1)}{y}\,.$$

Aus der Definition folgt zunächst unmittelbar

(25) $$\dot{x}_1 = x_2\,, \qquad \dot{x}_2 = x_3, \dots, \dot{x}_{n-1} = x_n$$

und dann durch Einsetzen in die ursprüngliche Differentialgleichung

$$a_n \dot{x}_n + a_{n-1} x_n + \dots + a_1 x_2 + a_0 x_1 = b_0 u$$

oder

(26) $$\dot{x}_n = -\frac{a_0}{a_n} x_1 - \dots - \frac{a_{n-1}}{a_n} x_n + \frac{b_0}{a_n} u\,.$$

(25) und (26) bilden zusammen das System der n Zustandsdifferentialgleichungen für die n Variablen $x_1, \dots, x_n$, in welche die eine Eingangsgröße u eingeht. Die Ausgangsgröße y ist hier einfach gleich x_1. Nunmehr darf man die ursprüngliche Definition (24) der Zustandsvariablen vergessen und kann sie als Lösungen des Differentialgleichungssystems (25), (26) ansehen. Das gleiche gilt auch für die im folgenden eingeführten Zustandsvariablen.

Hat das rationale Übertragungsglied keinen konstanten Zähler, so enthält seine Differentialgleichung neben der Eingangsgröße u auch Ableitungen von u. Man kann dann nicht mehr in der soeben beschriebenen Weise vorgehen, da sonst die Zustandsdifferentialgleichungen neben u ebenfalls Ableitungen von u enthielten, was nach (19) nicht der Fall sein darf. Daß hierbei Schwierigkeiten auftreten können, sieht man schon, wenn man sich die Zustandsdifferentialgleichungen durch eine Rechenschaltung realisiert denkt: Man müßte dann die Eingangsgröße, eventuell mehrfach, differenzieren. Man kann hier die Zustandsvariablen auf andere Weise einführen, indem man nämlich von der Partialbruchzerlegung der Übertragungsfunktion $G(s)$ ausgeht. Setzt man der Einfachheit halber zunächst voraus, daß die Pole $\lambda_1, \dots, \lambda_n$ von $G(s)$ einfach sind, so gilt die Beziehung

(27) $$Y(s) = G(s)\,U(s) = \left[r_0 + \sum_{i=1}^{n} \frac{r_i}{s - \lambda_i} \right] U(s)\,.$$

Dabei sind die r_i Konstanten und r_0 ist nur dann $\neq 0$, wenn in $G(s)$ Zähler und Nenner gleichen Grad haben. Dabei ist die für ein reales System selbstverständliche

Voraussetzung gemacht, daß der Zählergrad nicht größer als der Nennergrad werden kann.

Nun definiert man die Zustandsvariablen durch die Gleichungen

$$(28) \qquad x_i(s) = \frac{1}{s - \lambda_i} U(s), \qquad i = 1, \ldots, n.$$

Multipliziert man hierin mit $s - \lambda_i$, so ergibt sich

$$sX_i(s) = \lambda_i X_i(s) + U(s)$$

oder im Zeitbereich

$$(29) \qquad \dot{x}_i = \lambda_i x_i + u, \qquad i = 1, \ldots, n.$$

Dies ist das System der Zustandsdifferentialgleichungen. Denkt man sich (28) in (27) eingesetzt, so wird

$$Y(s) = \sum_{i=1}^{n} r_i X_i(s) + r_0 U(s)$$

oder

$$(30) \qquad y = \sum_{i=1}^{n} r_i x_i + r_0 u.$$

Wie man sieht, ist in diesem Fall die Ausgangsgröße y nicht mit einer Zustandsvariablen identisch.

Die hier erhaltenen Zustandsdifferentialgleichungen sind besonders einfach, da in jeder Differentialgleichung nur eine einzige Variable x_i vorkommt, das System also „entkoppelt" ist. Jede Differentialgleichung kann daher ohne Bezugnahme auf die anderen für sich gelöst werden. Ein Blick auf das System (25), (26) oder auf die Zustandsdifferentialgleichungen des Gleichstrommotors zeigt, daß dies nicht selbstverständlich ist.

Auch dann, wenn $G(s)$ mehrfache Pole besitzt, kann man Zustandsvariable über die Partialbruchzerlegung einführen und erhält so eine besonders übersichtliche Form der Zustandsdifferentialgleichungen. Sie sind jedoch nicht mehr entkoppelt. Sei etwa λ_1 ein m-facher Pol. Dann gilt

$$Y(s) = G(s)\,U(s) = \left[\frac{r_1}{s - \lambda_1} + \frac{r_2}{(s - \lambda_1)^2} + \ldots + \frac{r_m}{(s - \lambda_1)^m} + R\right] U(s),$$

wobei R die restlichen Partialbrüche bezeichnet, die hier nicht mehr interessieren. Dann definiert man die Zustandsvariablen genau wie bisher:

$$
(31) \qquad
\begin{aligned}
x_1(s) &= \frac{1}{s-\lambda_1}\,U(s),\\
x_2(s) &= \frac{1}{(s-\lambda_1)^2}\,U(s),\\
&\ \vdots\\
x_m(s) &= \frac{1}{(s-\lambda_m)^m}\,U(s)\,.\\
&\ \vdots
\end{aligned}
$$

Übersetzt man diese Gleichungen in den Zeitbereich, so erhält man Differentialgleichungen höherer Ordnung, die als Zustandsdifferentialgleichungen nicht zu gebrauchen sind, z. B. ergibt die zweite dieser Gleichungen

$$
\begin{aligned}
&(s-\lambda_1)^2\, X_2(s) = U(s) \qquad \text{oder}\\
&s^2X_2(s) - 2\lambda_1 sX_2(s) + \lambda_1^2X_2(s) = U(s)\,, \qquad \text{also}\\
&\ddot{x}_2 - 2\lambda_1\dot{x}_2 + \lambda_1^2x_2 = u\,.
\end{aligned}
$$

Um dies zu vermeiden, setzt man in (31) jede Gleichung in die nachfolgende ein und erhält so

$$
\begin{aligned}
x_1(s) &= \frac{1}{s-\lambda_1}\,U(s),\\
x_2(s) &= \frac{1}{s-\lambda_1}\,X_1(s)\,,\\
&\ \vdots\\
x_m(s) &= \frac{1}{s-\lambda_1}\,X_{m-1}(s)\,,\\
&\ \vdots
\end{aligned}
$$

Im Zeitbereich ergibt sich dadurch

$$
(32) \qquad
\begin{aligned}
\dot{x}_1 &= \lambda_1x_1 + u\,,\\
\dot{x}_2 &= \lambda_1x_2 + x_1\,,\\
\dot{x}_3 &= \lambda_1x_3 + x_2\,,\\
&\ \vdots\\
\dot{x}_m &= \lambda_1x_m + x_{m-1}\,,
\end{aligned}
$$

Wie man sieht, sind die ersten m Differentialgleichungen gekoppelt, aber nur in sehr einfacher Weise, insofern in die 2. Differentialgleichung nur x_1, in die 3. Differentialgleichung nur x_2 eingeht usw. Man kann sie daher zwar nicht unabhängig voneinander integrieren, aber durch einfache Sukzession lösen: Man löst die 1. Differentialgleichung und setzt deren Lösung in die 2. ein, wodurch man eine Differentialgleichung für x_2 allein bekommt, löst dann diese und so fort.

Es wurde bisher nicht ausdrücklich betont, daß man die Zustandsvariablen eines Systems im allgemeinen in sehr verschiedenartiger Weise wählen kann. Aus den soeben durchgeführten Betrachtungen geht das deutlich hervor. Hat man nämlich ein rationales Übertragungsglied mit konstantem Zähler, so kann man seine Zustandsvariablen sowohl durch die Ableitungen der Ausgangsgröße gemäß (24) als auch durch die Partialbruchzerlegung nach (28) bzw. (31) definieren. Dann liegen zwei verschiedene Beschreibungen des gleichen Systems vor, einmal durch die Zustandsdifferentialgleichungen (25) und (26), zum anderen durch die Zustandsdifferentialgleichungen (29) bzw. (32).

Wie man die Zustandsvariablen im konkreten Fall wählt, hängt von dem Zweck ab, den man mit der Beschreibung verfolgt. Wünscht man eine theoretisch möglichst übersichtliche Darstellung, so wird man bei einem rationalen Übertragungsglied die Partialbruchzerlegung vorziehen. Es kann aber durchaus sein, daß andere Gesichtspunkte wichtiger sind, daß man z. B. nach Möglichkeit nur solche Systemgrößen als Zustandsvariable wählen möchte, die meßtechnisch erfaßt werden können.

Wie man sieht, sind die Zustandsgleichungen, die sich bei einem rationalen Übertragungsglied ergeben, linear. Wenn dies der Fall ist, kann man sich mit Vorteil der *Matrizenschreibweise* bedienen. Gehen wir etwa von den Gleichungen (29) aus:

$$\begin{aligned}
\dot{x}_1 &= \lambda_1 x_1 + u\,,\\
\dot{x}_2 &= \lambda_2 x_2 + u\,,\\
&\;\;\vdots\\
\dot{x}_n &= \lambda_n x_n + u\,.
\end{aligned}$$

Da ein Vektor gliedweise differenziert wird, steht auf der linken Seite die Ableitung des Vektors

$$\boldsymbol{x} = \begin{bmatrix} x_1 \\ x_2 \\ \vdots \\ x_n \end{bmatrix}.$$

Demgemäß kann man schreiben:

$$\frac{\mathrm{d}}{\mathrm{d}t}\begin{bmatrix} x_1 \\ x_2 \\ \vdots \\ x_n \end{bmatrix} = \begin{bmatrix} \lambda_1 & 0 & \dots & 0 \\ 0 & \lambda_2 & & \cdot \\ \vdots & & \ddots & \vdots \\ 0 & . & . & . & \lambda_n \end{bmatrix} \cdot \begin{bmatrix} x_1 \\ x_2 \\ \vdots \\ x_n \end{bmatrix} + \begin{bmatrix} 1 \\ 1 \\ \vdots \\ 1 \end{bmatrix} u$$

oder kürzer

$$\dot{\boldsymbol{x}} = \boldsymbol{A}\boldsymbol{x} + \boldsymbol{b}u$$

mit

$$\boldsymbol{A} = \begin{bmatrix} \lambda_1 & 0 & \dots & 0 \\ 0 & \lambda_2 & & \cdot \\ \vdots & & \ddots & \vdots \\ 0 & . & . & . & \lambda_n \end{bmatrix}, \qquad \boldsymbol{b} = \begin{bmatrix} 1 \\ 1 \\ \vdots \\ 1 \end{bmatrix}.$$

Ebenso wie die Zustandsdifferentialgleichungen läßt sich auch die „Ausgangsgleichung" (30) auf Matrizenform bringen. Dazu führt man den Zeilenvektor

$$\boldsymbol{r}^T = [r_1, r_2, \dots, r_n]$$

ein, wobei der obere Index T (von „Transposition") darauf hinweisen soll, daß es sich um einen transponierten Spaltenvektor, eben um einen Zeilenvektor, handelt. Damit wird aus (30)

$$y = \boldsymbol{r}^T\boldsymbol{x} + r_0 u\,.$$

Bemerkenswert an dieser Darstellung ist die Tatsache, daß $\boldsymbol{A}$ eine Diagonalmatrix ist. Darin drückt sich die Tatsache der Entkopplung aus: $\dot{x}_i$ hängt nur von der gleichen Variablen x_i ab.

Bei mehrfachen Polen gilt das nicht mehr. Ist etwa λ_1 ein m-facher Pol, während die restlichen Pole einfach sind, so folgt aus (32) die Matrizengleichung

$$\frac{\mathrm{d}}{\mathrm{d}t}\begin{bmatrix} x_1 \\ x_2 \\ x_3 \\ \vdots \\ x_m \\ x_{m+1} \\ \vdots \\ x_n \end{bmatrix} = \begin{bmatrix} \lambda_1 & 0 & . & . & . & & 0 \\ 1 & \lambda_1 & & & & & \\ 0 & 1 & \lambda_1 & & & & \cdot \\ \vdots & & \ddots & \ddots & & & \cdot \\ 0 & & & 1 & \lambda_1 & & \\ 0 & & & & 0 & \lambda_{m+1} & \cdot \\ \vdots & & & & & \ddots & \ddots \\ 0 & . & . & . & & 0 & \lambda_n \end{bmatrix} \begin{bmatrix} x_1 \\ x_2 \\ x_3 \\ \vdots \\ x_m \\ x_{m+1} \\ \vdots \\ x_n \end{bmatrix} + \begin{bmatrix} 1 \\ 0 \\ 0 \\ \vdots \\ 0 \\ 1 \\ \vdots \\ 1 \end{bmatrix} u\,.$$

$\boldsymbol{A}$ ist zwar von einfacher Form, aber keine Diagonalmatrix.

Auch die Zustandsdifferentialgleichungen (25) und (26) kann man auf Matrizenform bringen. Das Differentialgleichungssystem lautet hier

$$\begin{aligned}
\dot{x}_1 &= x_2,\\
\dot{x}_2 &= x_3,\\
&\ \vdots\\
\dot{x}_{n-1} &= x_n,\\
\dot{x}_n &= -\frac{a_0}{a_n}x_1 - \dots - \frac{a_{n-1}}{a_n}x_n + \frac{b_0}{a_n}u.
\end{aligned}$$

Daraus wird

$$\frac{\mathrm{d}}{\mathrm{d}t}\begin{bmatrix} x_1\\ x_2\\ \\ \vdots\\ x_{n-1}\\ x_n\end{bmatrix} = \begin{bmatrix} 0 & 1 & 0 & . & . & . & 0\\ \vdots & 0 & 1 & 0 & \dots & & 0\\ & & 0 & 1 & & & \vdots\\ & & & & & & 0\\ \vdots & & & & & & \\ 0 & . & . & . & & 0 & 1\\ -\frac{a_0}{a_n} & \dots & & & \dots & & -\frac{a_{n-1}}{a_n}\end{bmatrix}\begin{bmatrix} x_1\\ x_2\\ \\ \vdots\\ x_{n-1}\\ x_n\end{bmatrix} + \begin{bmatrix} 0\\ 0\\ \\ \vdots\\ 0\\ \frac{b_0}{a_n}\end{bmatrix}u.$$

Die zugehörige Ausgangsgleichung $y = x_1$ kann in der Form

$$y = [1, 0, \dots, 0]\begin{bmatrix} x_1\\ x_2\\ \vdots\\ x_n\end{bmatrix} + 0\cdot u$$

geschrieben werden.

Vergleicht man die verschiedenen Zustandsgleichungen, so sieht man, daß sie sämtlich eine gemeinsame Form haben:

(33) $\dot{\boldsymbol{x}} = \boldsymbol{A}\boldsymbol{x} + \boldsymbol{b}u$: Zustandsdifferentialgleichung,

(34) $y = \boldsymbol{c}^T\boldsymbol{x} + du$: Ausgangsgleichung.

Dabei ist $\boldsymbol{A}$ eine n-reihige quadratische Matrix, $\boldsymbol{b}$ ein n-gliedriger Spaltenvektor, $\boldsymbol{c}^T$ ein n-gliedriger Zeilenvektor und d eine Zahl. Sofern es sich um die Beschreibung eines rationalen Übertragungsgliedes handelt, sind alle Elemente der Matrizen und Vektoren konstant.

Liegt ein lineares System mit mehreren Ein- und Ausgangsgrößen vor, so treten an die Stelle der skalaren Funktionen u und y die Vektorfunktionen $\boldsymbol{u}$ (p-gliedrig) und $\boldsymbol{y}$ (q-gliedrig). Demgemäß sind die Vektoren $\boldsymbol{b}$ und $\boldsymbol{c}^T$ sowie die Zahl d durch

Matrizen zu ersetzen, nämlich durch die (n, p)-Matrix $\boldsymbol{B}$, die (q, n)-Matrix $\boldsymbol{C}$ und die (q, p)-Matrix $\boldsymbol{D}$:

(35) $$\dot{\boldsymbol{x}} = \boldsymbol{A}\boldsymbol{x} + \boldsymbol{B}\boldsymbol{u} ,$$

(36) $$\boldsymbol{y} = \boldsymbol{C}\boldsymbol{x} + \boldsymbol{D}\boldsymbol{u} .$$

In diese Matrizengleichungen gehen die allgemeinen Vektorgleichungen (19) über, wenn es sich um ein lineares System handelt.

Hier muß auf eine Unannehmlichkeit in der Bezeichnungsweise hingewiesen werden. Der deutsche Regelungstechniker ist gewohnt, die Regelgröße, also die Ausgangsgröße der Strecke, mit x zu bezeichnen, während deren Eingangsgröße, die Stellgröße, das Symbol y trägt. Bei der Benutzung der Zustandsvariablen hat sich jedoch der oben benutzte Sprachgebrauch eingebürgert, bei dem die Zustandsvariablen mit x, die Ausgangsgrößen mit y und die Eingangsgrößen mit u bezeichnet werden. Beschreibt man die Regelstrecke mit Hilfe von Zustandsvariablen, so muß man also gegen (mindestens) eine der beiden Abmachungen verstoßen.

Abschließend noch eine Bemerkung über das Verhältnis von „Strukturbild (Signalflußbild)" und „Zustandsvariablen". Man kann ein dynamisches System auf beide Weisen beschreiben. Für die Untersuchung eines konkreten technischen Systems wird man vom Strukturbild ausgehen, das durch seine Anlehnung an den Geräteaufbau des technischen Prozesses auf der einen Seite und seine unmittelbare Entsprechung zum Plan einer Rechenschaltung auf der anderen Seite (beim Analogrechner oder der blockweisen Programmierung des Digitalrechners) eine sehr anschauliche Verbindung von technischer Realität und mathematischem Modell schafft. Für *allgemeine* Untersuchungen, die sich auf Klassen von Systemen beziehen, ist es hingegen weniger brauchbar. Hier ist die Beschreibung mittels der Zustandsvariablen vorzuziehen, ganz besonders dann, wenn es sich um nichtlineare Systeme handelt. Bereits bei der Festlegung eines allgemein verwendbaren Sprachgebrauchs erweist sie sich als unentbehrlich, wie die beiden folgenden Abschnitte unter anderem zeigen werden.

Man kann ohne weiteres vom Strukturbild zu den Zustandsdifferentialgleichungen übergehen. Hierzu muß man das Strukturbild in elementare Blöcke (Integrierglieder, Proportionalglieder, Summierungsstellen, Kennlinienglieder und multiplikative Glieder) auflösen und die Ausgangsgrößen der Integrierglieder als Zustandsvariable nehmen. Da der Koppelplan einer Analogrechenschaltung einem derart aufgelösten Strukturbild entspricht, stellt er unmittelbar eine Beschreibung des Systems mittels Zustandsvariablen dar.

1.4 Ruhelage eines dynamischen Systems und nichtlinearer Standardregelkreis

Ein dynamisches System, linear oder nichtlinear, sei durch seine Zustandsgleichungen gegeben:

(37) $\dot{x}_i = f_i(x_1, \dots, x_n; u_1, \dots, u_p)\,, \qquad i = 1, \dots, n\,,$

(38) $y_k = g_k(x_1, \dots, x_n; u_1, \dots, u_p), \qquad k = 1, \dots, q\,.$

Dann besteht das gewünschte Betriebsverhalten des Systems häufig darin, daß es sich in einem Ruhezustand befindet. Beispielsweise liegt dieser Fall bei einer Festwertregel vor, wo die Regelgröße auf dem festen Wert der Führungsgröße bleiben soll.

Soll ein Ruhezustand überhaupt möglich sein, so dürfen sich die Eingangsgrößen $u_1, \dots, u_p$ gewiß nicht beliebig verhalten. Man wird vielmehr annehmen müssen, daß sie identisch konstant sind:

$$u_1 \equiv u_{1R}, \dots, u_p \equiv u_{pR}\,.$$

Der *Ruhezustand* ist dadurch charakterisiert, daß sich die Zustandsvariablen nicht ändern, daß also

$$\dot{x}_1 \equiv 0, \dots, \dot{x}_n \equiv 0$$

gilt. Somit müssen im Ruhezustand die Gleichungen

(39) $f_i(x_1, \dots, x_n; u_{1R}, \dots, u_{pR}) = 0\,, \qquad i = 1, \dots, n\,,$

gelten. Bei gegebenen Werten $u_{\nu R}$ ist das ein System von n gewöhnlichen Gleichungen für die n Unbekannten $x_1, \dots, x_n$. Es ist durchaus möglich, daß es keine Lösung besitzt, daß es also zu den gegebenen Werten der Eingangsgrößen keinen Ruhezustand des Systems gibt. Gelingt es, einen Lösungsvektor $\boldsymbol{x}_R$ zu finden, so stellt er einen Punkt im Zustandsraum dar, eben die „Ruhelage" des Systems. Ein System kann bei gegebenen Werten der u_ν mehrere, sogar unendlich viele Ruhelagen haben.

Hat man eine Lösung $x_{1R}, \dots, x_{nR}$ der Gleichungen (39) gefunden, so bilden die Funktionen

$$x_1(t) \equiv x_{1R}, \dots, x_n(t) \equiv x_{nR}$$

eine Lösung der Zustandsdifferentialgleichungen zu den Eingangsgrößen $u_{1R}, \dots, u_{pR}$. Da sie nämlich einerseits (39) erfüllen und für sie andererseits $\dot{x}_i \equiv 0$ gilt, genügen sie den Zustandsdifferentialgleichungen (37). Daher stellt jede Ruhelage eine Trajektorie des Systems dar, die allerdings in einen Punkt entartet ist.

Zu jeder Ruhelage $\boldsymbol{x}_R$ gehören feste Werte der Ausgangsgrößen. Nach (38) sind sie durch

$$y_{kR} = g_k(x_{1R}, \dots, x_{nR}; u_{1R}, \dots, u_{pR}), \qquad k = 1, \dots, q,$$

gegeben.

Wie man die Ruhelage eines Systems ermittelt, sei zunächst für ein rationales Übertragungsglied mit einfachen Polen gezeigt. Gibt man $u(t) \equiv u_R$ vor, so lauten seine Zustandsgleichungen nach (29) und (30):

$$\dot{x}_i = \lambda_i x_i + u_R, \qquad y = \sum_{i=1}^{n} r_i x_i + r_0 u_R.$$

Die möglichen Ruhelagen sind daher durch die Gleichungen

(40) $$O = \lambda_i x_i + u_R$$

bestimmt.

Zwei Fälle sind zu unterscheiden. Sind zunächst sämtliche $\lambda_i \neq 0$, so folgt aus (40)

(41) $$x_{iR} = -\frac{u_R}{\lambda_i}, \qquad i = 1, \dots, n,$$

für die Koordinaten der Ruhelage. Für den Ruhewert der Ausgangsgröße resultiert daraus

$$y_R = \left(\sum_{i=1}^{n} \frac{r_i}{-\lambda_i} + r_0\right) u_R.$$

Da die Übertragungsfunktion des rationalen Übertragungsgliedes durch

$$G(s) = \sum_{i=1}^{n} \frac{r_i}{s - \lambda_i} + r_0$$

gegeben ist, kann man kürzer

$$y_R = G(0)\, u_R$$

schreiben.

Der zweite Fall ist dadurch gekennzeichnet, daß ein $\lambda_i = 0$ ist, etwa λ_1. Dann kann die erste Gleichung in (40) nur erfüllt sein, wenn $u_R = 0$ ist. Dann ist x_{1R} beliebig. Die restlichen Gleichungen (40) gehen in $\lambda_i x_i = 0$ über, woraus $x_{iR} = 0$ folgt. In diesem Fall gibt es also Ruhelagen nur für den Eingangswert $u_R = 0$, und sie sind durch

(42) $$x_{1R} \text{ beliebig}, \; x_{2R} = 0, \dots, x_{nR} = 0$$

gegeben. Der Ruhewert der Ausgangsgröße wird

(43) $$y_R = r_1 x_{1R},$$

kann also ebenfalls einen beliebigen Wert annehmen. Die Ruhelagen erfüllen die gesamte x_1-Achse des Zustandsraumes.

In etwas anderer Sprechweise ist die soeben beschriebene Sachlage jedem Regelungstechniker vertraut. $\lambda_1 = 0$ bedeutet nämlich, daß ein Pol des Übertragungsgliedes im Nullpunkt liegt, das Übertragungsglied also Integrierverhalten zeigt. Daher kann es nur zur Ruhe kommen, wenn seine Eingangsgröße u identisch Null wird. Die Ausgangsgröße y bleibt dann auf dem zuletzt angenommenen Wert stehen. Hingegen hat das Übertragungsglied in dem zuerst betrachteten Fall Proportionalverhalten, und dann ist im stationären Zustand in der Tat die Ausgangsgröße $y = G(0)\, u$.

Statt durch seine Zustandsdifferentialgleichungen kann man das rationale Übertragungsglied auch durch eine Differentialgleichung n-ter Ordnung beschreiben, die sich unmittelbar aus seiner Übertragungsfunktion ergibt:

$$a_n \overset{(n)}{y} + \ldots + a_1 \dot{y} + a_0 y = b_0 u + b_1 \dot{u} + \ldots + b_m \overset{(m)}{u}\,, \qquad m \leqq n\,.$$

Im Ruhezustand sind u und y identisch konstant, so daß die Differentialgleichung auf die gewöhnliche Gleichung

$$a_0 y = b_0 u \tag{44}$$

zusammenschrumpft. Dabei darf man im allgemeinen $b_0 \neq 0$ voraussetzen, da sonst das Eingangssignal u im Ruhezustand nicht durchgeschaltet würde. Ist $a_0 \neq 0$, so hat man

$$y_R = \frac{b_0}{a_0} u_R$$

als Zusammenhang zwischen den Ruhewerten der Ein- und Ausgangsgröße. Wenn jedoch $a_0 = 0$ gilt, das Übertragungsglied also Integrierverhalten hat, kann die Gleichung (44) nur erfüllt sein, wenn $u_R = 0$ ist. y_R ist dann beliebig. Das sind die gleichen Zusammenhänge zwischen der Ein- und Ausgangsgröße im Ruhezustand, wie sie vorher mittels der Zustandsvariablen hergeleitet wurden.

Nunmehr gehen wir zu dem nichtlinearen Regelkreis im Bild 5 über. Es soll sich um eine Festwertregelung handeln, w also konstant sein und höchstens von Zeit zu Zeit verstellt werden. Wir wollen annehmen, daß der Regelkreis eine Ruhelage besitzt. Dann müssen im Ruhezustand gemäß (44) die folgenden Gleichungen gelten:

$$x_d = w - r \quad \text{(Soll-Istwert-Vergleich)},$$

$$a_0 u = b_0 x_d \quad \text{(Lineares Teilsystem } L_1\text{)},$$

$$y = F(u) \quad \text{(Nichtlineare Kennlinie)},$$

$$a_0'x = b_0'y \qquad \text{(Lineares Teilsystem } L_2\text{)},$$

$$a_0''r = b_0''x \qquad \text{(Lineares Teilsystem } L_3\text{)}.$$

Dabei darf man $b_0, b_0', b_0'' > 0$ und $a_0, a_0', a_0'' \geqq 0$ voraussetzen. Faßt man die linearen Gleichungen zusammen, so erhält man

$$(45) \qquad y = \alpha - \beta u$$

mit

$$\alpha = \frac{a_0'a_0''}{b_0'b_0''} w \geqq 0, \quad \text{sofern } w \geqq 0, \quad \text{und}$$

$$\beta = \frac{a_0 a_0' a_0''}{b_0 b_0' b_0} \geqq 0 .$$

Die Schnittpunkte der linearen Kennlinie (45) mit der nichtlinearen Kennlinie $y = F(u)$ liefern die Ruhewerte u_R und y_R (Bild 17).

Aus ihnen bekommt man die restlichen Ruhewerte durch Einsetzen in die linearen Gleichungen des Ruhezustandes.

Ein Spezialfall ist besonders hervorzuheben, weil er sehr häufig vorliegt. Zeigt eines der beiden linearen Teilsysteme $L_2(s)$ und $L_3(s)$ Integrier ʼerhalten, so ist einer der beiden Koeffizienten a_0', a_0'' Null. Dann fällt die lineare Kennlinie mit der u-Achse zusammen, und der Nullpunkt $u = 0, y = 0$ charakterisiert eine Ruhelage des Systems, jedenfalls dann, wenn die nichtlineare Kennlinie durch Null geht.

Liegt in diesem Fall speziell eine Dreipunktkennlinie oder eine Totzone vor, so besteht das ganze Intervall $-a < u < a$ aus Schnittpunkten der linearen und der

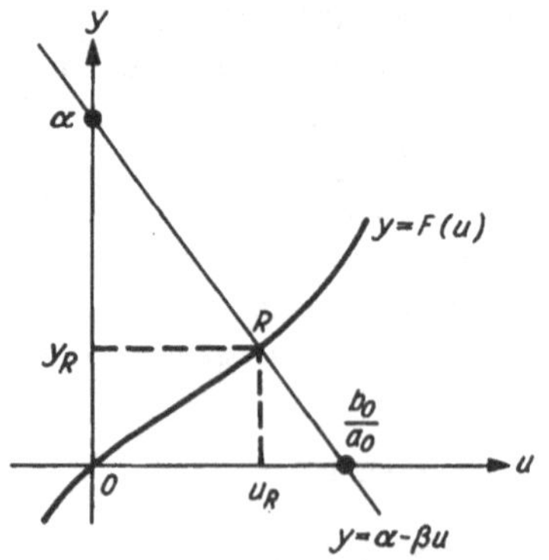

Bild 17 Ruhelage eines nichtlinearen Regelkreises bei Proportionalverhalten der linearen Teilsysteme

nichtlinearen Kennlinie und bestimmt so eine ganze Zone von Ruhelagen. Obwohl der offene Kreis ein Integrierglied enthält, regelt der geschlossene Kreis nicht auf Nullabweichung.

Es ist durchaus möglich, daß in einem nichtlinearen Regelkreis ein gewünschtes Betriebsverhalten nicht ohne weiteres zu realisieren ist. Bild 18 zeigt einen Regelkreis mit Hysteresekennlinie. $L(s)$ möge Integralverhalten aufweisen. Ist das gewünschte Betriebsverhalten durch die Forderungen $y = 0$ (Ruhezustand) und $x_d = 0$ charakterisiert, so kann die Regelung es nicht verwirklichen. Denn für $y = 0$ kann x_d nur die Werte a oder $-a$ annehmen. Durch die Forderung $y = 0$ und $x_d = 0$ wird aber ein wohlbestimmter Punkt im Zustandsraum festgelegt. Aus dem Wert $y_R = 0$ der Eingangsgröße und dem Wert $x_R = w$ der Ausgangsgröße des linearen Teilsystems folgen nämlich für dessen Zustandsvariable gemäß (42) und (43) die Ruhewerte

$$x_{1R} = \frac{w}{r_1}, \qquad x_{2R} = 0, \ldots, x_{nR} = 0.$$

Wenngleich der geschlossene Kreis diesen Punkt des Zustandsraumes nicht anzunehmen vermag, so kann es doch durchaus vernünftig sein, sein Verhalten in der Umgebung dieser „geforderten Ruhelage" zu untersuchen.

Auf einen Punkt sei noch ausdrücklich hingewiesen. Auch dann, wenn es sich bei $\boldsymbol{x}_R$ nicht nur um eine geforderte, sondern um eine wirkliche Ruhelage des Systems handelt, bedeutet dies nur, daß $\boldsymbol{x}_R$ die Systemgleichungen erfüllt. Das zugehörige reale System braucht keineswegs im Punkt $\boldsymbol{x}_R$ zu verharren. Selbst dann, wenn es zu irgendeinem Zeitpunkt die Ruhelage $\boldsymbol{x}_R$ einnimmt, wird es infolge der ständig vorhandenen Störungen die Ruhelage nicht beibehalten. Bestenfalls bleibt es in einer engen Umgebung der Ruhelage. Es kann sich unter dem Einfluß der Störungen aber auch vollständig und endgültig aus der Ruhelage entfernen. Damit aber ist bereits die Frage nach dem Stabilitätsverhalten der Ruhelage angeschnitten. Ihr ist der überwiegende Teil der nachfolgenden Ausführungen gewidmet.

Nach dem Bisherigen wird es verständlich sein, daß man häufig in die Lage versetzt ist, ein dynamisches System bei konstanten Eingangsgrößen $u_{1R}, \ldots, u_{pR}$

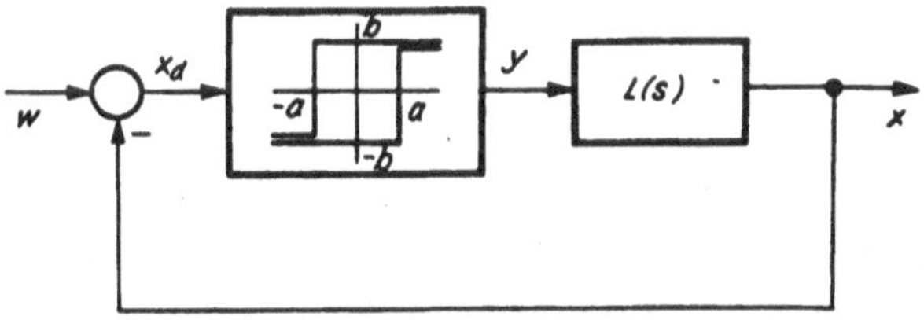

Bild 18 Regelkreis mit Hysterese

und in der Umgebung eines festen Punktes $x_{1R}, \ldots, x_{nR}$ des Zustandsraumes zu betrachten — mag es sich dabei um eine realisierbare oder nur geforderte Ruhelage handeln. Dann liegt es nahe, *zur Vereinfachung der Betrachtungsweise von den Zustandsvariablen selbst zu ihren Abweichungen von dem festen Zustand* $\mathbf{x}_R$ *überzugehen*, also die Größen

$$\Delta x_i = x_i - x_{iR}, \qquad i = 1, \ldots, n,$$

einzuführen. Dadurch wird aus den Zustandsdifferentialgleichungen (17) wegen $\Delta \dot{x}_i = \dot{x}_i$:

$$\Delta \dot{x}_i = f_i(x_{1R} + \Delta x_1, \ldots, x_{nR} + \Delta x_n; u_{1R}, \ldots, u_{pR}), \qquad i = 1, \ldots, n.$$

Da die rechten Seiten nur noch von den Abweichungen abhängen, kann man hierfür auch schreiben

$$\Delta \dot{x}_i = \tilde{f}_i(\Delta x_1, \ldots, \Delta x_n), \qquad i = 1, \ldots, n.$$

Das sind die Zustandsdifferentialgleichungen in Abweichungen von der Ruhelage $\mathbf{x}_R$. Die Ruhelage dieses Systems ist durch $\Delta x_i = 0$ gegeben, stellt also den Nullpunkt des Zustandsraumes dar. Man kann daher auch sagen, daß man den Koordinatenursprung des Zustandsraumes in die betrachtete Ruhelage verschoben hat. Sofern keine Irrtümer auftreten können, sei hierfür nachträglich wieder

$$\dot{x}_i = f_i(x_1, \ldots, x_n), \qquad i = 1, \ldots, n,$$

geschrieben.

Der Übergang zu den Abweichungen werde zunächst für ein rationales Übertragungsglied durchgeführt, das durch seine Zustandsgleichungen (29) und (30) gegeben ist. Dabei sei zugelassen, daß auch die Eingangsgröße u veränderlich ist. Man hat dann

$$(46) \qquad u = u_R + \Delta u, \qquad x_i = x_{iR} + \Delta x_i, \qquad y = y_R + \Delta y$$

zu setzen, wobei die Werte u_R, x_{iR} und y_R die gewünschten Ruhewerte des Systems bezeichnen. Setzt man (46) in die Zustandsgleichungen ein und beachtet, daß für die Ruhewerte auch die Beziehungen (29) und (30) erfüllt sind, wobei nur $\dot{x}_{iR} \equiv 0$ ist, so erhält man

$$\Delta \dot{x}_i = \lambda_i \Delta x_i + \Delta u, \qquad i = 1, \ldots, n,$$

$$\Delta y = \sum_{i=1}^{n} r_i \, \Delta x_i + r_0 \, \Delta u.$$

Das sind aber die ursprünglichen Zustandsgleichungen, nur daß sie für die Abweichungen angeschrieben sind. Daraus folgt sofort: Der Zusammenhang zwischen der Ein- und Ausgangsgröße eines rationalen Übertragungsgliedes bleibt unverändert, wenn man zu den Abweichungen vom Ruhezustand übergeht.

Geht man nunmehr zu einem *nichtlinearen Regelkreis* nach Bild 5 über, so ist

$$\Delta x_d = x_d - x_{dR} ,$$
$$\Delta u = u - u_R ,$$
$$\Delta y = y - y_R ,$$
$$\Delta x = x - x_R ,$$
$$\Delta r = r - r_R .$$

Da das lineare Übertragungsverhalten unverändert bleibt, gilt für die Abweichungen

$$\Delta u = L_1(s)\, \Delta x_d ,$$
(47) $$\Delta x = L_2(s)\, \Delta y ,$$
$$\Delta r = L_3(s)\, \Delta x .$$

Für den Soll-Istwert-Vergleich erhält man

$$x_{dR} + \Delta x_d = w - (r_R + \Delta r) ,$$

also wegen der Ruhewertgleichung $x_{dR} = w - r_R$:

(48) $$\Delta x_d = -\Delta r .$$

Schließlich wird aus der Kennliniengleichung

$$y_R + \Delta y = F(u_R + \Delta u)$$

oder

(49) $$\Delta y = F(u_R + \Delta u) - y_R = \tilde{F}(\Delta u) .$$

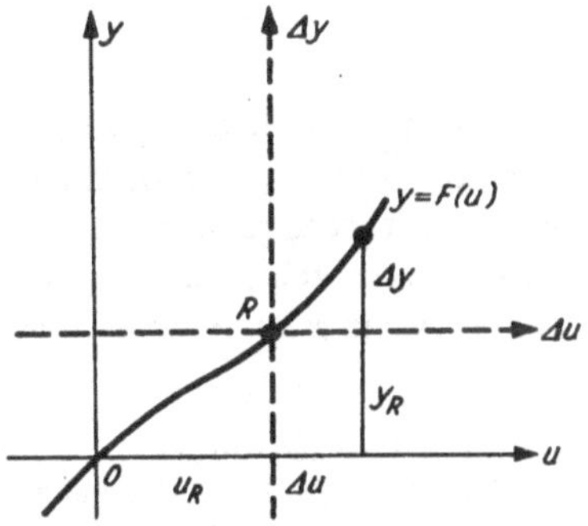

Bild 19 Nichtlineare Kennlinie beim Übergang zu den Abweichungen von der Ruhelage

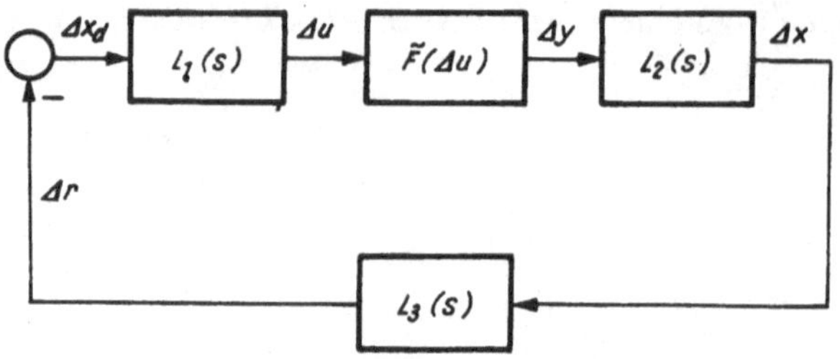

Bild 20 Nichtlinearer Regelkreis in Abweichungen vom Ruhezustand

Ein Blick auf das Bild 19 zeigt, daß die so erhaltene Kennlinie nichts weiter ist als die ursprüngliche Kennlinie, nur in einem neuen Achsenkreuz, dessen Ursprung in der Ruhelage R liegt. Die Gleichungen (47) bis (49) ergeben zusammen die Darstellung in Bild 20.

Nunmehr kann man die linearen Blöcke entgegen der Wirkungsrichtung des Regelkreises hinter das Kennlinienglied verschieben. Dort kann man sie zu einem einzigen Block mit der Übertragungsfunktion

$$L(s) = L_1(s)\, L_2(s)\, L_3(s)$$

vereinigen. Führt man in der so erhaltenen Schleife nachträglich wieder eine möglichst einfache Bezeichnung ein, so gelangt man zu dem *nichtlinearen Standardregelkreis* in Bild 21. Er liegt den folgenden Betrachtungen zugrunde.

Abschließend sei ausdrücklich betont, daß der hier durchgeführte Übergang zu den Abweichungen von einem Ruhezustand nichts mit irgendeiner Linearisierung zu tun hat. Vielmehr dürfen die Abweichungen beliebig groß sein. Es handelt sich lediglich um die Einführung neuer zweckmäßiger Koordinaten.

1.5 Stabilitätsverhalten von nichtlinearen Systemen*)

Wenn sich ein dynamisches System in einem Ruhezustand befindet, so nimmt sein Zustandspunkt eine Lage ein, die man mit dem Nullpunkt des Zustandsraumes identifizieren darf. Nun wirken aber auf jedes reale System Störungen der verschiedensten Art ein. Wie ihre Wirkung im einzelnen auch aussehen mag, so besteht das Ergebnis darin, daß der Zustandspunkt $\boldsymbol{x}$ des Systems aus seiner Ruhe-

*) Für eine präzise mathematische Fundierung der im folgenden eingeführten Stabilitätsbegriffe sowie deren Erweiterung auf allgemeinere, z. B. zeitvariante, Systeme sei auf das Standardwerk von W. Hahn [16] sowie auf das Bändchen von Wolfgang Schäfer [19] verwiesen. Über weitere Stabilitätsbegriffe neben dem Ljapunowschen kann man auch bei J. L. Willems [20] und Hsu-Meyer [7] nachlesen.

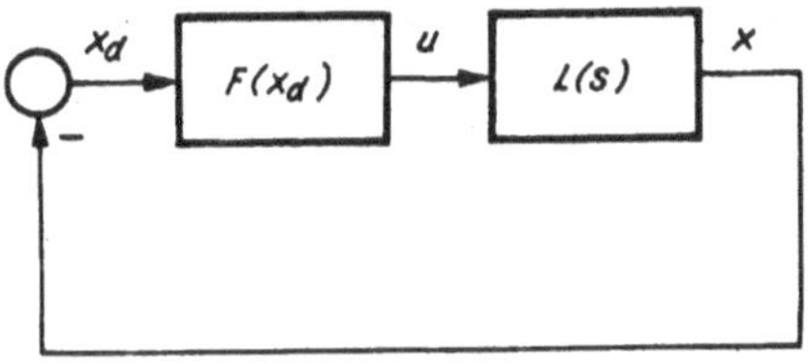

Bild 21 Nichtlinearer Standardregelkreis

lage **0** entfernt wird und sich auf einer Trajektorie in der Umgebung der Ruhelage bewegt. Kehrt er mit wachsender Zeit t wieder in die Ruhelage zurück oder bleibt er zumindest in einer engen Umgebung, so ist das System in der vorliegenden Form verwendbar. Die Ruhelage verhält sich dann „stabil". Im anderen Fall ist sie „instabil" und das System muß abgeändert werden, um die Ruhelage stabil zu machen („Das System muß stabilisiert werden").

Die verschiedenen Verhaltensweisen, die der Zustandspunkt in der Umgebung einer Ruhelage zeigen kann, seien an einem einfachen nichtlinearen System näher betrachtet, nämlich am Pendel (Bild 22). Sein Zustand ist durch den Lagewinkel φ und die Winkelgeschwindigkeit $\dot{\varphi}$ vollständig bestimmt. Sein Zustandsraum ist daher die φ-$\dot{\varphi}$-Ebene. Es besitzt zwei verschiedene Ruhelagen, $\varphi = 0$, $\dot{\varphi} = 0$ und $\varphi = \pi$, $\dot{\varphi} = 0$. Auch die letztere Lage ist eine Ruhelage, da in ihr die an der Pendelmasse angreifende Schwerkraft durch die Starrheit der Pendelstange aufgehoben wird und das Pendel daher in der Lage verharrt, natürlich vorausgesetzt, daß keine Störung auftritt und eine Auslenkung verursacht. Wegen der Vieldeutigkeit des Winkels erhält man in der Zustandsebene die unendlich vielen Ruhelagen $\varphi = 0 + 2k\pi$ und $\varphi = \pi + 2k\pi$, k beliebig ganz, $\dot{\varphi} = 0$.

Zunächst werde angenommen, daß das Pendel ungedämpft ist, also nur die Schwerkraft einwirkt, jedoch Luftwiderstand und Lagerreibung vernachlässigt werden können. Aus Bild 22 liest man ab, daß die wirksame Komponente der

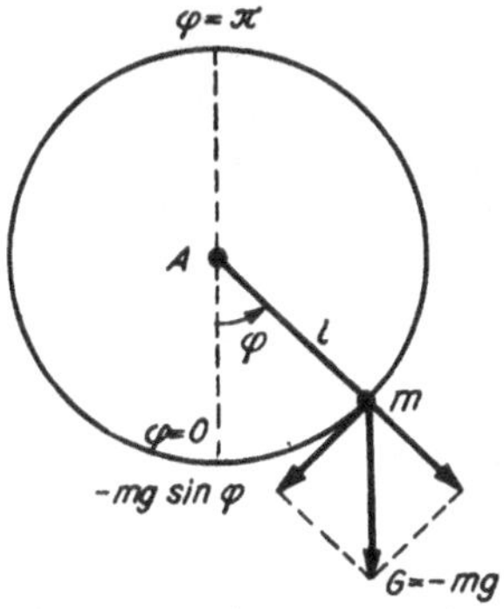

Bild 22 Pendel

Schwerkraft durch $-mg \sin \varphi$ gegeben ist, also nach dem 2. Newtonschen Axiom die Differentialgleichung $m\ddot{s} = -mg \sin \varphi$ und daher wegen $s = l\varphi$ die Gleichung $\ddot{\varphi} = -\frac{g}{l} \sin \varphi$ folgt. Führt man die Zustandsvariablen φ und $\dot{\varphi} = v$ ein, so erhält man daraus die Zustandsdifferentialgleichungen

$$(50) \qquad \dot{\varphi} = v\,, \qquad \dot{v} = -\frac{g}{l} \sin \varphi\,.$$

Vergleicht man diese Darstellung mit den allgemeinen Ausführungen der vorigen Abschnitte, so liegt hier ein spezielles System vor, auf das von vornherein keine Eingangsgröße u wirkt und als dessen Ausgangsgröße φ angesehen werden kann. Das Systemverhalten hängt daher allein von dem Anfangszustand ab.

Nimmt man zu irgendeinem Zeitpunkt $t = 0$ eine Auslenkung φ_0 aus der Ruhelage $\varphi = 0$ vor, mit $|\varphi_0| < \pi$, und läßt das Pendel ohne Anfangsgeschwindigkeit beginnen, so führt es eine Dauerschwingung um $\varphi = 0$ aus, die um höchstens φ_0 von der Ruhelage abweicht. Verleiht man ihm auch eine Anfangsgeschwindigkeit $\dot{\varphi}_0 = v_0$, so wird die Auslenkung größer. Die Trajektorien stellen geschlossene Kurven um den Ursprung der Zustandsebene, also die Ruhelage $\varphi = 0$, $v = 0$, dar, wie sie qualitativ in Bild 23 wiedergegeben sind. Liegen sie genügend nahe bei (0, 0), so darf man in den Zustandsdifferentialgleichungen $\sin \varphi \approx \varphi$ setzen, und sie gehen dann näherungsweise in Ellipsen über. Die Zustandsdifferentialgleichungen (50) lauten dann nämlich $\dot{\varphi} = v$, $\dot{v} = -\frac{g}{l}$. Multipliziert man die erste

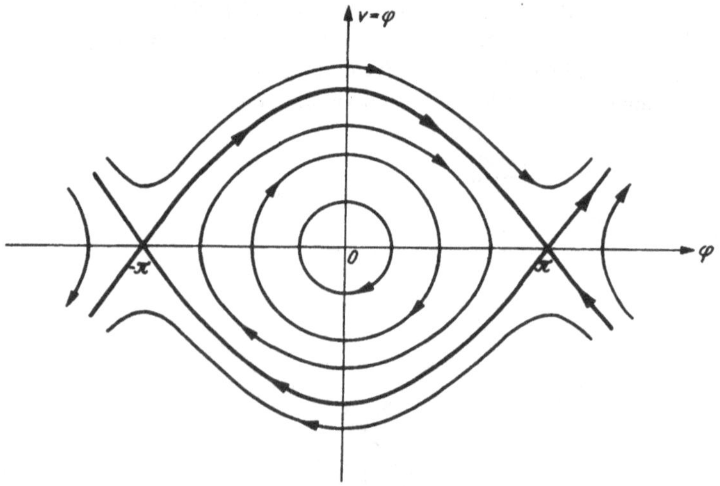

Bild 23 Zustandsebene des ungedämpften Pendels

mit φ, die zweite mit $\frac{l}{g} v$ und addiert, so erhält man $\varphi\dot{\varphi} + \frac{l}{g} v\dot{v} = 0$ oder $\varphi \mathrm{d}\varphi + \frac{l}{g} v \mathrm{d}r = 0$. Durch Integration folgt daraus $\varphi^2 + \frac{l}{g} v^2 = c^2$, c beliebig konstant.

Je näher man den Anfangspunkt (φ_0, v_0) an der Ruhelage wählt, um so näher bleiben die Trajektorien in ihrem gesamten Verlauf bei der Ruhelage. Das Pendel wird sich also beliebig wenig aus seiner Ruhelage (0, 0) entfernen, wenn nur seine Anfangsstörung klein genug bleibt. Eine Ruhelage, in deren Umgebung die Trajektorien dieses Verhalten zeigen, nennt man stabil.

Vor der allgemeinen Formulierung dieser Eigenschaft sei daran erinnert, daß man sich die betrachtete Ruhelage des dynamischen Systems im Nullpunkt des Zustandsraumes vorstellen darf und das System dann durch die transformierten Gleichungen $x_i = f_i(x_1, \ldots, x_n)$, $i = 1, \ldots, n$, beschrieben wird. Dann kann man sagen:

> Die *Ruhelage* **0** eines dynamischen Systems heißt *stabil*, wenn es zu jedem genügend kleinen positiven ε ein positives δ gibt derart, daß $|\boldsymbol{x}(t)| < \varepsilon$ für alle $t \geqq 0$, sofern nur $|\boldsymbol{x}(0)| < \delta$.

Etwas unschärfer kann man das in Worten so ausdrücken:

> Eine Ruhelage heißt stabil, wenn die gesamte Trajektorie für $t \geqq 0$ in einer beliebig engen Umgebung der Ruhelage liegt, sofern nur ihr Anfangspunkt in einer hinreichend engen Umgebung der Ruhelage gelegen ist.

Im Bild 24 ist die Definition am Pendelbeispiel nochmals erläutert. Man legt eine Kreisscheibe mit dem Radius ε um **0**, wobei ε nicht zu groß gewählt wird.

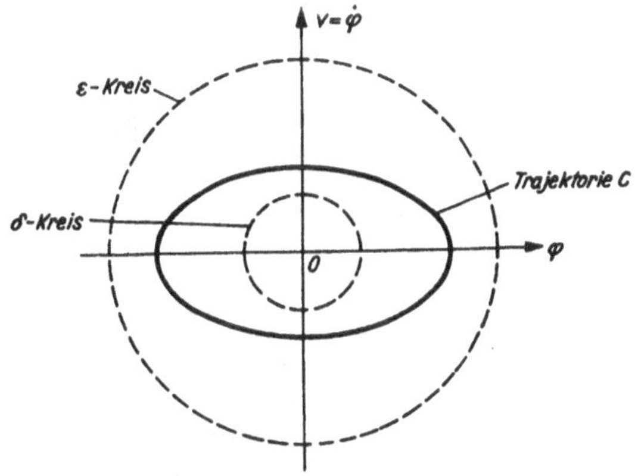

Bild 24 Stabilitätsnachweis für die Ruhelage $\varphi = 0$, $\dot{\varphi} = 0$ des ungedämpften Pendels

Nun bestimmt man irgendeine Trajektorie, die im Innern der ε-Scheibe liegt, z. B. die eingezeichnete Kurve C. Jetzt legt man eine Kreisscheibe um **0**, die im Innern von C liegt, sonst aber beliebig ist. Ihr Radius sei mit δ bezeichnet. Betrachtet man nun irgendeine Trajektorie, deren Anfangspunkt im δ-Kreis liegt, für die also $|\boldsymbol{x}(0)| = \sqrt{\varphi_0^2 + v_0^2} < \delta$ ist, so liegt sie erst recht vollständig innerhalb C, da die Trajektorien ineinander geschachtelt sind, ohne sich zu überschneiden. Um so mehr muß sie innerhalb des ε-Kreises gelegen sein. Für alle $t \geqq 0$ gilt also $|\boldsymbol{x}(t)| = \sqrt{\varphi^2(t) + v^2(t)} < \varepsilon$. Da diese Konstruktion für jedes nicht zu große ε durchführbar ist, gilt die Stabilitätsdefinition.

Ist die Stabilitätsdefinition für eine Ruhelage nicht erfüllt, so nennt man sie instabil. Präziser ausgedrückt:

> Eine *Ruhelage* heißt *instabil*, wenn es eine Umgebung der Ruhelage gibt derart, daß Trajektorien existieren, die beliebig nahe bei der Ruhelage beginnen, aber nicht für alle $t \geqq 0$ in dieser Umgebung bleiben.*)

Ein Beispiel liefert die Ruhelage $\varphi = \pi$, $v = 0$ des Pendels. Von einer Koordinatentransformation, die sie in den Nullpunkt versetzt, kann man hier absehen. Wie aus Bild 23 zu ersehen ist, laufen die Trajektorien von der Ruhelage weg, wie nahe man auch mit ihrem Anfangspunkt an die Ruhelage herangehen mag. Das entspricht der Tatsache, daß die geringste Auslenkung oder die geringste Anfangsgeschwindigkeit, die das Pendel erhält, es endgültig aus der oberen

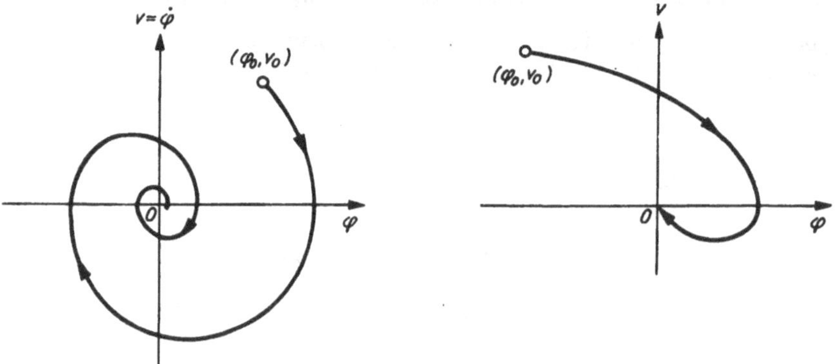

Bild 25 Trajektorien des gedämpften Pendels

*) Unter einer Umgebung kann man die Menge aller Punkte $\boldsymbol{x}$ verstehen, deren Abstand von der Ruhelage **0** kleiner als ε ist, für die also $|\underline{x}| = \sqrt{x_1^2 + \ldots + x_n^2} < \varepsilon$ gilt. In der Zustandsebene ist das eine Kreisscheibe, im 3-dimensionalen Zustandsraum eine Vollkugel um die Ruhelage mit dem Radius ε.

Ruhelage entfernt. Entweder führt es eine Dauerschwingung um die stabile Ruhelage aus (geschlossene Trajektorien) oder es umkreist unablässig den Aufhängepunkt A (nichtgeschlossene Trajektorien außerhalb der stark ausgezogenen Kurve). Eine Ausnahme machen nur die stark ausgezogenen Trajektorienstücke, die von links oben und rechts unten in den Punkt $(\pi, 0)$ einlaufen. Sie entsprechen speziellen Anfangsbedingungen (φ_0, v_0), bei denen die Bewegung des Pendels gerade in der oberen Ruhelage zum Stillstand kommt.

Geht man zum gedämpften Pendel über, so nimmt dessen Bewegung mit wachsender Zeit ab. Sie stellt eine abklingende Schwingung oder möglicherweise auch einen aperiodischen Vorgang dar, der für $t \to +\infty$ der Ruhelage $\varphi = 0$, $\dot{\varphi} = 0$ zustrebt. Die Trajektorien gehen daher für $t \to +\infty$ gegen den Punkt $(0, 0)$, wie dies in Bild 25 skizziert ist. Die Ruhelage $(0, 0)$ heißt in diesem Fall „asymptotisch stabil".

Allgemein gilt die Definition:

> Die *Ruhelage* **0** eines dynamischen Systems heißt *asymptotisch* stabil, wenn sie stabil ist und überdies eine Umgebung besitzt derart, daß die dort beginnenden Trajektorien mit wachsendem t gegen die Ruhelage streben.

Die Stabilität folgt nicht unbedingt aus dem asymptotischen Verhalten. Das ersieht man aus Bild 26, in dem die Integralkurvenschar einer Zustandsdifferentialgleichung dargestellt ist, die in den schraffierten Bereich nicht eindringen möge. Es handelt sich um ein System mit einer einzigen Zustandsvariablen x, das diesmal nicht im Zustandsraum, sondern im Bewegungsraum betrachtet wird und die Ruhelage $x \equiv 0$ besitzt. Die Integralkurven $x(t)$ streben für $t \to +\infty$ sämtlich gegen die Ruhelage 0, ganz gleich, mit welchem Anfangswert $x(0)$ sie beginnen. Aber wie nahe bei 0 man den Anfangswert auch wählen mag, es gibt stets Kurven, für die $|x(t)| < \varepsilon$ nicht für alle t gilt. Also ist die Ruhelage 0 instabil. Ein tech-

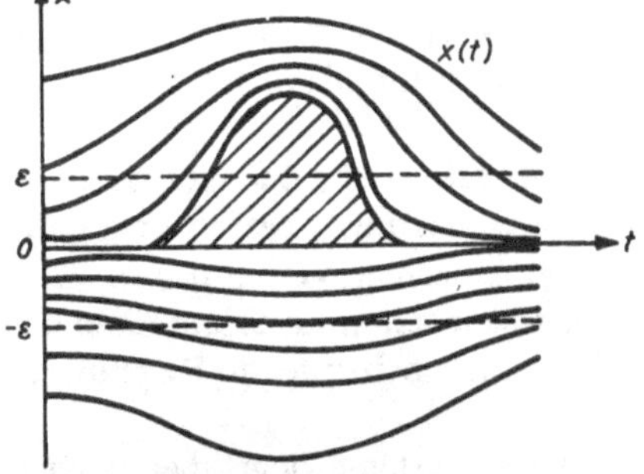

Bild 26 Instabile Ruhelage mit asymptotischem Verhalten

nisches System mit einem derartigen Verhalten wäre sehr unangenehm, da es selbst bei kleinsten Störungen stark reagieren kann.

Ist eine Ruhelage asymptotisch stabil, so bezeichnet man die Gesamtheit aller Punkte des Zustandsraumes, aus denen die Trajektorien für $t \to +\infty$ gegen die Ruhelage streben, als den *Einzugsbereich der Ruhelage*.

Im Falle des gedämpften Pendels strebt das System aus einem Anfangszustand stets gegen die asymptotisch stabile Ruhelage, jedoch mit einer Ausnahme: der instabilen Ruhelage. Wenn es sich dort befindet, ändert es seinen Zustand von selbst nicht. Dazu muß es durch äußere Störung in einen anderen Anfangszustand versetzt werden. Somit ist der Einzugsbereich der stabilen Ruhelage nicht die gesamte Zustandsebene.

Umfaßt der Einzugsbereich einer asymptotisch stabilen *Ruhelage* den gesamten Zustandsraum, so heißt sie *global asymptotisch stabil* oder asymptotisch stabil im Ganzen.

Besitzt ein System eine Ruhelage, die global asymptotisch stabil ist, so folgt daraus, daß es keine andere Ruhelage haben kann. Denn eine solche stellt eine zum Punkt entartete Trajektorie dar, die demgemäß keiner anderen Ruhelage zustrebt.

Soll das Stabilitätsverhalten einer Ruhelage praktischen Anforderungen genügen, so wird man verlangen müssen, daß sie asymptotisch stabil ist und einen genügend großen Einzugsbereich besitzt. Der Idealfall ist natürlich die globale asymptotische Stabilität. Ist eine Ruhelage nur stabil oder asymptotisch stabil mit kleinem Einzugsbereich, so wird dies im allgemeinen nicht genügen. Man kann sich sogar leicht Fälle denken, bei denen eine instabile Ruhelage praktisch günstiger ist als eine asymptotisch stabile Ruhelage mit kleinem Einzugsbereich (siehe Abschnitt 4.2). „Stabilisierung" besteht im nichtlinearen Bereich also nicht nur wie im linearen darin aus einer instabilen Ruhelage eine stabile zu machen, sondern auch und vor allem darin, aus einer bloß stabilen oder zwar asymptotisch stabilen, aber mit zu kleinem Einzugsbereich versehenen Ruhelage eine solche mit großem Einzugsbereich zu machen, wenn möglich eine, die global asymptotisch stabil ist (Kapitel 3 und 9).

Die bisherigen Ausführungen lassen erkennen, daß der Stabilitätsbegriff bei nichtlinearen Systemen differenzierter ist als im Linearen und daß dies auch so sein muß, um den verwickelteren dynamischen Verhältnissen der nichtlinearen Systeme gerecht zu werden. Das zeigt sich schon an einem so einfachen Beispiel wie dem Pendel und wird sich an den später behandelten Regelungen mannigfach bestätigen.

Bei einem Rückblick auf die linearen Systeme liegt aber zunächst die Frage nahe, wie sich deren Verhalten im Lichte der subtileren, eigentlich für das Nichtlineare geschaffenen Stabilitätsbegriffe ausnimmt, die jedoch auf beliebige dynamische Systeme anwendbar sind. Diese Frage soll jetzt kurz erörtert werden.

Dazu werde ein rationelles Übertragungsglied mit den einfachen Polen $\lambda_1, \dots, \lambda_n$ betrachtet, dessen Eingangsgröße u einen konstanten Wert hat, damit überhaupt eine Ruhelage möglich ist. Im übrigen darf dieser Wert u_R beliebig sein. Dann lauten die Zustandsdifferentialgleichungen des Übertragungsgliedes

$$(51) \qquad \dot{x}_i = \lambda_i x_i + u_R\,, \qquad i = 1, \dots, n\,,$$

die Ruhelage ergibt sich wegen $\dot{x}_i = 0$ aus den Gleichungen

$$(52) \qquad \lambda_i x_i + u_R = 0\,.$$

Sind alle $\lambda_i \neq 0$, so ist sie durch $x_{iR} = -u_R/\lambda_i$, $i = 1, \dots, n$, gegeben, liegt also eindeutig fest. Ist hingegen ein $\lambda_i = 0$, etwa λ_1, so ist die erste Gleichung nur erfüllbar, wenn $u_R = 0$ ist. Nur dann kann also eine Ruhelage existieren. Ist diese Bedingung erfüllt, so kann wegen $\lambda_1 = 0$ der Ruhewert x_{1R} beliebig gewählt werden, während $x_{2R} = 0, \dots, x_{nR} = 0$ folgt. Hier gibt es somit unendlich viele verschiedene Ruhelagen, die in ihrer Gesamtheit die x_1-Achse des Zustandsraumes erfüllen.

Geht man nun zu den Abweichungen von der Ruhelage über — von einer beliebigen im letzteren Fall —, so fällt in den Zustandsdifferentialgleichungen der konstante Term u_R weg und man erhält, wenn man einfach wieder x_i statt Δx_i schreibt:

$$\dot{x}_i = \lambda_i x_i\,, \qquad i = 1, \dots, n\,.$$

Die Ruhelage für die so transformierten Zustandsdifferentialgleichungen ist der Nullpunkt $\mathbf{0}$. Das Verhalten der Trajektorien in seiner Umgebung kann man sofort erkennen, wenn man die Zustandsdifferentialgleichungen löst:

$$x_i(t) = x_i(0)\,\mathrm{e}^{\lambda_i t}\,, \qquad i = 1, \dots, n\,.$$

Liegen die Pole λ_i des rationalen Übertragungsgliedes sämtlich links von der imaginären Achse der komplexen Ebene, so streben die Funktionen $x_i(t)$ mit wachsendem t gegen 0, ganz gleich, wo der Anfangspunkt $\mathbf{x}(0)$ liegt. Die Ruhelage $\mathbf{0}$ ist also global asymptotisch stabil. Liegt mindestens ein λ_i rechts der j-Achse, so strebt für $x_i(0) \neq 0$ die zugehörige Funktion $x_i(t)$ dem Betrage nach $\to +\infty$ oder stellt eine aufklingende Schwingung dar. Dann ist die Ruhelage $\mathbf{0}$ also instabil.

Schließlich möge mindestens ein λ_i auf der j-Achse liegen, aber keines rechts davon. Ist $\lambda_1 = 0$, so ist $x_1(t) = x_1(0)$. $x_1(t)$ strebt dann also nicht gegen 0 mit wachsendem t, wird aber dem Betrage nach kleiner als ein beliebig kleines positives ε, wenn man nur den Anfangswert $x_1(0)$ genügend klein wählt. Handelt es sich um ein nichtreelles Polpaar $\lambda_1 = j\omega_0$ und $\lambda_2 = -j\omega_0$, so ist $|x_1(t)| = |x_1(0)|$ und $|x_2(t)| = |x_2(0)|$, so daß diese Funktionen zwar ebenfalls nicht $\to 0$ streben für

$t \to +\infty$, aber in ihrem ganzen Verlauf beliebig nahe bei Null bleiben, wenn ihre Anfangswerte genügend klein gemacht werden. Die Ruhelage **0** ist in diesem Fall stabil, jedoch nicht asymptotisch stabil.

Ist etwa λ_1 ein m-facher Pol, so erhält man aus den Zustandsdifferentialgleichungen (32), wenn man bei konstantem u zu den Abweichungen von der Ruhelage übergeht, ganz entsprechend wie eben

$$\begin{aligned}\dot{x}_1 &= \lambda_1 x_1 ,\\ \dot{x}_2 &= \lambda_1 x_2 + x_1 ,\\ &\vdots\\ \dot{x}_m &= \lambda_1 x_m + x_{m-1} ,\\ &\vdots\end{aligned}$$

Um das hier allein interessierende Teilsystem der m ersten Zustandsdifferentialgleichungen zu lösen, wendet man am besten die Laplace-Transformation an:

$$\begin{aligned}sX_1 - x_{10} &= \lambda_1 X_1 ,\\ sX_2 - x_{20} &= \lambda_1 X_2 + X_1 ,\\ &\vdots\\ sX_m - x_{m0} &= \lambda_1 X_m + X_{m-1} ,\end{aligned}$$

wo die x_{i0} die Anfangswerte bezeichnen. Daraus folgt

$$\begin{aligned}X_1(s) &= \frac{1}{s-\lambda_1} x_{10} ,\\ X_2(s) &= \frac{1}{s-\lambda_1} X_1(s) + \frac{1}{s-\lambda_1} x_{20} = \frac{1}{(s-\lambda_1)^2} x_{10} + \frac{1}{s-\lambda_1} x_{20} ,\\ &\vdots\\ X_m(s) &= \frac{1}{(s-\lambda_1)^m} x_{10} + \frac{1}{(s-\lambda_1)^{m-1}} x_{20} + \dots + \frac{1}{s-\lambda_1} x_{m0} .\end{aligned}$$

Durch Rücktransformation erhält man

$$\begin{aligned}x_1 &= x_{10}\, e^{\lambda_1 t} .\\ x_2 &= (x_{10} t + x_{20})\, e^{\lambda_1 t} ,\\ &\vdots\\ x_m &= \left[x_{10} \frac{t^{m-t}}{(m-1)!} + \dots + x_{m0} \right] e^{\lambda_1 t} .\end{aligned}$$

Aus dieser Darstellung, die für irgendeinen mehrfachen Pol des rationalen Übertragungsgliedes gilt, ersieht man sofort, daß auch beim Auftreten mehrfacher Pole die Ruhelage global asymptotisch stabil ist, wenn alle Pole links der j-Achse liegen, hingegen instabil, wenn mindestens ein Pol rechts davon gelegen ist. Liegt aber ein *mehrfacher* Pol auf der j-Achse und kein Pol rechts von ihr, so ändern sich die Verhältnisse gegenüber dem Auftreten einfacher Pole auf der j-Achse. Dort war die Ruhelage stabil; jetzt aber wird sie instabil. Auch jetzt ist zwar $\lambda_1 = j\omega_0$ (worin $\lambda_1 = 0$ eingeschlossen ist), also $|e^{\lambda_1 t}| = 1$. Aber als Faktor der e-Funktion tritt nicht nur ein konstanter Anfangswert auf, sondern bei mindestens einem x_i ein Polynom in t. Diese Funktion $x_i(t)$ strebt daher für wachsendes t gegen $+$ oder $-\infty$ oder stellt eine aufklingende Schwingung dar.

Faßt man zusammen, so ergibt sich die folgende Fallunterscheidung:

(I) Alle Pole des rationalen Übertragungsgliedes liegen links der j-Achse.
Dann ist die Ruhelage global asymptotisch stabil.

(II) Mindestens ein Pol auf der j-Achse, aber keiner rechts davon.

(IIa) Auf der j-Achse nur einfache Pole.
Dann ist die Ruhelage stabil, aber nicht asymptotisch stabil.

(IIb) Auf der j-Achse mindestens ein mehrfacher Pol.
Dann ist die Ruhelage instabil.

(III) Mindestens ein Pol liegt rechts der j-Achse.
Dann ist die Ruhelage instabil.

Besitzt das Übertragungsglied mehrere Ruhelagen, was bei integralem Verhalten der Fall ist, so weisen sämtliche Ruhelagen das gleiche Stabilitätsverhalten auf, da dieses ja nur von den Polen des Übertragungsgliedes abhängt.

Das ist ein wesentlicher Unterschied gegenüber dem Stabilitätsverhalten nichtlinearer Systeme. Treten dort mehrere Ruhelagen auf, so können sie ganz verschiedenes Stabilitätsverhalten zeigen. Man denke nur an das Pendel. Daher kann man im allgemeinen nicht von dem Stabilitätsverhalten eines nichtlinearen Übertragungsgliedes schlechthin sprechen, sondern nur von dem Stabilitätsverhalten einer bestimmten Ruhelage.

Wie man aus der Zusammenfassung erkennt, wird die Einteilung in stabile und instabile Übertragungsglieder, wie sie aus der linearen Theorie geläufig ist, bei Anwendung der nichtlinearen Stabilitätsbegriffe verfeinert. Ein im linearen Sinn stabiles System (Pole links der j-Achse) ist hierbei global asymptotisch stabil, ein im linearen Sinn instabiles System (Pole auf oder rechts der j-Achse) kann noch stabil sein. Es ist bemerkenswert, daß bei linearen Übertragungsgliedern *ein* Stabilitätsverhalten nicht vorkommt: Asymptotische Stabilität mit beschränktem Einzugsbereich. Dies ist eine charakteristisch nichtlineare Erscheinung.

Die für jede regelungstechnische Untersuchung entscheidende Frage lautet nun: Wie kann man das Stabilitätsverhalten der interessierenden Ruhelage eines nichtlinearen Systems erkennen? Im Prinzip ist die Antwort auf diese Frage klar: Man löse die Zustandsdifferentialgleichungen des Systems und stelle fest, wie sie sich für $t \to +\infty$ verhalten. Das ergibt sich unmittelbar aus den Definitionen des Stabilitätsverhaltens. Die Schwierigkeit besteht aber darin, daß eine formelmäßige Lösung der Zustandsdifferentialgleichungen im allgemeinen unmöglich ist, präziser gesagt, daß sich die — zwar gewiß vorhandene — Lösung nicht durch die üblichen Funktionen ausdrücken läßt. Es gibt allerdings Ausnahmefälle, die praktisch von großer Bedeutung sind. Ihr Bereich ist jedoch eng begrenzt.

Natürlich kann man die Zustandsdifferentialgleichungen in jedem konkreten Fall mit Hilfe eines Rechners lösen. Was man aber wünscht, sind *allgemeine* Kriterien der Stabilität, *allgemeine* Verfahren zur Verbesserung des Stabilitätsverhaltens, kurz, *Einsicht* in das Verhalten der nichtlinearen Systeme. Erst auf dieser Grundlage kann man ein konkretes technisches System in sinnvoller Weise untersuchen und gegebenenfalls verbessern. Hat man auf Grund der theoretischen Methoden eine Vorstellung vom Verhalten des Systems entwickelt, so kann man den Rechner in gezielter Weise einsetzen und ist nicht auf blinde Variation der verfügbaren Strukturdaten angewiesen. Will man die Zeitvorgänge in einem nichtlinearen System quantitativ erfassen, so ist die Benutzung eines Rechners dann aber auch unumgänglich.

Zur Untersuchung des Stabilitätsverhaltens nichtlinearer Systeme gibt es zunächst einmal Näherungsverfahren, die sich durch ihre begriffliche Einfachheit und bequeme Anwendbarkeit auszeichnen. Sie seien hier unter der Bezeichnung „Harmonische Balance" zusammengefaßt und können auch durch das Stichwort „Harmonische Linearisierung" oder „Methode der Beschreibungsfunktion" gekennzeichnet werden. Von den verschiedenen nichtlinearen Methoden lehnen sie sich noch einigermaßen an die vertraute lineare Theorie an, insofern, als für die Nichtlinearität eine Art Ersatzfrequenzgang eingeführt wird.

Bedauerlicherweise kranken sie daran, daß sie nur sehr schwer exakt zu fundieren sind und daher in Einzelfällen Zweifel an ihrer Anwendbarkeit entstehen können. Es ist daher gut, über die Harmonische Balance hinaus exakte Methoden zur Verfügung zu haben. Sie können auch weitere Vorzüge aufweisen, sei es, daß man mit ihnen viel allgemeinere nichtlineare Systeme behandeln kann als mit der Harmonischen Balance, sei es, daß sie auch für andere Zielsetzungen als die Stabilitätsuntersuchung, insbesondere für die Optimierung eines Systems, zu verwenden sind. Allerdings sind sie meist schwieriger zu handhaben als die Harmonische Balance. Drei solcher Methoden seien genannt: die Anwendung der Zustandsebene, die sich durch ihre Anschaulichkeit und ihre Verwendbarkeit zur Optimierung auszeichnet, die Theorie von LJAPUNOW, die am umfassendsten ist, und das Kriterium von V. N. POPOW, das durch seine einfache Anwendbarkeit besticht.

2. Die Methode der Harmonischen Balance (Harmonische Linearisierung, Methode der Beschreibungsfunktion)

2.1 Ruhelage und Dauerschwingungen eines nichtlinearen Systems

Wir wollen eine bestimmte Ruhelage eines nichtlinearen Systems betrachten. Sie möge im Ursprung des Zustandsraumes liegen. $\boldsymbol{x}_0$ sei ein Punkt aus ihrer unmittelbaren Umgebung. Wir wollen annehmen, daß die in ihm beginnende Trajektorie nicht in der engeren Umgebung der Ruhelage bleibt, sondern von ihr wegstrebt. Welche Verhaltensweise kann eine solche Trajektorie zeigen? Mathematisch sind die verschiedensten Möglichkeiten denkbar. Praktisch treten drei Fälle auf:

(I) Die Trajektorie strebt mit wachsender Zeit einer neuen Ruhelage zu.

Die Zustandsvariablen durchlaufen nach der Anfangsauslenkung Einschwingvorgänge, die für $t \to +\infty$ gegen neue feste Werte streben. Praktisch äußert sich das gewöhnlich darin, daß eine Größe des Systems „an den Anschlag geht". Der Anschlag, also die nicht überschreitbare Grenzlage infolge einer Begrenzungskennlinie, bestimmt die neue Ruhelage. In Bild 27 ist dieses Verhalten dargestellt, links für ein System mit nur einer Zustandsvariablen über der Zeitachse, also im Bewegungsraum, rechts für ein System mit zwei Zustandsvariablen in der Zustandsebene. Man kann aus diesen Bildern aber auch auf ein System

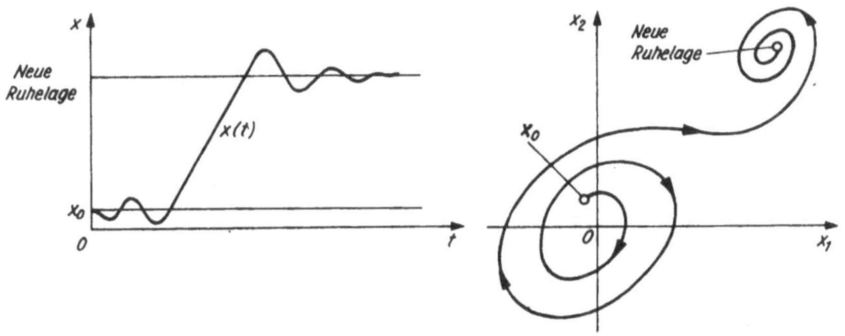

Bild 27 Instabile Ruhelage I: Trajektorien streben zu einer neuen Ruhelage

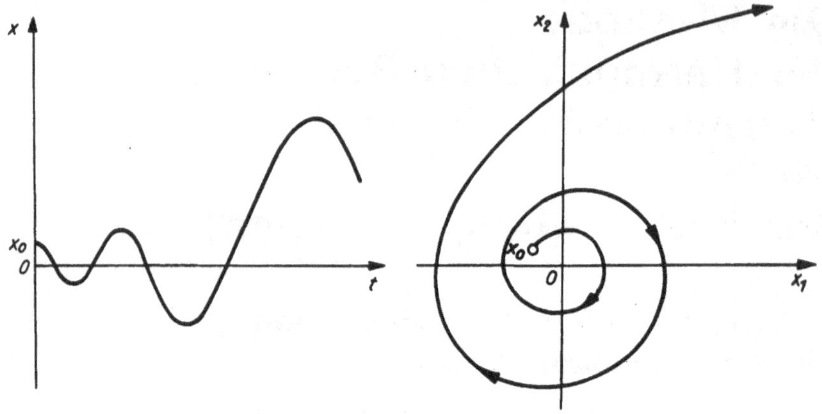

Bild 28 Instabile Ruhelage II: Trajektorien streben ins Unendliche

höherer Ordnung schließen, wobei das linke Bild den Verlauf *einer* Zustandsvariablen beschreibt, während das rechte Bild die Projektion der räumlichen Verhältnisse in eine Ebene wiedergibt. Entsprechendes gilt auch für die folgenden Bilder.

(II) Die Trajektorie strebt mit wachsender Zeit ins Unendliche.

Die Zustandsvariablen durchlaufen Einschwingvorgänge, die gegen $+\infty$ oder $-\infty$ streben oder aufklingende Schwingungen darstellen, deren Amplitude unbegrenzt anwächst (Bild 28).

(III) Die Trajektorie strebt mit wachsendem t einer geschlossenen Kurve zu, die sie als Grenzkurve besitzt (Bild 29).

Praktisch ist es so, daß der Zustandspunkt die Grenzkurve nach einiger Zeit ununterbrochen durchläuft. Der zugehörige Einschwingvorgang der Zustandsvariablen strebt hier gegen eine Dauerschwingung, also gegen eine periodische

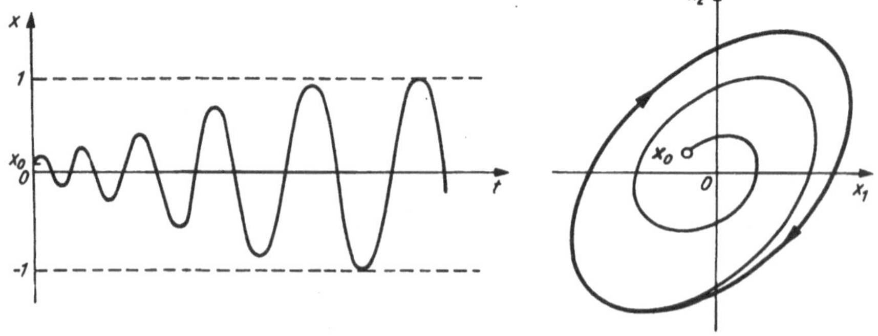

Bild 29 Instabile Ruhelage III: Trajektorien streben gegen eine Grenzkurve

Zeitfunktion, die natürlich nicht sinusförmig zu sein braucht. Es ist auch möglich, daß ein eigentlicher Einschwingvorgang gar nicht existiert, daß vielmehr vom Anfangszeitpunkt an die Dauerschwingung einsetzt.

Der Fall (II) kann bei einem realen System strenggenommen nicht vorkommen, da die zeitveränderlichen Größen endlich bleiben müssen. Begegnet man ihm bei der mathematischen Beschreibung eines technischen Systems, so deutet das darauf hin, daß eine wesentliche Nichtlinearität nicht berücksichtigt wurde, nämlich eine Begrenzung, durch deren Wirksamkeit die Zeitvorgänge gewisse Schranken nicht überschreiten. Dennoch kann es nützlich sein, zum Studium des Systems solche Begrenzungseffekte zu vernachlässigen, also den Fall (II) zu betrachten.

Für ein realistisch beschriebenes technisches System kann man auf Grund der vorhergehenden Ausführung folgende *Faustregel* formulieren:

> Besitzt ein nichtlineares technisches System nur eine Ruhelage und hat man seine wesentlichen Nichtlinearitäten erfaßt, so wird man erwarten dürfen, daß seine Ruhelage global asymptotisch stabil ist, wenn keine Dauerschwingungen auftreten.

Kommen hingegen Dauerschwingungen vor, so wird die Ruhelage instabil, stabil oder asymptotisch stabil mit begrenztem Einzugsbereich sein. Das hängt vom Verhalten der Dauerschwingungen ab. Bild 30 deutet diese Zusammenhänge an, die im folgenden ausführlicher besprochen werden.

Für den Augenblick genügt es festzustellen, daß eine Kenntnis der Dauerschwingungen Aufschluß über das Stabilitätsverhalten der Ruhelage gibt, das zu

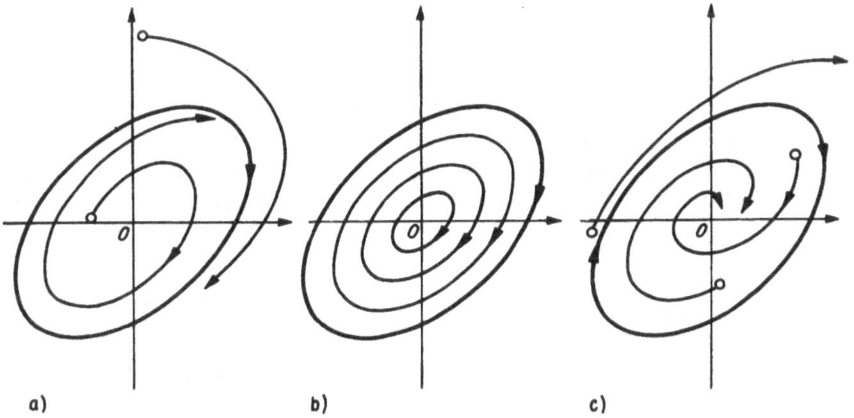

Bild 30 Ruhelage und Dauerschwingungen
a) Ruhelage instabil
b) Ruhelage stabil, aber nicht asymptotisch stabil
c) Ruhelage asymptotisch stabil mit beschränktem Einzugsbereich

bestimmen und gegebenenfalls zu verbessern das eigentliche Ziel der regelungstechnischen Stabilitätsuntersuchung ist.

Die im folgenden beschriebene *Methode der Harmonischen Balance ist ein Verfahren zur Ermittlung der Dauerschwingungen eines nichtlinearen Systems* und hat unmittelbar nichts mit der Stabilität einer Ruhelage zu tun. Erst vermittels der oben angegebenen Faustregel und der anschließenden Bemerkungen, die späterhin noch etwas weiter ausgeführt werden, kann man mittelbar auf das Stabilitätsverhalten der Ruhelage schließen. Man sieht aber, daß dies mit großer Vorsicht geschehen muß und die dahin zielenden Bemerkungen lediglich eine gewisse Plausibilität aufweisen und nicht den Charakter strenger Schlüsse haben. Dennoch sind sie in der Praxis von großem Wert, da man sie ohne schwierige Überlegungen und ohne viel Rechnung auf den konkreten Fall anwenden kann und so eine erste Einsicht in das Verhalten des Systems bekommt, die man dann durch strengere Verfahren, vor allem aber durch die Benutzung des Rechners, erhärten und erweitern kann.

2.2 Einführung der Beschreibungsfunktion und die Gleichung der Harmonischen Balance

Es sollen jetzt die Dauerschwingungen des nichtlinearen Standardregelkreises in Bild 31 ermittelt werden. Dazu nimmt man an, daß sich der Regelkreis gerade im Zustand der Dauerschwingung befindet, wobei offen gelassen wird, wie er in diesen Zustand gekommen ist. Nach dem Vorschlag von KRYLOW und BOGOLJUBOW spricht man vom „Zustand der Harmonischen Balance“. Denn es liegt ein Schwingungsgleichgewicht vor, insofern die Dauerschwingung am Eingang des Kennliniengliedes gerade eine solche Dauerschwingung an dessen Ausgang erzeugt, daß diese wiederum am Ausgang des linearen Teilsystems bis auf das Vorzeichen die ursprüngliche Dauerschwingung hervorbringt. Unter gewissen Voraussetzungen kann man die Dauerschwingungen durch Sinusfunktionen annähern. Da auf dieser Vorstellung die Bestimmung der Dauerschwingungen beruht, wird das Verfahren durch die Benennung „Harmonische Balance“ treffend charakterisiert.

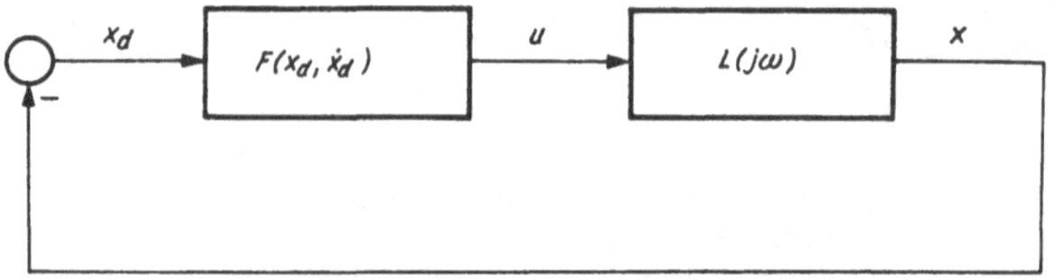

Bild 31 Nichtlinearer Standardregelkreis

Im Zustand des Schwingungsgleichgewichts sind die zeitveränderlichen Größen u, x und $x_d = -x$ periodische Funktionen und können deshalb in Fourierreihen entwickelt werden. Bezeichnet man ihre — noch unbekannte — Frequenz mit ω_p, so gilt für u die Reihenentwicklung

$$(53) \qquad u(t) = b_0 + \sum_{\nu=1}^{\infty} (a_\nu \sin \nu\omega_p t + b_\nu \cos \nu\omega_p t) = b_0 + \sum_{\nu=1}^{\infty} C_\nu \sin (\nu\omega_p t + \varphi_\nu) .$$

Nun ist die nichtlineare Kennlinie vielfach symmetrisch zum Nullpunkt, d. h., sie geht durch Spiegelung am Nullpunkt in sich selbst über. Beispielsweise gilt dies für sämtliche Kennlinien, die in Abschnitt 1.2 eingeführt wurden. Ist sie überdies eindeutig, hängt sie also nur von x_d selbst und nicht von $\dot{x}_d$ ab, so heißt das, daß sie eine ungerade Funktion von x_d darstellt. Setzt man die Symmetrie der Kennlinie voraus, so darf man annehmen, daß ihre Ausgangsgröße $u(t)$ im Zustand des Schwingungsgleichgewichts symmetrisch zur t-Achse liegt, also das absolute Glied $b_0 = 0$ ist.*)

Da im Schwingungsgleichgewicht natürlich der eingeschwungene Zustand vorliegt, erzeugt jede Einzelschwingung in $u(t)$ beim Durchlaufen des linearen Teilsystems wiederum eine Sinusschwingung:

$$(54) \qquad x(t) = \sum_{\nu=1}^{\infty} |L(j\nu\omega_p)|\, C_\nu \sin \left[\nu\omega_p t + \varphi_\nu + \underline{/L(j\nu\omega_p)}\right] ,$$

wobei also $|L(j\omega)|$ der Betrag und $\underline{/L(j\omega)}$ das Argument des Frequenzganges $L(j\omega)$ sind.

In jedem realen Regelkreis stellt das lineare Teilsystem einen Tiefpaß dar, das heißt der Betrag $|L(j\omega)|$ sinkt mit wachsendem ω schnell ab. Die logarithmische Betragskennlinie hat im Prinzip etwa das in Bild 32 skizzierte Aussehen. Daher werden die Terme der Fourierreihe (54) dem Betrage nach schnell kleiner, da ihre Argumente $\nu\omega_p$ wachsen. Um allerdings sämtliche Oberschwingungen vernachlässigen zu können, muß man voraussetzen, daß nicht etwa der in Bild 33 angegebene Fall vorliegt, daß die 1. und 2. Schwingung beim Durchlaufen des linearen Teilsystems mit dem gleichen Betragsfaktor versehen werden. Man wird daher zusätzlich annehmen, daß die Frequenz ω_p der Dauerschwingung nicht vor den Knickfrequenzen $1/T_1$, $1/T_2$, ... des linearen Teilsystems liegt, damit die Vielfachen

---

*) Um sicher zu gehen, daß in keinem Fall ein Gleichterm auftritt, hat man noch eine zusätzliche Voraussetzung zu machen, die bei realen Kennlinien meist erfüllt sein wird: Die Kennlinie (bei Hysteresekennlinien die beiden Äste) soll monoton im weiteren Sinn steigen. Siehe hierzu O. FÖLLINGER—M. PANDIT: Anwendung der Harmonischen Balance beim Vorhandensein von Gleichtermen. Regelungstechnik **20** (1972), S. 237—246, und zwar S. 239, linke Spalte.

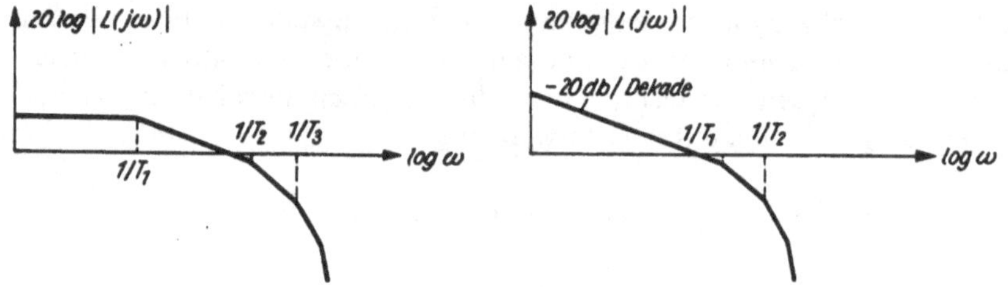

Bild 32 Betragskennlinie von $L(j\omega)$ bei Proportional- und Integralverhalten

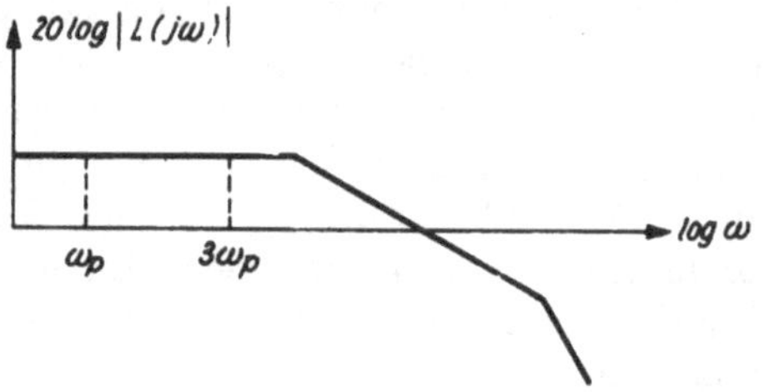

Bild 33 Unerwünschte Lage der Frequenz ω_p der Dauerschwingung

$\nu\omega_p$ mit Sicherheit auf dem abfallenden Teil der Betragskennlinie gelegen sind. Dann darf man in der Fourier-Entwicklung (54) von $x(t)$ alle Oberschwingungen gegenüber der Grundschwingung vernachlässigen, so daß $x(t)$ annähernd gleich einer Sinusschwingung ist.

Daraus folgt zweierlei. Zunächst wirkt die Eingangsgröße $u(t)$ des linearen Teilsystems so, als ob sie nur aus ihrem ersten Term bestände, da die Wirkungen der übrigen Terme ja vernachlässigt werden. Obwohl also die höheren Summanden in $u(t)$ durchaus vorhanden und keineswegs vernachlässigbar sind, darf man sie bei der Betrachtung des Schwingungsgleichgewichts ignorieren, da sie sich im geschlossenen Kreis nicht auswirken. Mithin darf man u durch die harmonische Schwingung

(55) $$u_1 = a_1 \sin \omega_p t + b_1 \cos \omega_p t = C_1 \sin (\omega_p t + \varphi_1)$$

ersetzen.

Zweitens darf man mit x auch $x_d = -x$ als reine Sinusschwingung ansehen und kann infolgedessen

(56) $$x_d = A_p \sin \omega_p t$$

schreiben. Dabei ist die Phasenkonstante gleich Null gesetzt, was man bei *einer* der in dem Regelkreis auftretenden Sinusschwingungen annehmen darf. Die Amplitude A_p der Dauerschwingung ist vorläufig noch unbekannt.

Läßt man in den Beziehungen (55) und (56) der Einfachheit halber den Index p nunmehr weg, so erhält man das Bild 34 als Darstellung des Regelkreises im Schwingungsgleichgewicht. Dabei handelt es sich aber nur um eine Näherung, bei der die periodischen Zeitvorgänge durch ihre Grundschwingungen ersetzt sind. Hierzu wurden folgende Voraussetzungen gemacht:

(I) Die nichtlineare Kennlinie ist symmetrisch zum Nullpunkt.

(II) Das lineare Teilsystem hat hinreichend starken Tiefpaßcharakter. Er wird sicherlich dann vorliegen, wenn der Zählergrad der rationalen Übertragungsfunktion um mindestens 2 kleiner ist als der Nenngrad. Nimmt man gröbere Abweichungen in Kauf, so kann manchmal schon der Gradunterschied 1 ausreichen.

(III) Die Frequenz der Dauerschwingung liegt im Bereich der Knickfrequenzen des linearen Teilsystems. Diese Bedingung kann man nicht sofort nachprüfen. Man geht einfach davon aus, daß sie erfüllt ist, berechnet die Frequenz der Dauerschwingung nach dem im folgenden angegebenen Verfahren und kann dann nachprüfen, wenn man dies für erforderlich hält.

Sind diese Voraussetzungen erfüllt, so wird man die näherungsweise Beschreibung des Regelkreises gemäß Bild 34 und die daraus folgenden Resultate als ausreichende Approximation des wirklichen Verhaltens ansehen dürfen, jedenfalls für die normalerweise auftretenden Regelstrecken und Stelleinrichtungen. Aber wie man sieht, hat der zu Bild 34 führende Gedankengang nur den Wert einer Plausibilitätsbetrachtung und keineswegs den einer strengen Herleitung. Bei der so einleuchtenden Methode der Harmonischen Balance ist daher Vorsicht geboten,

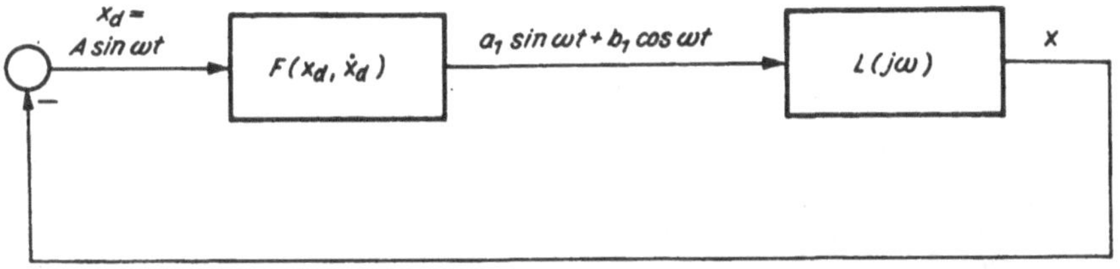

Bild 34 Näherungsverhalten des nichtlinearen Regelkreises im Zustand der Harmonischen Balance

und vor Fehlschlüssen in Grenzfällen ist man nicht gefeit. Es muß andererseits gesagt werden, daß sie bei den üblicherweise auftretenden Strecken und Kennliniengliedern zu sehr brauchbaren Approximationen führt. Dabei ist noch eine weitere Voraussetzung über das lineare Teilsystem gemacht, die in diesem Kapitel stets festgehalten werden soll:

(IV) Es ist $L(s) = R(s)\,e^{-T_t s}$ mit einer rationalen Funktion $R(s) = \frac{K}{s^q}\frac{1 + a_1 s + \ldots}{1 + b_1 s + \ldots}\,e^{-T_t s}$. Darin ist $K > 0$, $q = 0$ oder 1 und $T_t \geqq 0$. Die Pole von $R(s)$ liegen links von der imaginären Achse, wobei höchstens ein einfacher Pol im Nullpunkt eine Ausnahme machen darf.

Wie man aus Bild 34 abliest, besteht die Wirkung des Kennliniengliedes im Schwingungsgleichgewicht darin, aus der Eingangsgröße

$$x_d = A \sin \omega t$$

die Ausgangsgröße

(57) $$u_1 = a_1 \sin \omega t + b_1 \cos \omega t = C_1 \sin(\omega t + \varphi_1)$$

zu machen, also aus einer Sinusschwingung wiederum eine Sinusschwingung, nur mit anderer Amplitude und Phase, zu erzeugen. Das ist aber ein Verhalten, das von den linearen Übertragungsgliedern ganz geläufig ist. Nichts liegt daher näher, als das Übertragungsverhalten des Kennliniengliedes genau so wie bei ihnen zu beschreiben. Man geht von den Sinusschwingungen zu den Zeigerdarstellungen

$$\tilde{x}_d = A e^{j\omega t}$$

und

$$\tilde{u}_1 = C_1\, e^{j(\omega t + \varphi_1)}$$

über und bildet deren Quotienten:

$$\frac{\tilde{u}_1}{\tilde{x}_d} = \frac{C_1}{A} e^{j\varphi_1} = \frac{C_1 \cos \varphi_1}{A} + j\frac{C_1 \sin \varphi_1}{A}.$$

Da aus (57)

$$C_1 \cos \varphi_1 = a_1\,, \qquad C_1 \sin \varphi_1 = b_1$$

folgt, kann man auch

$$\frac{\tilde{u}_1}{\tilde{x}_d} = \frac{a_1}{A} + j\frac{b_1}{A}$$

schreiben. Bei den linearen Übertragungsgliedern ist der Quotient $\tilde{u}_1/\tilde{x}_d$ der Frequenzgang. Man hat also in dem zuletzt gebildeten Ausdruck eine Art *Ersatzfrequenzgang des Kennliniengliedes* vor sich. Er wird — leider sehr farblos — als dessen *Beschreibungsfunktion* bezeichnet (in der russischen Literatur: äquivalenter komplexer Verstärkungsfaktor).

In

(58) $$N = \frac{a_1}{A} + j\frac{b_1}{A}$$

sind a_1 und b_1 gemäß (53) die ersten Fourierkoeffizienten der Funktion $u(t)$. Bezeichnet man die zur Dauerschwingungsfrequenz ω gehörige Periode $2\pi/\omega$ mit τ, so ist

$$a_1 = \frac{2}{\tau}\int_0^\tau u(t)\sin\omega t\,\mathrm{d}t\,, \qquad b_1 = \frac{2}{\tau}\int_0^\tau u(t)\cos\omega t\,\mathrm{d}t\,.$$

Führt man an Stelle von t die neue Integrationsvariable $\omega t = v$ ein, so wird wegen $\mathrm{d}t = 1/\omega\,\mathrm{d}v$ und $\omega\tau = 2\pi$:

$$a_1 = \frac{1}{\pi}\int_0^{2\pi} u\left(\frac{v}{\omega}\right)\sin v\,\mathrm{d}v\,, \qquad b_1 = \frac{1}{\pi}\int_0^{2\pi} u\left(\frac{v}{\omega}\right)\cos v\,\mathrm{d}v\,.$$

Damit wird

(59) $$N = \frac{1}{\pi A}\int_0^{2\pi} u\left(\frac{v}{\omega}\right)\sin v\,\mathrm{d}v + j\frac{1}{\pi A}\int_0^{2\pi} u\left(\frac{v}{\omega}\right)\cos v\,\mathrm{d}v\,.$$

Hierin ist $u(v/\omega)$ nichts weiter als die Ausgangsgröße u des Kennliniengliedes, nur als Funktion von $v = \omega t$ ausgedrückt.

Berücksichtigt man, daß im Schwingungsgleichgewicht

$$u(t) = F(x_d, \dot{x}_d) = F(A\sin\omega t, \omega A\cos\omega t)\,,$$

also

$$u\left(\frac{v}{\omega}\right) = F(A\sin v, \omega A\cos v)$$

gilt, so kann man für (59) auch schreiben:

(60) $$N = \frac{1}{\pi A}\int_0^{2\pi} F(A\sin v, \omega A\cos v)\sin v\,\mathrm{d}v + {}$$

$$+ j\frac{1}{\pi A}\int_0^{2\pi} F(A\sin v, \omega A\cos v)\cos v\,\mathrm{d}v\,.$$

Da F bekannt ist, hat man hiermit eine Formel zur Berechnung der Beschreibungsfunktion N.

Auf den ersten Blick scheint es, als ob die Beschreibungsfunktion N von A und ω abhinge. Die Abhängigkeit von ω ist aber nur eine scheinbare. Ist nämlich die nichtlineare Kennlinie eindeutig, so ist F eine Funktion von $x_d = A\sin v$ allein, so daß ω im Integranden von vornherein gar nicht vorkommt. Liegt eine

Hysteresekennlinie vor, so hängt sie zwar von $\dot{x}_d = A\omega \cos v$ ab, jedoch in sehr spezieller Weise, über die Vorzeichenfunktion $\operatorname{sgn} \dot{x}_d = \operatorname{sgn}(A\omega \cos v)$. Da ω und auch A gewiß als $\geqq 0$ vorausgesetzt werden dürfen, wird die Vorzeichenfunktion durch sie nicht beeinflußt, und so wird $\operatorname{sgn} \dot{x}_d = \operatorname{sgn} \cos v$. Das heißt: Auch bei mehrdeutigen Kennlinien ist die Beschreibungsfunktion von der Frequenz ω unabhängig. Sie ist somit eine Funktion von A allein:

(61) $$N(A) = R(A) + jI(A)$$

mit

(62) $$R(A) = \frac{1}{\pi A} \int_0^{2\pi} u\left(\frac{v}{\omega}\right) \sin v \, dv = \frac{1}{\pi A} \int_0^{2\pi} F(A \sin v, \omega A \cos v) \sin v \, dv ,$$

(63) $$I(A) = \frac{1}{\pi A} \int_0^{2\pi} u\left(\frac{v}{\omega}\right) \cos v \, dv = \frac{1}{\pi A} \int_0^{2\pi} F(A \sin v, \omega A \cos v) \cos v \, dv ,$$

Es sei angemerkt, daß bei komplizierteren Nichtlinearitäten, in denen die Kennlinien mit Differentialgleichungsgliedern verquickt sind, die Beschreibungsfunktion auch von ω abhängen kann (siehe Kapitel 8).

Aus der Herleitung der Beschreibungsfunktion geht hervor, daß sie für das Kennlinienglied die gleiche Rolle spielt wie der Frequenzgang für ein lineares Übertragungsglied. Da also durch die Einführung der Beschreibungsfunktion das nichtlineare Glied ganz entsprechend wie ein lineares Übertragungsglied beschrieben wird, spricht man auch von *Harmonischer Linearisierung*, harmonisch deshalb, weil es sich um die Reaktion des nichtlinearen Gliedes auf die Aufschaltung von harmonischen Schwingungen handelt. Selbstverständlich ist diese Art der „Linearisierung" nicht identisch mit der „Linearisierung um einen Arbeitspunkt". Dort wird eine Kennlinie durch die Tangente im Arbeitspunkt ersetzt, was nur dann zulässig ist, wenn die Abweichungen vom Arbeitspunkt genügend klein sind. Irgendeine derartige Voraussetzung wird bei der Beschreibungsfunktion nicht gemacht; hier wird vielmehr das unveränderliche nichtlineare System untersucht.

Wenngleich die Beschreibungsfunktion eine dem Frequenzgang analoge Begriffsbildung ist, so sind doch die Unterschiede gegenüber dem Frequenzgang eines linearen Übertragungsgliedes tiefgehend. Während der lineare Frequenzgang allein von der Frequenz ω abhängt, aber nicht von der Amplitude A der Eingangsschwingung, ist dies bei der Beschreibungsfunktion gerade umgekehrt. Das muß auch so sein, wenn man wirklich etwas von den Eigenschaften der Nichtlinearität erfassen will; denn die Unabhängigkeit von der Amplitude ist eine unmittelbare Folge der linearen Grundgesetze, insbesondere des Verstärkungsprinzips, und kann daher bei einer Nichtlinearität gar nicht erhalten bleiben. Daß die Beschreibungsfunktion nicht von ω abhängt, ist demgegenüber von sekundärer Bedeutung und rührt von der Trennung in (im wesentlichen) zeitunabhängige Nichtlinearitäten und zeitabhängige lineare Glieder her.

Noch in einem weiteren Punkt besteht ein erheblicher Unterschied zwischen der Beschreibungsfunktion und dem linearen Frequenzgang. Der letztere wird zunächst durch die Reaktion des Übertragungsgliedes auf die Aufschaltung von Sinusschwingungen definiert — jedenfalls ist das die in der Regelungstechnik meist übliche Einführung des Frequenzganges. Aber durch seinen unmittelbaren Zusammenhang mit der komplexen Übertragungsfunktion — stellt er doch deren analytische Fortsetzung auf die imaginäre Achse dar — kann er zur Beschreibung des gesamten Übertragungsverhaltens dienen. Insbesondere kann man aus ihm auch die Antwort des linearen Übertragungsgliedes auf andere Eingangsgrößen als Sinusschwingungen berechnen. Eine derartig allgemeine Bedeutung besitzt die Beschreibungsfunktion für das Kennlinienglied nicht. Sie beschreibt dessen Verhalten nur im Zustand des Schwingungsgleichgewichts und aus Stetigkeitsgründen überdies noch in Nachbarzuständen, also bei auf- und abklingenden Schwingungen, die eventuell aus der Dauerschwingung entstehen. Es ist jedoch beispielsweise sinnlos, die Beschreibungsfunktion zu benutzen, um die Antwort des nichtlinearen Regelkreises auf den Einheitssprung zu ermitteln.

Im Zustand der Harmonischen Balance aber gilt für das Kennlinienglied die Gleichung

$$\tilde{u}_1 = N(A)\,\tilde{x}_d\,, \tag{64}$$

wobei $\tilde{x}_d = Ae^{j\omega t}$ und $\tilde{u}_1 = C_1\,e^{j(\omega t+\varphi_1)}$ die Grundschwingung der Ausgangsgröße ist.

Für das lineare Teilsystem gilt dann wegen $x = -x_d$

$$-\tilde{x}_d = L(j\omega)\,\tilde{u}_1\,, \tag{65}$$

wo $L(j\omega)$ der lineare Frequenzgang ist. Setzt man (64) in (65) ein, so erhält man

$$-\tilde{x}_d = L(j\omega)\,N(A)\,\tilde{x}_d$$

oder

$$[L(j\omega)\,N(A) + 1]\,\tilde{x}_d = 0\,.$$

Da dies für alle t gelten soll, muß

$$L(j\omega)\,N(A) + 1 = 0 \tag{66}$$

sein.

Wenn also in dem nichtlinearen Regelkreis eine Dauerschwingung existiert und wenn man sie durch ihre Grundschwingung approximiert, so erfüllen Amplitude A und Frequenz ω die Gleichung (66). Sie stellt die *charakteristische Gleichung der nichtlinearen Regelung* dar und sei die *Gleichung der Harmonischen Balance* genannt. Es handelt sich bei ihr um eine komplexe Gleichung, die somit zwei reellen Gleichungen entspricht. Aus ihnen hat man die Unbekannten A und ω zu bestimmen.

Bevor man an die Lösung der Gleichung der Harmonischen Balance herangeht, ist es angebracht, sich eine Vorstellung vom Aussehen der Beschreibungsfunktion zu verschaffen. Dazu sollen für die wichtigsten, in Abschnitt 1.2 besprochenen Kennlinien die Beschreibungsfunktionen berechnet werden.

2.3 Berechnung der Beschreibungsfunktion

Als erste nichtlineare Kennlinie möge die allgemeine Relaiskennlinie in Bild 35 betrachtet werden, die dem *Dreipunktglied mit Hysterese* entspricht. Sie enthält mehrere andere Relaiskennlinien als Spezialfälle:

a) Für $q = 1$ ergibt sich das *Dreipunktglied*, da alsdann qa mit a und $-qa$ mit $-a$ zusammenfällt.

b) Für $q = 1$ und $a = 0$ wird aus dem Dreipunktglied das *Zweipunktglied*.

c) Setzt man $q = -1$, so fällt qa mit $-a$ und umgekehrt $-qa$ mit $+a$ zusammen. Dadurch ergibt sich die Kennlinie des *Zweipunktgliedes mit Hysterese*.

Auf die allgemeine Relaiskennlinie wird nun als Eingangsgröße

$$x_d = A \sin \omega t = A \sin v\,, \qquad 0 \leqq v \leqq 2\pi\,,$$

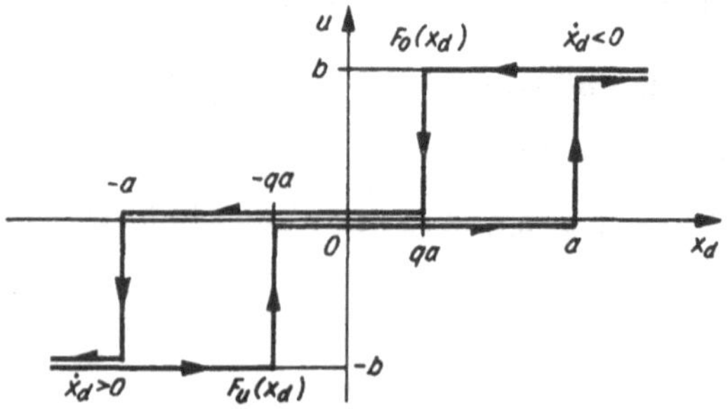

Bild 35 Dreipunktkennlinie mit Hysterese

gegeben. Da das Verhalten des Systems im Zustand der Harmonischen Balance interessiert, darf man annehmen, daß der Parameter $A > a$ ist. Denn andernfalls kommt keine Schwingung der Ausgangsgröße u zustande.

Während $v = \omega t$ von 0 ab läuft, durchquert $x_d = A \sin v$ zunächst das Stück von 0 bis a auf der x_d-Achse, so daß $u = 0$ ist. Bei $x_d = a$, wenn also $A \sin v = a$ geworden ist, springt u auf den Wert b um und bleibt dort auf dem oberen Ast, bis x_d nach Durchlaufen seines Maximums A bei $v = \pi/2$ abnehmend die Stelle qa erreicht. Dies ist der Fall für $A \sin v = qa$. Darauf bleibt u wiederum Null, bis $x_d = 0$, also $v = \pi$ wird. Während v nun das Intervall von π bis 2π durchläuft, wiederholt sich der ganze Vorgang, nur daß u entgegengesetztes Vorzeichen hat. Man erhält so das Bild 36. Darin ist v_a durch die Gleichung $A \sin v = a$, also $\sin v_a = a/A$ gegeben, wobei $0 \leqq v_a \leqq \pi/2$ gelten muß. Entsprechend ist v_{qa} durch $A \sin v = qa$, also $\sin v_{qa} = qa/A$ bestimmt, und zwar mit $\pi/2 \leqq v_{qa} \leqq \pi$.

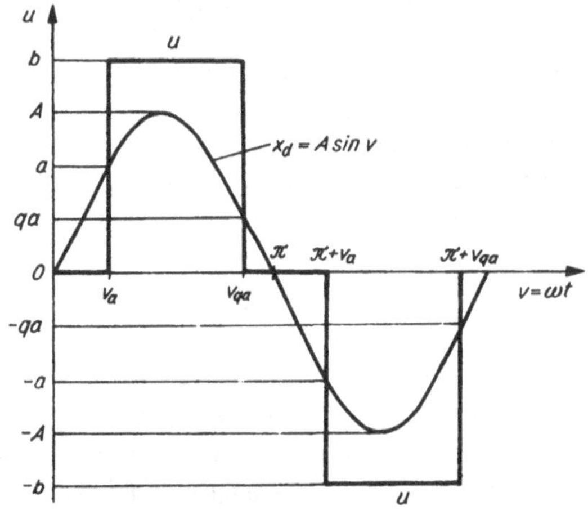

Bild 36 Die Ausgangsgröße u der Dreipunktkennlinie mit Hysterese zur Eingangsgröße $x_d = A \sin v$

Aus Bild 36 ersieht man unmittelbar, daß das Produkt $u \sin v = F(A \sin v, A\omega \cos v) \sin v$, also der Integrand von $R(A)$ in (62), periodisch mit π ist. Daher ist nach (62)

$$R = \frac{1}{\pi A} 2 \int_0^{\pi} u \sin v \, dv .$$

Liest man u aus Bild 36 ab, so erhält man hieraus

$$(67)\qquad R = \frac{2}{\pi A}\int_{v_a}^{v_{qa}} b \sin v \, dv = \frac{2b}{\pi A}(\cos v_a - \cos v_{qa}) .$$

Wegen

$$\sin v_a = \frac{a}{A} \quad \text{ist} \quad \cos v_a = \sqrt{1 - \sin^2 v_a} = \sqrt{1 - \left(\frac{a}{A}\right)^2} .$$

Entsprechendes gilt für $\cos v_{qa}$. Dabei ist nur zu beachten, daß im Gegensatz zu v_a der Wert v_{qa} bereits $\geqq \pi/2$ ist und damit der Cosinus $\leqq 0$ werden muß. Deshalb ist $\cos v_{qa} = -\sqrt{1 - (qa/A)^2}$. Auf diese Weise bekommt man aus (67)

$$(68)\qquad R(A) = \frac{2b}{\pi A}\left[\sqrt{1 - \left(\frac{a}{A}\right)^2} + \sqrt{1 - q^2\left(\frac{a}{A}\right)^2}\right], \qquad A \geqq a .$$

Den Imaginärteil $I(A)$ der Beschreibungsfunktion kann man in der gleichen Weise berechnen. Man hat lediglich die in Bild 36 dargestellte Funktion $u(v)$ mit $\cos v$ statt mit $\sin v$ zu multiplizieren. Es soll jedoch ein anderer Weg eingeschlagen werden, der über die Berechnung der speziellen Beschreibungsfunktion hinaus ein bemerkenswertes allgemeines Ergebnis liefert.

Dazu wird von der Tatsache ausgegangen, daß

$$u = F(x_d, \dot{x}_d) = \begin{cases} F_u(x_d) & \text{für} \quad \dot{x}_d > 0 \\ F_0(x_d) & \text{für} \quad \dot{x}_d < 0 \end{cases}$$

ist (Bild 35). Bewegt sich v von 0 bis $\pi/2$, so wächst x_d von 0 bis zum Maximalwert A, so daß $u = F_u(x_d) = F_u(A \sin v)$ ist. Während v von $\pi/2$ bis $3\pi/2$ läuft, nimmt x_d von A bis $-A$ ab; daher ist jetzt $u = F_0(x_d) = F_0(A \sin v)$. Bewegt sich schließlich v von $3\pi/2$ bis 2π, so nimmt x_d wieder von $-A$ bis 0 zu, und infolgedessen hat man $u = F_u(x_d) = F_u(A \sin v)$ zu setzen. Das Integral (63) kann man daher in der folgenden Form aufspalten:

$$I(A) = \frac{1}{\pi A}\left[\int_0^{\frac{\pi}{2}} F_u(A \sin v) \cos v \, dv + \int_{\frac{\pi}{2}}^{\frac{3}{2}\pi} F_0(A \sin v) \cos v \, dv + \right.$$
$$\left. + \int_{\frac{3}{2}\pi}^{2\pi} F_u(A \sin v) \cos v \, dv \right]$$

Da $x_d = A \sin v$, ist $\mathrm{d}x_d = A \cos v \,\mathrm{d}v$, also $\cos v \,\mathrm{d}v = 1/A \,\mathrm{d}x_d$. Setzt man dies in die letzte Gleichung ein, so erhält man

$$I(A) = \frac{1}{\pi A^2}\left[\int_0^A F_u(x_d)\,\mathrm{d}x_d + \int_A^{-A} F_0(x_d)\,\mathrm{d}x_d + \int_{-A}^0 F_u(x_d)\,\mathrm{d}x_d\right].$$

Daraus folgt weiter

$$I(A) = \frac{1}{\pi A^2}\left[\int_{-A}^A F_u(x_d)\,\mathrm{d}x_d - \int_{-A}^A F_0(x_d)\,\mathrm{d}x_d\right]$$

oder

$$I(A) = -\frac{1}{\pi A^2}\int_{-A}^A [F_0(x_d) - F_u(x_d)]\,\mathrm{d}x_d\,.$$

Ein Blick auf Bild 35 lehrt, daß das Integral nichts anderes ist als die von der Kennlinie eingeschlossene Fläche.

Dieses Resultat wurde hergeleitet, ohne irgendeine spezielle Eigenschaft der Relaiskennlinie zu benutzen. Es wird lediglich vorausgesetzt, daß die Hystereseschleife tatsächlich umlaufen wird. Es gilt daher allgemein, ganz gleich, ob es sich um eine Relaiskennlinie, eine andere stückweise lineare Kennlinie oder um eine gekrümmte Kennlinie handelt. Sie darf auch eindeutig sein; dann sind die Funktionen $F_u(x_d)$ und $F_0(x_d)$ identisch und die von ihnen eingeschlossene Fläche ist Null.

Man kann das Ergebnis daher in der folgenden Form aussprechen:

Der Imaginärteil $I(A)$ der Beschreibungsfunktion einer Kennlinie ist allgemein durch

$$I(A) = -\frac{S}{\pi A^2} \tag{69}$$

gegeben, wo S die von der Kennlinie umschlossene Fläche ist, so umlaufen, daß sie zur Linken liegt. Ist die Kennlinie insbesondere eindeutig, so ist $I(A) = 0$, also die Beschreibungsfunktion reell.

Bei der allgemeinen Relaiskennlinie ist

$$S = 2(a - qa)\,b = 2ab(1 - q)\,,$$

so daß

$$I(A) = -\frac{2ab(1-q)}{\pi A^2}\,. \tag{70}$$

Aus den Formeln (68) und (70) kann man nunmehr durch Spezialisierung die Beschreibungsfunktionen der einzelnen Relaiskennlinien erhalten:

a) *Dreipunktglied*
Für $q = 1$ wird

(71) $$N(A) = \frac{4b}{\pi A}\sqrt{1-\left(\frac{a}{A}\right)^2}.$$

b) *Zweipunktglied*
Aus (71) folgt für $a = 0$

(72) $$N(A) = \frac{4b}{\pi A}.$$

c) *Zweipunktglied mit Hysterese*
Setzt man $q = -1$, so wird

(73) $$N(A) = \frac{4b}{\pi A}\sqrt{1-\left(\frac{a}{A}\right)^2} - j\frac{4ab}{\pi A^2}.$$

Als Beispiel zur Berechnung der Beschreibungsfunktion für eine Kennlinie, die nicht vom Relaistyp ist, werde die *Begrenzung* betrachtet, die nochmals in Bild 37 wiedergegeben ist. Da es sich um eine eindeutige Kennlinie handelt, ist die Beschreibungsfunktion durch ihren Realteil gegeben. $F(x_d)$ ist ungerade, und daher ist auch $u = F(A \sin v)$ ungerade. Mithin folgt aus (62)

(74) $$N(A) = \frac{1}{\pi A} 2 \int_0^\pi u \sin v \, dv.$$

Zunächst sei $A > a$, so daß $x_d = A \sin v$ tatsächlich in den Bereich der Begrenzung gelangt.

Ganz entsprechend wie bei der allgemeinen Relaiskennlinie kann man die Funktion u ermitteln, die sich bei Aufschaltung von $x_d = A \sin v$ auf die Begrenzung ergibt. Sie ist in Bild 38 dargestellt. Dabei ist v_a durch $x_d = A \sin v = a$, also durch $\sin v_a = a/A$ gegeben, $0 \leqq v_a \leqq \pi/2$. Im Bereich $0 \leqq v \leqq v_a$ ist $0 \leqq x_d \leqq a$ und daher $u = mx_d = mA \sin v$. Gleiches gilt für $\pi - v_a \leqq v \leqq \pi$.

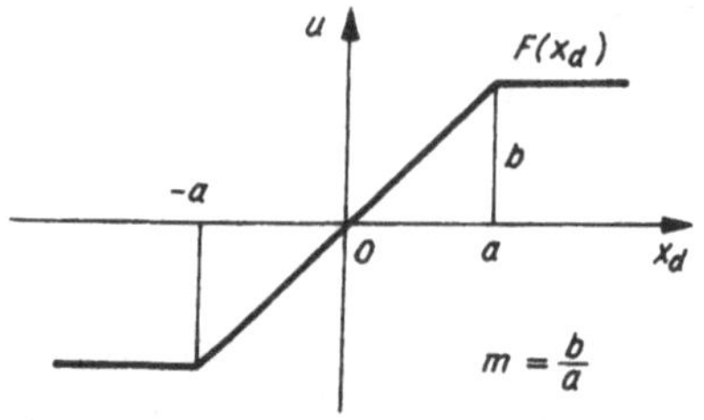

Bild 37 Begrenzungskennlinie

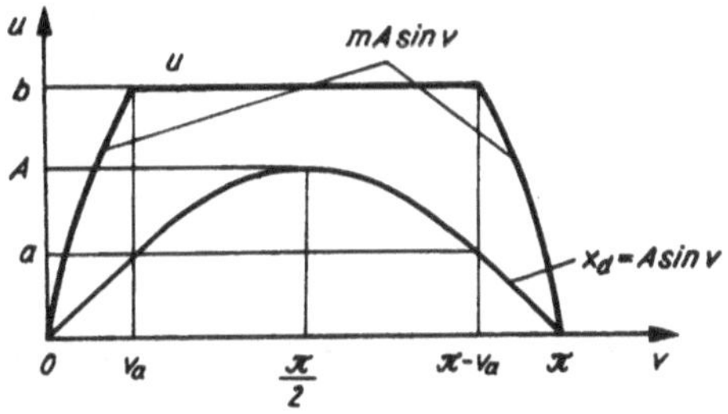

Bild 38 Die Ausgangsgröße u der Begrenzungskennlinie zur Eingangsgröße $x_d = A \sin v$

Wie man aus Bild 38 ersieht, ist das Produkt $u \sin v$ symmetrisch bezüglich der Stelle $v = \pi/2$. Daher kann man für (74) schreiben:

$$N(A) \frac{4}{\pi A} \int_0^{\frac{\pi}{2}} u \sin v \, dv .$$

Setzt man nun u aus Bild 38 ein, so ergibt sich

$$N(A) = \frac{4}{\pi A} \left\{ \int_0^{v_a} mA \sin v \cdot \sin v \, dv + \int_{v_a}^{\frac{\pi}{2}} b \sin v \, dv \right\}$$

$$= \frac{2m}{\pi} (v_a - \sin v_a \cos v_a) + \frac{4b}{\pi A} \cos v_a .$$

Wegen $\sin v_a = a/A$ folgt daraus $v_a = \arcsin a/A$*) und $\cos v_a = \sqrt{1 - (a/A)^2}$.
Damit ist

$$N(A) = \frac{2m}{\pi} \arcsin \frac{a}{A} - \frac{2m}{\pi} \frac{a}{A} \sqrt{1 - \left(\frac{a}{A}\right)^2} + \frac{4b}{\pi A} \sqrt{1 - \left(\frac{a}{A}\right)^2} .$$

Mit $m = b/a$ vereinfacht sich dieser Ausdruck zu

$$N(A) = \frac{2m}{\pi} \arcsin \frac{a}{A} + \frac{2b}{\pi A} \sqrt{1 - \left(\frac{a}{A}\right)^2} .$$

Diese Formel gilt für $A \geqq a$. Für $A < a$ ist stets $u = mx_d = mA \sin v$, und deshalb folgt aus (74)

$$N(A) = \frac{4}{\pi A} \int_0^{\frac{\pi}{2}} mA \sin v \cdot \sin v \, dv = m .$$

---

*) Hier wie auch im folgenden ist unter $y = \arcsin x$ der Hauptwert zu verstehen, d. h. der Funktionswert im Intervall $-\pi/2 \leqq y \leqq \pi/2$.

Zusammenfassend erhält man somit für die Begrenzungskennlinie

$$
(75)\qquad N(A) = \begin{cases} m & \text{für } A \leqq a \\ \dfrac{2m}{\pi}\left[\arcsin\dfrac{a}{A} + \dfrac{a}{A}\sqrt{1-\left(\dfrac{a}{A}\right)^2}\right] & \text{für } A \geqq a\,. \end{cases}
$$

Hierin ist arc sin $a/A = v_a < \pi/2$.

In ganz entsprechender Weise erhält man für die Totzone (Bild 39 und 40)

$$
(76)\qquad N(A) = m - m\left[\frac{2}{\pi}\arcsin\frac{a}{A} + \frac{2}{\pi}\frac{a}{A}\sqrt{1-\left(\frac{a}{A}\right)^2}\right] \quad \text{für} \quad A > a\,,
$$

wobei wiederum $0 < \arcsin a/A \leqq \pi/2$. Für $A \leqq a$ kann keine Dauerschwingung entstehen, da alsdann $u \equiv 0$ ist.

Beschreibungsfunktionen für weitere nichtlineare Kennlinien findet man in den Kapiteln 8, 9 und den Übungsaufgaben sowie in [3, 11], aber auch in den anderen Büchern, die nichtlineare Systeme behandeln.

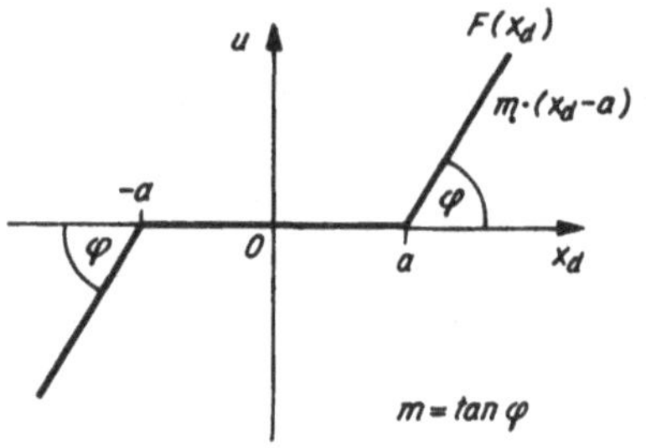

Bild 39 Totzone

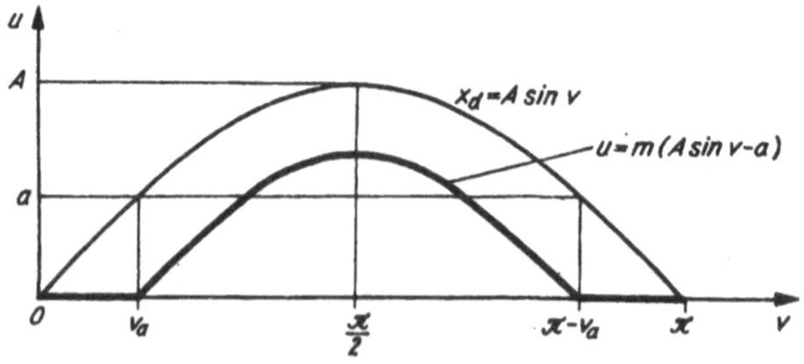

Bild 40 Die Ausgangsgröße u der Totzone zur Eingangsgröße $x_d = A \sin v$

2.4 Lösung der Gleichung der Harmonischen Balance

Als erstes wird man eine formelmäßige Lösung der Gleichung

(77) $$L(j\omega)\,N(A) + 1 = 0$$

anstreben, die in der Tat in vielen praktisch wichtigen Fällen ohne Schwierigkeit zu erhalten ist. Dazu ist es angebracht, (77) in der Form

(78) $$N(A) = -\,L^{-1}(j\omega)$$

zu schreiben. Vielfach hat nämlich das lineare Teilsystem reines Verzögerungsverhalten, das heißt, der Zähler von $L(j\omega)$ ist eine Konstante. Dann ist $L^{-1}(j\omega)$ ein Polynom in $j\omega$ und keine wirklich gebrochene rationale Funktion, was die weitere Rechnung sehr erleichtert. Auch ein eventuell vorkommender Totzeitfaktor $e^{-T_t j\omega}$ in $L(j\omega)$ stört dabei nicht, da er lediglich in $e^{+T_t j\omega}$ übergeht, was rechnerisch gegenüber $e^{-T_t j\omega}$ keine zusätzlichen Schwierigkeiten macht.

Geht man in (78) zum Real- und Imaginärteil über, so erhält man

(79) $$\operatorname{Re} N(A) = -\operatorname{Re} L^{-1}(j\omega)\,,$$

(80) $$\operatorname{Im} N(A) = -\operatorname{Im} L^{-1}(j\omega)\,.$$

Damit hat man ein *System von zwei reellen Gleichungen zur Ermittlung der beiden Unbekannten A und ω*, die als Amplitude und Frequenz einer Dauerschwingung reell und positiv sind.

Handelt es sich speziell um eine eindeutige Kennlinie, so nimmt das Gleichungssystem eine einfachere Form an. Da alsdann nach (69) die Beschreibungsfunktion $N(A)$ reell ist, wird ihr Imaginärteil Null, und es ergibt sich

(81) $$\operatorname{Im} L^{-1}(j\omega) = 0\,,$$

(82) $$\operatorname{Re} N(A) = -\operatorname{Re} L^{-1}(j\omega)\,.$$

Die Lösung des Gleichungssystems reduziert sich hier auf die Lösung zweier getrennter Gleichungen. Man bestimmt zunächst aus (81) die Wurzeln ω. Setzt man sie in die rechte Seite von (82) ein, so hat man eine Gleichung für A allein.

In komplizierteren Fällen, etwa bei hoher Ordnung des linearen Teilsystems oder bei schwierigeren Kennlinien, kann es möglich oder doch zu mühselig sein, zu einer formelmäßigen Lösung zu gelangen. Dann kann man zur numerischen Lösung der Gleichungen übergehen, worüber nichts Spezielles gesagt zu werden braucht. Oder man versucht, auf graphischem Weg weiter zu kommen. Dazu ist es angebracht, die Gleichung der Harmonischen Balance anders umzuformen als bei der formelmäßigen Lösung, sie nämlich in der Gestalt

$$(83) \qquad L(j\omega) = -\frac{1}{N(A)}$$

zu schreiben. Dann stellt

$$(84) \qquad z = L(j\omega)$$

die gewöhnliche *lineare Ortskurve* dar, deren Aussehen und Verhalten bei Parameteränderungen dem Regelungstechniker von den linearen Systemen her vertraut ist. Durch die Funktion

$$(85) \qquad z = N_J(A) = -\frac{1}{N(A)},$$

also die negative inverse Beschreibungsfunktion, wird jedem Parameterwert A aus $0 \leqq A < +\infty$ eine eindeutig bestimmte komplexe Zahl z zugeordnet. Deutet man sie ebenfalls als Punkt der komplexen z-Ebene, der „Ortskurvenebene", so stellt (85) für den laufenden Parameter A eine zweite Ortskurve dar, die für das Kennlinienglied charakteristisch ist. Sie sei kurz als *nichtlineare Ortskurve* bezeichnet. Die Gleichung (83), also die umgeschriebene Gleichung der Harmonischen Balance, besagt alsdann:

> Man erhält die Amplituden A und Frequenzen ω der Dauerschwingungen des nichtlinearen Regelkreises, wenn man die Schnittpunkte der linearen und der nichtlinearen Ortskurve ermittelt und die zugehörigen Parameterwerte A und ω feststellt.

Das ist in Bild 41 skizziert. Diese graphische Methode zur Lösung der Gleichung der Harmonischen Balance nennt man auch das *Zwei-Ortskurven-Verfahren*. Es geht auf W. Oppelt zurück und wurde unabhängig davon von Tustin, Kochenburger und Goldfarb angegeben.

Das Zwei-Ortskurven-Verfahren ist überaus geeignet, um einen schnellen qualitativen Überblick zu gewinnen. Die folgenden Beispiele werden das zeigen. Da aber die Ortskurven nur schwerfällig exakt zu zeichnen sind, wird man es nicht zur quantitativen Lösung benutzen. Man wird es vielmehr mit dem analytischen Verfahren kombinieren. Auf jeden Fall verschafft man sich zunächst einen geometrischen Überblick durch Skizzieren der beiden Ortskurven und sieht so, welche Lösungen überhaupt in Frage kommen. Darauf versucht man, eine formelmäßige Lösung zu erhalten. Falls das nicht möglich oder zu mühsam erscheint, kann man zweierlei machen. Man löst das Gleichungssystem (79), (80) numerisch. Oder man geht von den Ortskurven zu den zugehörigen Frequenzkennlinien über und kann so die graphische Untersuchung auch quantitativ ohne Mühe zu Ende führen,

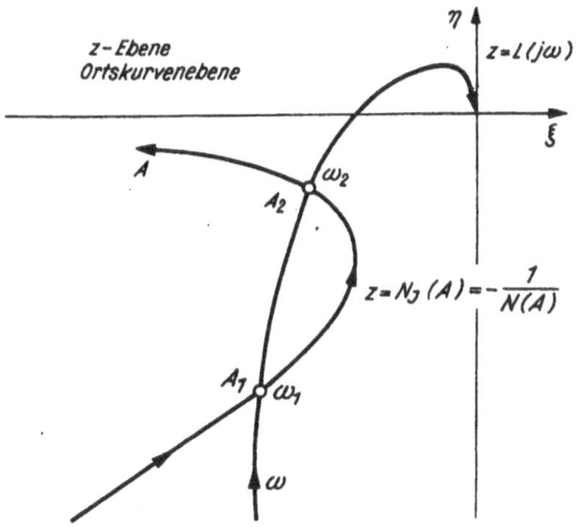

Bild 41 Das Zwei-Ortskurven-Verfahren

jedenfalls dann, wenn die nichtlineare Kennlinie eindeutig ist. Wie das geschieht, wird in Kapitel 5 beschrieben.

Auf jeden Fall muß man die *Gestalt der nichtlinearen Ortskurve* kennen. Für die im vorhergehenden betrachteten Kennlinien soll sie jetzt skizziert werden. Betrachtet man als einfachste Nichtlinearität zunächst das *Zweipunktglied*, so ist wegen (72)

(86) $$z = N_J(A) = -\frac{1}{N(A)} = -\frac{\pi A}{4b}, \qquad 0 \leqq A < +\infty .$$

Die Ortskurve fällt also gerade mit der negativen reellen Achse der Ortskurvenebene zusammen, wobei sie für $A = 0$ im Ursprung beginnt und mit wachsendem A gegen $-\infty$ geht (Bild 42).

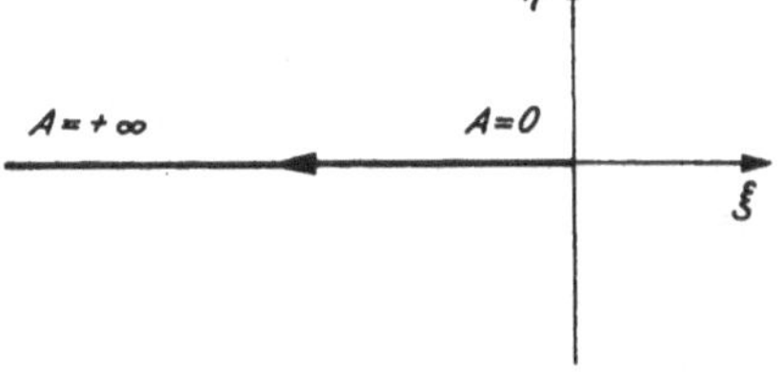

Bild 42 Ortskurve $z = N_J(A)$ des Zweipunktgliedes

Beim *Dreipunktglied* ist nach (71)

$$z = N_J(A) = -\frac{1}{N(A)} = -\frac{\pi A}{4b}\frac{1}{\sqrt{1-\left(\frac{a}{A}\right)^2}} = -\frac{\pi a}{4b}\frac{\frac{A}{a}}{\sqrt{1-\left(\frac{a}{A}\right)^2}}.$$

Erweitert man mit A/a, so wird

$$(87) \qquad z = N_J(A) = -\frac{\pi a}{4b}\frac{\left(\frac{A}{a}\right)^2}{\sqrt{\left(\frac{A}{a}\right)^2 - 1}}, \qquad a \leqq A < +\infty .$$

Das ist eine Funktion der normierten Amplitude A/a. Da sie reell und negativ ist, liegt die Ortskurve vollständig in der negativen reellen Achse. Für $A \to a + 0$ geht sie $\to -\infty$, ebenso für $A \to +\infty$, da der Zähler stärker anwächst als der Nenner. Für $A/a = \sqrt{2}$ weist die Funktion ein Maximum auf, nämlich $-\pi a/2b$. Die Ortskurve hat daher die in Bild 43 skizzierte Gestalt. Links vom Maximum wird die negative reelle Achse doppelt überdeckt. Zu jedem derartigen Punkt der reellen Achse gehören somit zwei Parameterwerte A_1 und A_2, von denen einer, etwa A_1, $< a\sqrt{2}$, der andere $> a\sqrt{2}$ ist.

Bei der *Begrenzungskennlinie* hat man von den Gleichungen (75) auszugehen. Setzt man $a/A = \lambda$ und betrachtet zunächst die Funktion

$$f(\lambda) = \arcsin \lambda + \lambda\sqrt{1-\lambda^2}, \qquad 1 \geqq \lambda > 0\,(a \leqq A < +\infty),$$

so ist $f(1) = \pi/2$ und $f(+0) = 0$. Da $f'(\lambda) = 2\sqrt{1-\lambda^2} > 0$, wächst die Funktion mit zunehmendem λ, nimmt also ab mit zunehmendem A. Man erhält so die Kurve $z = N(A)$ in Bild 44. Dabei ist zu beachten, daß für das ganze Intervall $0 \leqq A \leqq a$ $N(A) = m$ ist. Geht man nun geometrisch vom Punkt $z = N(A)$ zum Punkt $z = N_J(A) = -1/N(A)$ über, so erhält man die gewünschte nichtlineare Ortskurve, die gleichfalls in Bild 44 dargestellt ist.

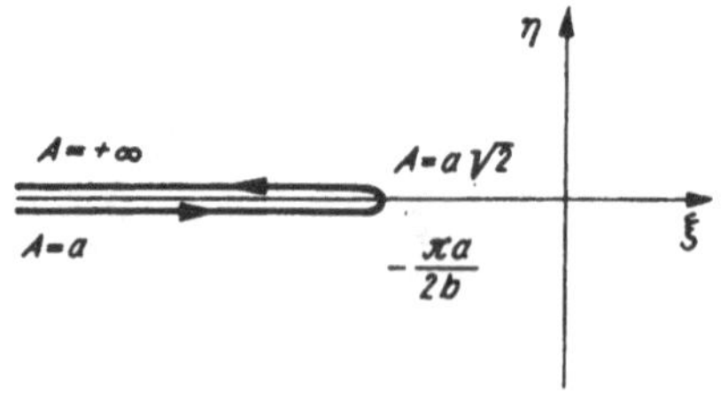

Bild 43 Ortskurve $z = N_J(A)$ des Dreipunktgliedes

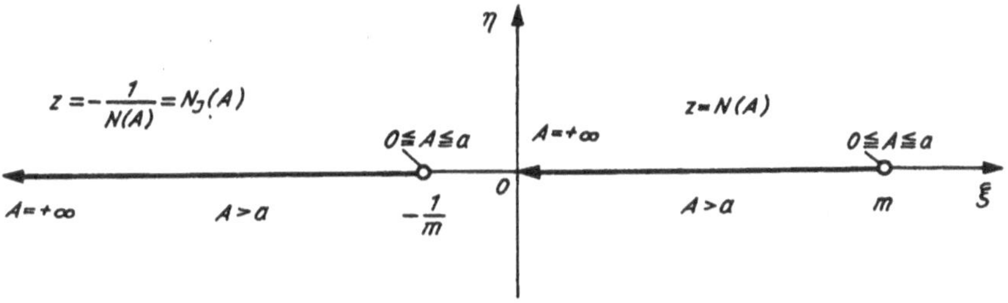

Bild 44 Ortskurven $z = N(A)$ und $z = N_J(A)$ der Begrenzungskennlinie

Ganz entsprechend wie für die Begrenzung kann man auch für die Totzone die nichtlineare Ortskurve $z = -1/N(A)$ skizzieren. Im Gegensatz zur Begrenzung beginnt sie für $A = a$ bei $-\infty$ auf der reellen Achse und endet für $A \to +\infty$ im Punkt $-1/m$. Sie durchläuft also das gleiche Stück der reellen Achse wie die Ortskurve $z = N_J(A)$ der Begrenzungskennlinie, jedoch in der entgegengesetzten Richtung (Bild 45).

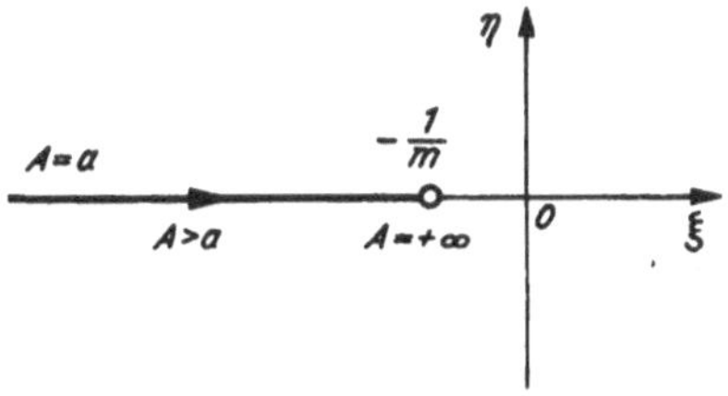

Bild 45 Ortskurve $z = N_J(A)$ der Totzone

Bisher wurden eindeutige Kennlinien betrachtet, deren Ortskurven zwangsläufig auf der reellen Achse liegen müssen. Als Beispiel einer mehrdeutigen Kennlinie mag das *Zweipunktglied mit Hysterese* dienen. Aus (73) folgt

(88) $$N(A) = \frac{4b}{\pi a}\left[\frac{a}{A}\sqrt{1-\left(\frac{a}{A}\right)^2} - j\left(\frac{a}{A}\right)^2\right].$$

Daraus erhält man sofort

$$|N(A)| = \frac{4b}{\pi a}\,\frac{a}{A}$$

und weiter

$$\sin \underline{/N(A)} = \frac{\operatorname{Im} N(A)}{|N(A)|} = -\frac{a}{A}.\ ^{*)}$$

*) Hier wie auch im folgenden wird das Argument einer komplexen Zahl z mit $\underline{/z}$ bezeichnet.

Mithin ist

$$|N_J(A)| = \frac{1}{|N(A)|} = \frac{\pi a}{4b}\,\frac{A}{a}$$

und wegen

$$\underline{/N_J(A)} = \underline{/-1} - \underline{/N(A)} = \pi - \underline{/N(A)}:$$

$$\sin \underline{/N_J(A)} = \sin \underline{/N(A)} = -\frac{a}{A}.$$

Somit ist

$$\eta = \operatorname{Im} N_J(A) = |N_J| \sin \underline{/N_J} = -\frac{\pi a}{4b}.$$

Die Ortskurve des Zweipunktgliedes mit Hysterese läuft also parallel zur reellen Achse im Abstand $-\pi a/4b$. Da für $A = a$ $\sin \underline{/N_J(A)} = -1$, also $\underline{/N_J(A)} = -\pi/2$ ist, beginnt sie auf der imaginären Achse und geht mit wachsendem A ins Unendliche. Man hat so Bild 46.

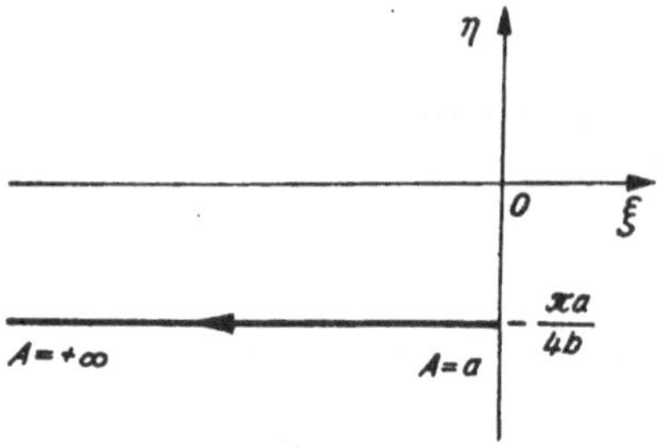

Bild 46 Ortskurve $z = N_J(A)$ des Zweipunktgliedes mit Hysterese

Schließlich sind in Bild 47 die Ortskurven $z = N_J(A)$ für ein *allgemeines Dreipunktglied mit Hysterese* dargestellt, und zwar in Abhängigkeit von dem Scharparameter q.

Nunmehr soll an einigen typischen Fällen gezeigt werden, *wie die Gleichung der Harmonischen Balance durch Kombination des Zwei-Ortskurven-Verfahrens mit der algebraischen Behandlung der Gleichung gelöst werden kann.* Man gewinnt so eine Vorstellung von dem Rechenaufwand zur Lösung, von der Genauigkeit des Verfahrens sowie von einigen spezielleren Gesichtspunkten wie der Anwendung auf Strecken mit Totzeit.

a) Als erste Nichtlinearität werde ein *Dreipunktglied* betrachtet. Das *lineare Teilsystem sei rational und besitze reines Verzögerungsverhalten*, d. h., der Zähler der Übertragungsfunktion sei konstant und ihre Pole seien entweder *sämtlich*

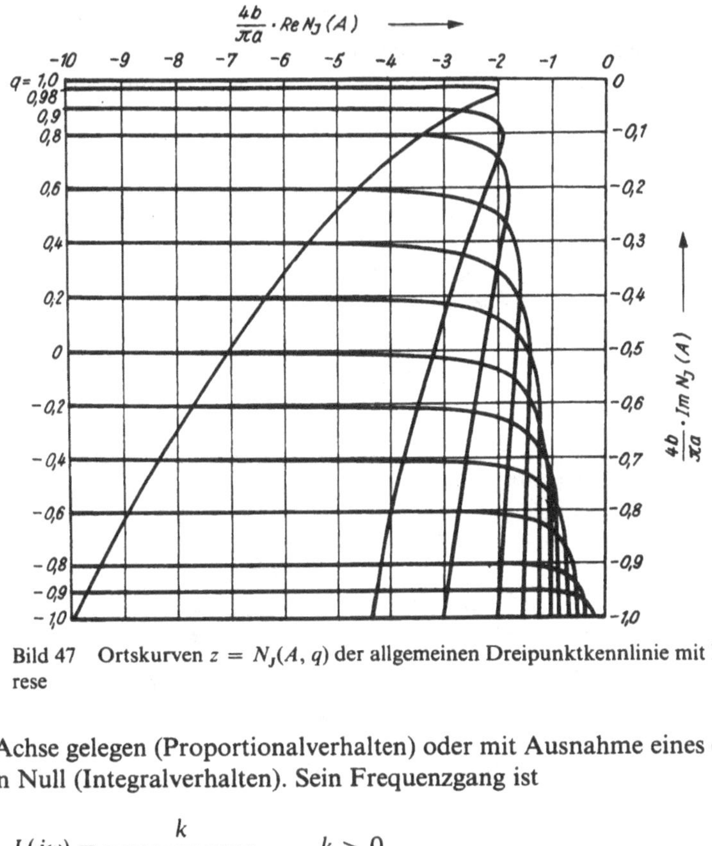

Bild 47 Ortskurven $z = N_J(A, q)$ der allgemeinen Dreipunktkennlinie mit Hysterese

links der j-Achse gelegen (Proportionalverhalten) oder mit Ausnahme eines einfachen Pols in Null (Integralverhalten). Sein Frequenzgang ist

$$L(j\omega) = \frac{k}{\prod_{\nu=1}^{n} (j\omega - \alpha_\nu)}, \qquad k > 0\,. \tag{89}$$

Die lineare Ortskurve $z = L(j\omega)$, $0 \leqq \omega < +\infty$, weist dann eine wichtige geometrische Eigenschaft auf: Der Fahrstrahl ihres laufenden Punktes z dreht sich monoton im Uhrzeigersinn von der Anfangslage 0° (bei Proportionalverhalten) bzw. —90° (bei I-Verhalten) bis zur Endlage $-n \cdot 90°$. Das erkennt man aus (89) durch Übergang zum Argument:

$$\underline{/L(j\omega)} = -\sum_{\nu=1}^{n} \underline{/j\omega - \alpha_\nu}\,.$$

Aus Bild 48 liest man ab, daß für jeden Pol α_ν $\underline{/j\omega - \alpha_\nu}$ ununterbrochen wächst, während ω von 0 bis $+\infty$ läuft, und schließlich dem Wert 90° zustrebt. Daraus folgt die obige Aussage. Für ein Verzögerungssystem 1. bis 4. Ordnung ergeben sich so die in Bild 49 skizzierten typischen Ortskurven. Dabei ist Proportionalverhalten vorausgesetzt. Für Integralverhalten ist nur der Anfangsverlauf anders, da die Kurven dann aus der Richtung der negativen imaginären Achse kommen.

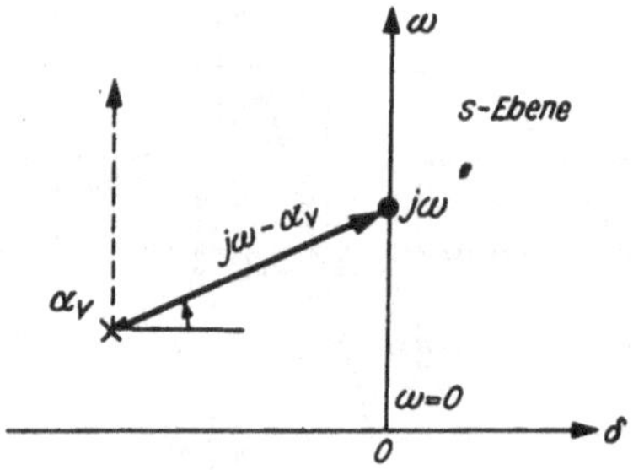

Bild 48 Fahrstrahl von einem Pol des linearen Teilsystems zum laufenden Punkt der imaginären Achse

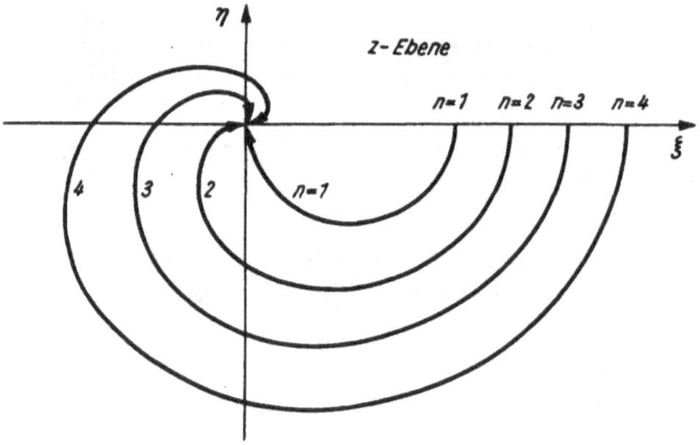

Bild 49 Ortskurven $z = L(j\omega)$ eines reinen Verzögerungssystems 1. bis 4. Ordnung

Da die Ortskurve des Dreipunktgliedes völlig in der negativen reellen Achse gelegen ist, können sich die lineare und die nichtlineare Ortskurve gewiß nicht schneiden, wenn $n = 1$ oder 2 ist. Man hat daher sofort das folgende Resultat:

> Besteht der nichtlineare Standardregelkreis aus einem Dreipunktglied und einem Verzögerungssystem 1. oder 2. Ordnung, so kann er keine Dauerschwingungen besitzen.

Für ein Verzögerungssystem 3. Ordnung liegt die in Bild 50 skizzierte typische Situation vor. Im Falle (I) gibt es keine Dauerschwingung, da die beiden Ortskurven keinen Schnittpunkt haben. Im Fall (II) hingegen werden zwei verschiedene Dauerschwingungen vorliegen. Beide haben die gleiche Frequenz ω_p, aber verschiedene Amplituden, von denen eine $< a\sqrt{2}$, die andere $\leqq a\sqrt{2}$ ist. Dieses Ergebnis bleibt erhalten, bis die Ordnung des linearen Teilsystems auf $n = 6$ angewachsen ist. Denn so lange ist $\underline{/L(j\omega)} > 6 \cdot (-90°) = -540°$, so daß die negative reelle Achse nicht mehr als einmal von der linearen Ortskurve geschnitten wird.

Nunmehr kann man an die rechnerische Bestimmung von A und ω herantreten. Da es sich um eine eindeutige Kennlinie handelt, hat man von den Gleichungen (81) und (82) auszugehen. Schreibt man

$$L(j\omega) = \frac{1}{a_0 + a_1(j\omega) + a_2(j\omega)^2 + \dots},$$

so wird

$$L^{-1}(j\omega) = a_0 + a_1(j\omega) + a_2(j\omega)^2 + a_3(j\omega)^3 + \dots,$$

also

$$\operatorname{Re} L^{-1}(j\omega) = a_0 - a_2\omega^2 + a_4\omega^4 - a_6\omega^6 + a_8\omega^8 - + \dots,$$

$$\operatorname{Im} L^{-1}(j\omega) = \omega[a_1 - a_3\omega^2 + a_5\omega^4 - a_7\omega^6 + - \dots].$$

Für die Beschreibungsfunktion des Dreipunktgliedes folgt aus (71), wenn man

(90) $$\frac{a}{A} = \lambda \quad \text{und} \quad \frac{4b}{\pi a} = k_n$$

einführt:

$$N(A) = k_n \lambda \sqrt{1 - \lambda^2}.$$

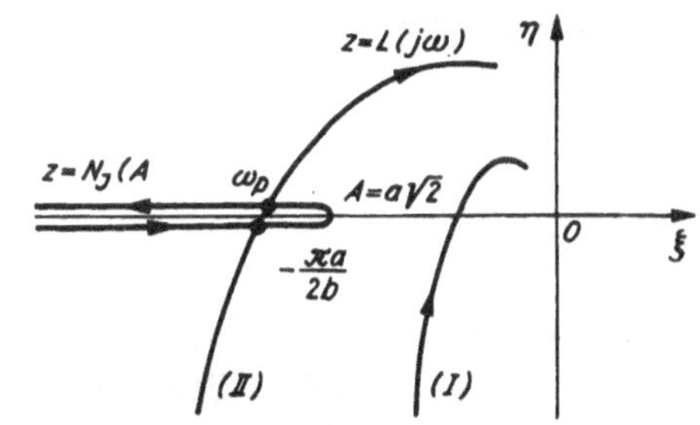

Bild 50 Typische Lage der Ortskurven von Dreipunktglied und Verzögerungssystem 3. bis 6. Ordnung

Da für $\omega = 0$ kein Schnittpunkt der beiden Ortskurven vorliegen kann, wird aus den Gleichungen (81) und (82):

$$(91) \qquad a_1 - a_3\omega^2 + a_5\omega^4 - a_7\omega^6 + - \ldots = 0\,,$$
$$k_n\lambda\sqrt{1-\lambda^2} = -\mathrm{Re}\,L^{-1}(j\omega) = -(a_0 - a_2\omega^2 + a_4\omega^4 - + \ldots)\,.$$

Aus der letzten Gleichung folgt durch Quadrieren

$$(92) \qquad \lambda^4 - \lambda^2 = -\frac{[\mathrm{Re}\,L^{-1}(j\omega)]^2}{k_n^2} = -\frac{1}{k_n^2}(a_0 - a_2\omega^2 + a_4\omega^4 - + \ldots)^2\,.$$

Die Gleichung (91) ist eine algebraische Gleichung für ω^2, bei der nur die reellen positiven Wurzeln von Interesse sind. Sie ist daher leicht aufzulösen.

In praktischen Fällen wird man meist das lineare Teilsystem durch ein Verzögerungsglied von höchstens 6. Ordnung beschreiben können. Dann sind alle a_ν mit $\lambda > 6$ Null. Handelt es sich um ein System 5. oder 6. Ordnung, so reduziert sich (91) auf

$$(93) \qquad a_5\omega^4 - a_3\omega^2 + a_1 = 0\,,$$

also auf eine quadratische Gleichung für ω^2. Ihre Wurzeln sind

$$\omega^2 = \frac{1}{2}\frac{a_3}{a_5} \pm \sqrt{\left(\frac{1}{2}\frac{a_3}{a_5}\right)^2 - \frac{a_1}{a_5}}\,.$$

Da man wegen der Stabilität des linearen Teilsystems alle Koeffizienten als positiv voraussetzen darf, ist die Quadratwurzel kleiner als der vorhergehende Summand. Daher gibt es zwei verschiedene positive Lösungen ω^2, also auch zwei verschiedene reelle positive ω. Da sie durch Auflösung der Gleichung Im $L^{-1}(j\omega) = 0$ gewonnen wurden, entsprechen sie den beiden Schnittpunkten der linearen Ortskurve 5. oder 6. Ordnung mit der reellen Achse. Nur einer davon aber liegt auf der *negativen* reellen Achse, nur einer der beiden ω-Werte kommt als Frequenz der Dauerschwingung in Frage. Wenn man sich die Parameterverteilung auf den Ortskurven in Bild 51 vergegenwärtigt, so sieht man, daß es der *kleinere* ω-Wert sein muß:

$$(94) \qquad \omega_p = +\sqrt{\frac{1}{2}\frac{a_3}{a_5} - \sqrt{\left(\frac{1}{2}\frac{a_3}{a_5}\right)^2 - \frac{a_1}{a_5}}}\,.$$

Ist das lineare Teilsystem nur von 3. oder 4. Ordnung, so hat die Ortskurve nur einen Schnittpunkt mit der reellen Achse, der im Negativen liegt. Dementsprechend schrumpft die Gleichung (93) weiter zusammen auf

$$a_3\omega^2 - a_1 = 0\,,$$

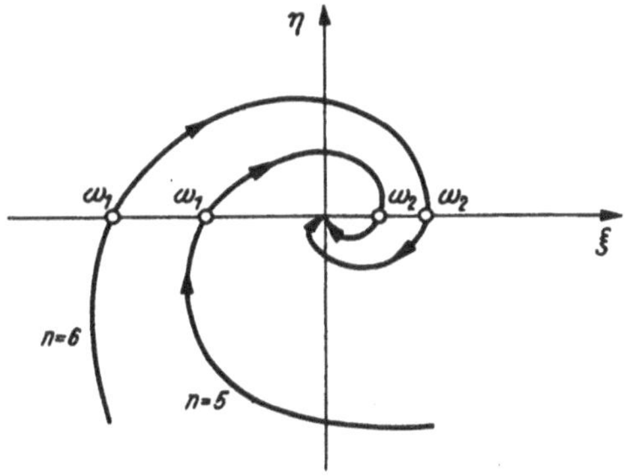

Bild 51 Schnittpunkte der Ortskurven eines reinen Verzögerungssystems 5. und 6. Ordnung mit der reellen Achse

hat also die einzige positive Lösung

(95) $$\omega_p = + \sqrt{\frac{a_1}{a_3}}\,.$$

Nunmehr werde angenommen, daß das lineare Teilsystem von höchstens 6. Ordnung ist, also nur ein einziger ω-Wert, nämlich der Wert ω_p aus (94) bzw. (95), als Lösung in Frage kommt. Setzt man ihn in (92) ein, so wird die rechte Seite eine wohlbekannte negative Zahl $-\varrho^2$, wobei

(96) $$\varrho = \frac{\operatorname{Re} L^{-1}(j\omega_p)}{k_n}$$

ist. Da $L(j\omega_p)$ eine negative reelle Zahl darstellt, nämlich $\operatorname{Re} L(j\omega_p)$, ist die inverse Zahl $L^{-1}(j\omega_p) = 1/\operatorname{Re} L(j\omega_p)$, so daß $\operatorname{Re} L^{-1}(j\omega_p) = 1/\operatorname{Re} L(j\omega_p)$ sein muß. Somit ist

(97) $$\varrho = \frac{1}{k_n \operatorname{Re} L(j\omega_p)}\,.$$

Damit hat man eine einfache geometrische Deutung von ϱ: Denkt man sich den Faktor k_n zum linearen Teilsystem hinzugeschlagen, so ist ϱ die reziproke Schnittpunktsabszisse der linearen Ortskurve mit der negativen reellen Achse.

Rechnerisch ist im vorliegenden Fall

(98) $$\varrho = \frac{1}{k_n}(a_0 - a_2\omega_p^2 + a_4\omega_p^4 - + \ldots)\,.$$

Für die Gleichung (92) kann man jetzt schreiben:

$$\lambda^4 - \lambda^2 = -\varrho^2\,.$$

Sie hat die Lösungen

$$\lambda^2 = \frac{1}{2} \pm \sqrt{\frac{1}{4} - \varrho^2}\,.$$

Es können jetzt zwei Fälle vorliegen:

(I) $$\varrho^2 > \frac{1}{4}\,.$$

Dann ist λ^2 nicht reell, d. h. es existiert keine Dauerschwingung. Hierbei muß $|\varrho| > 1/2$ sein. Da ϱ wegen (97) gewiß negativ ist, bedeutet dies: $\varrho < -1/2$. Setzt man (97) ein, so folgt daraus

$$\frac{1}{k_n \operatorname{Re} L(j\omega_p)} < -\frac{1}{2}$$

oder

$$k_n \operatorname{Re} L(j\omega_p) > -2\,,$$

also wegen (90):

$$\operatorname{Re} L(j\omega_p) > -\frac{\pi a}{2b}\,.$$

Das entspricht genau dem Fall (I) in Bild 50.

(II) $$\varrho^2 < \frac{1}{4}\,.$$

Dann gibt es zwei positive Lösungen λ:

(99) $$\frac{a}{A_1} = \lambda_1 = \sqrt{\frac{1}{2} + \sqrt{\frac{1}{4} - \varrho^2}}\,,$$
$$\frac{a}{A_2} = \lambda_2 = \sqrt{\frac{1}{2} - \sqrt{\frac{1}{4} - \varrho^2}}\,.$$

Hier werden somit, entsprechend dem Fall (II) in Bild 50, zwei Dauerschwingungen auftreten, welche die gleiche Frequenz ω_p gemäß (94) bzw. (95) besitzen, aber verschiedene Amplituden A_1 und A_2 aufweisen, die aus ω_p vermittels der Formeln (96) und (99) zu bestimmen sind.

Es sei darauf hingewiesen, daß die Formeln (96) und (99) ganz allgemein für das Dreipunktglied gelten, ganz gleich, wie das lineare Teilsystem beschaffen, wie also $L(j\omega)$ gegeben ist. Das geht aus ihrer Herleitung hervor.

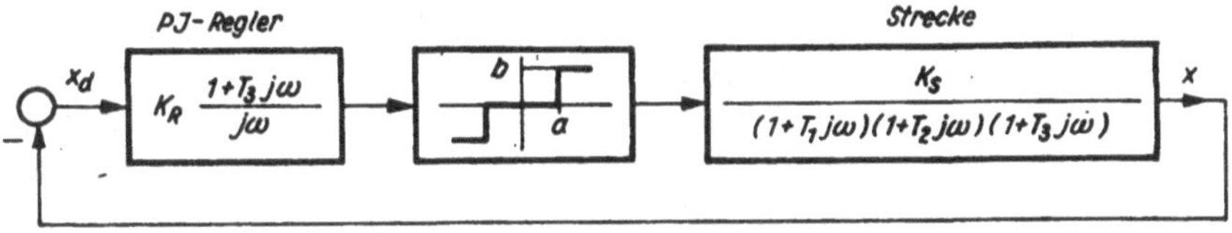

Bild 52 Nichtlineare Regelung mit Dreipunktglied

Als Beispiel werde der Regelkreis in Bild 52 betrachtet. Das lineare Teilsystem hat den resultierenden inversen Frequenzgang

$$L^{-1}(j\omega) = \frac{1}{V} j\omega(1 + T_1 j\omega)(1 + T_2 j\omega)$$

$$= \frac{1}{V}[j\omega + (T_1 + T_2)(j\omega)^2 + T_1 T_2 (j\omega)^3]$$

mit $V = K_R K_S$, so daß also

$$a_0 = 0, \quad a_1 = \frac{1}{V}, \quad a_2 = \frac{T_1 + T_2}{V}, \quad a_3 = \frac{T_1 T_2}{V}$$

ist. Damit erhält man aus (95)

(100) $$\omega_p = \frac{1}{\sqrt{T_1 T_2}}$$

und dann aus (96)

(101) $$\varrho = -\frac{T_1 + T_2}{k_n V}\omega_p^2 = -\frac{T_1 + T_2}{k_n V T_1 T_2}.$$

Da keine Dauerschwingung vorliegt, wenn $\varrho < -1/2$ ist, hat man hierfür die Bedingung

(102) $$V < \frac{2}{k_n}\left(\frac{1}{T_1} + \frac{1}{T_2}\right).$$

Andernfalls erhält man die Amplituden der Dauerschwingungen aus (99), wenn man dort ϱ aus (101) einsetzt.

So ergibt sich für

$$bV = 1; \quad a = 0{,}2; \quad T_1 = 1; \quad T_2 = 0{,}5:$$

$\omega_p = 1{,}414$ und $A_1 = 0{,}243$ sowie $A_2 = 0{,}356$. Diese Werte wurden mit den am Analogrechner ermittelten Daten der Dauerschwingungen verglichen. Wie aus Bild 66 abzulesen ist, erhält man dort $A_1 = 0{,}22$ und $A_2 = 0{,}36$. Für die Frequenz der Schwingung mit der größeren Amplitude ergibt sich $\omega_p = 1{,}42$. Die Frequenz der anderen Schwingung ist jedoch $\omega_p = 1{,}23$, was auf die stärkere Abweichung von der Sinusform zurückzuführen ist.

b) Als zweiter Anwendungsfall der Harmonischen Balance möge ein nichtlinearer Standardregelkreis betrachtet werden, dessen *linearer Teil eine Totzeit* enthält. Die Nichtlinearität bestehe aus einem *Zweipunktglied.*

Um einen Eindruck von den hierbei vorliegenden Verhältnissen zu gewinnen, werde zunächst der lineare Frequenzgang so einfach wie möglich angenommen:

$$L(j\omega) = \frac{V}{j\omega} e^{-T_t j\omega} .$$

Der zugehörige Regelkreis ist in Bild 53 dargestellt.

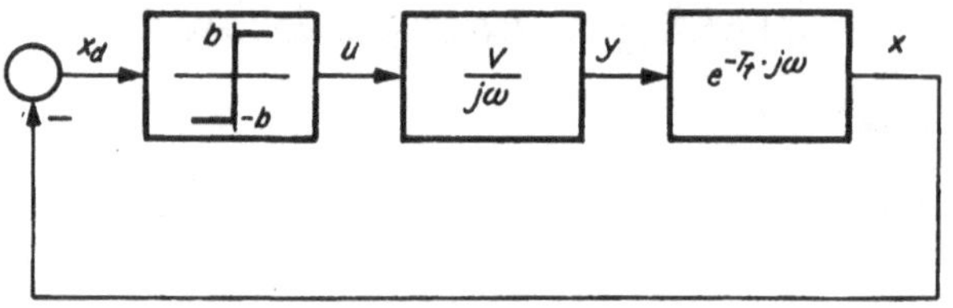

Bild 53 Nichtlinearer Regelkreis 1. Ordnung mit Totzeit

Die lineare Ortskurve hat infolge der mit wachsendem ω unbegrenzt sinkenden Phase $- T_t\omega$ des Totzeitgliedes den in Bild 54 skizzierten Verlauf. Sie weist infolgedessen unendlich viele Schnittpunkte mit der nichtlinearen Ortskurve auf.

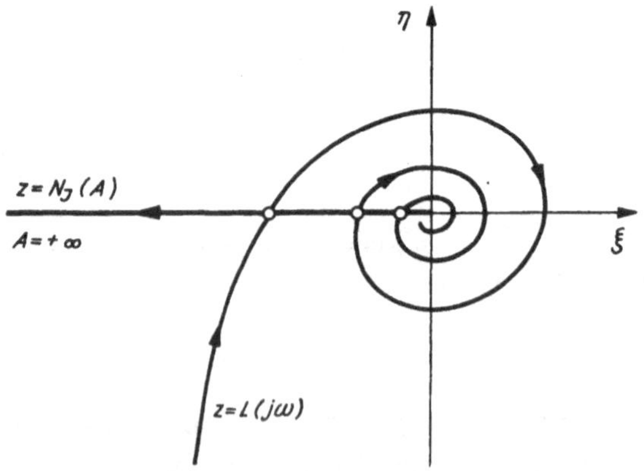

Bild 54 Ortskurven eines Zweipunktgliedes und eines linearen Systems mit Totzeit

Wegen

$$L^{-1}(j\omega) = \frac{j\omega}{V}\,e^{T_t j\omega} = \frac{j\omega}{V}(\cos T_t\omega + j\sin T_t\omega) =$$

$$= -\frac{\omega}{V}\sin T_t\omega + j\frac{\omega}{V}\cos T_t\omega$$

und $N(A) = 4b/\pi A$ lauten die Bestimmungsgleichungen (81) und (82) für ω und A:

(103) $$\cos T_t\omega = 0,$$

(104) $$\frac{4b}{\pi A} = \frac{\omega}{V}\sin T_t\omega.$$

Aus der ersten dieser Gleichungen folgt, da man nur die Schnittpunkte mit der *negativen* reellen Achse zu berücksichtigen braucht:

$$T_t\omega = \frac{\pi}{2} + 2k\pi,$$

also

(105) $$\omega_p = \frac{\pi}{2T_t} + 2k\frac{\pi}{T_t}, \qquad k = 0, 1, 2, \ldots .$$

Das gibt, in (104) eingesetzt,

$$\frac{4b}{\pi A} = \frac{\omega_p}{V}.$$

Man erhält so

(106) $$A_p = \frac{4bV}{\pi\omega_p}.$$

Handelt es sich um ein reales System, so wird man das Ergebnis mit einem gewissen Mißtrauen betrachten. Sollen wirklich unendlich viele Dauerschwingungen auftreten können? Bei dem hier untersuchten einfachen Regelkreis kann man die Zeitvorgänge unmittelbar überblicken. Wir wollen von der Annahme ausgehen, daß eine Dauerschwingung vorliegt. Ihre Periode τ ist unbekannt. Es ist aber sicher, daß es sich um eine Dreiecksschwingung handeln muß. Geht man von der Schwingung $x(t)$ im Bild 55a aus, so gelangt man zwangsläufig über $x_d(t)$ und $u(t)$ zu der Schwingung $y(t)$ im Bild 55d. Der Vergleich von $x(t)$ und $y(t)$ zeigt, daß beide Dauerschwingungen um $\tau/4 + k\tau$ gegeneinander verschoben sind, wobei k eine beliebige ganze Zahl ist. Andererseits liegt zwischen y und x nur das Totzeitglied. Daher ist $y(t)$ nach Durchlaufen des Totzeitgliedes genau dann mit $x(t)$ identisch, wenn

$$(107) \qquad T_t = \frac{\tau}{4} + k\tau$$

ist. Damit sind die möglichen Perioden τ bestimmt. Sie stimmen mit dem Ergebnis der Harmonischen Balance überein. Darüber hinaus lehrt die eben durchgeführte Betrachtung, daß alle diese Schwingungen in der Tat möglich sind. Ist ein solcher periodischer Vorgang einmal vorhanden, so bleibt er erhalten, vorausgesetzt, daß keine Störungen auftreten.

Eine andere Frage ist, ob alle diese Dauerschwingungen im realen System *entstehen* können. Wir wollen den Regelkreis vom Zeitpunkt $t = 0$ an betrachten. Der Anfangswert hinter dem Integrierglied sei $y_0 > 0$. Das Systemverhalten ist jedoch durch diese Angabe keineswegs festgelegt, vielmehr bestimmt die Zeitfunktion $y(t)$ im Intervall $-T_t \leqq t \leqq 0$ ganz entscheidend den Einschwingvorgang und muß daher irgendwie vorgegeben werden. $x(t)$ nimmt dann um die Totzeit später, also in $0 \leqq t \leqq T_t$, diese „Vergangenheitsfunktion" an, woraus sich über

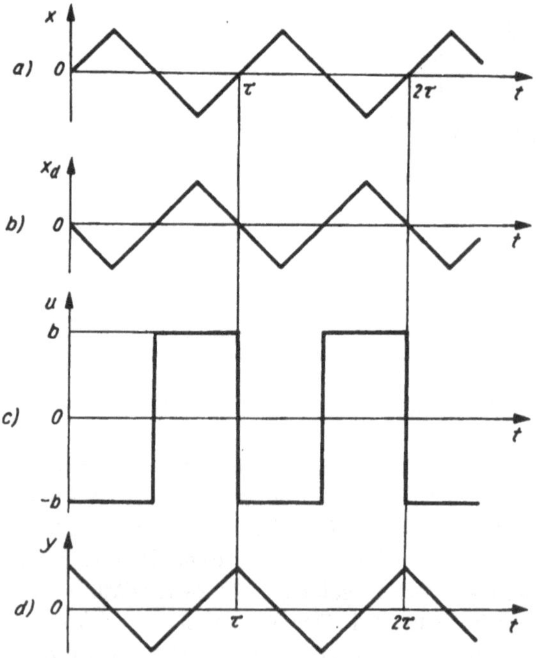

Bild 55 Zustand des Schwingungsgleichgewichtes im Regelkreis von Bild 53

$x_d(t) = -x(t)$ die Stellfunktion $u(t)$ ergibt. Man muß nur beachten, daß bei jedem Nulldurchgang von $x_d(t)$ das Zweipunktglied umschaltet. Man erhält so Bild 56. Man erkennt, daß *von selbst in dem realen System* zwangsläufig *nur eine einzige Dauerschwingung entsteht*. Sie hat die Periode $\tau = 4T_t$, entspricht also demjenigen Schnittpunkt der beiden Ortskurven, zu dem die kleinste Frequenz und die größte Amplitude gehören.

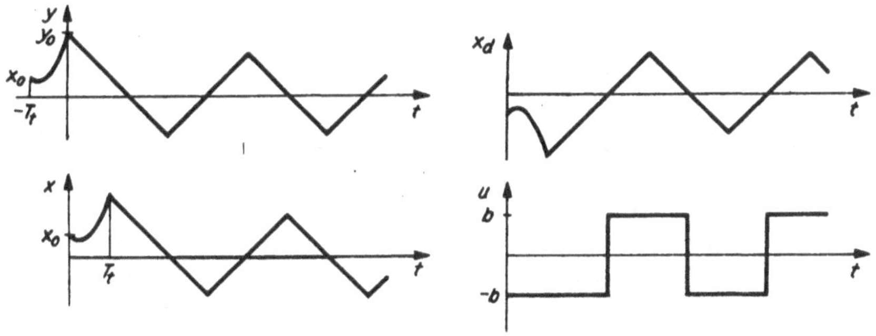

Bild 56 Entstehung einer Dauerschwingung im Regelkreis von Bild 53

Die Dauerschwingungen mit größerer Frequenz können nur künstlich erzeugt werden, indem man nämlich während der Zeitspanne $0 \leqq t \leqq T_t$ in das ruhende System die gewünschte Schwingung als „Anfangsfunktion" einspeist, etwa hinter dem Integrierglied. Bei Abwesenheit von Störungen bleibt sie erhalten. Bei der geringsten Störung aber geht sie in die Dauerschwingung mit der Periode $4T_t$ über. Das wird später bei der Behandlung des Stabilitätsverhaltens von Dauerschwingungen ersichtlich werden.

Was hier für den nichtlinearen Regelkreis 1. Ordnung mit Totzeit gesagt wurde, gilt auch dann, wenn das lineare Teilsystem von höherer Ordnung ist.*) Es ist festzuhalten, daß in dem realen System nur die Dauerschwingung mit der größten Amplitude und kleinsten Frequenz wirklich in Erscheinung tritt.

Das eben behandelte Beispiel ist noch in einer anderen Hinsicht von Interesse. Wegen seiner außerordentlichen Einfachheit kann man die Dauerschwingung ohne weiteres durch Betrachtung der Zeitvorgänge erhalten, wie das in Bild 55 und 56 durchgeführt ist. Das ermöglicht einen Vergleich mit dem Frequenz- und Amplitudenwert, wie er aus dem Näherungsverfahren der Harmonischen Balance gefunden wurde. Aus der vorhergehenden Untersuchung geht bereits hervor, daß die Frequenzwerte exakt übereinstimmen. Was die Amplitude betrifft, so folgt

*) M. Pandit: Untersuchung periodischer Zustände in totzeitbehafteten Relaisregelungssystemen. Regelungstechnik **18** (1970), S. 207—210.

aus Bild 55, z. B. aus der Kurve für x, daß die ansteigenden Rampenfunktionsstücke während der Zeitspanne $2T_t$ ansteigen, also die Ordinatendifferenz $2bVT_t$ durchlaufen. Da sie symmetrisch zur t-Achse liegen, ergibt sich die exakte Amplitude der Dauerschwingung zu

$$A = bVT_t\,.$$

Demgegenüber war der durch die Harmonische Balance erhaltene Näherungswert mit $\omega_p = \pi/2T_t$

$$A_p = \frac{4bV}{\pi\omega_p} = \frac{8}{\pi^2}\,bVT_t \approx 0{,}81\,bVT_t\,.$$

Die Annäherung ist also, im Gegensatz zum vorhergehenden und den nachfolgenden Beispielen, nur sehr grob. Das ist darauf zurückzuführen, daß das Integrierglied nur schwachen Tiefpaßcharakter hat, so daß die Vernachlässigung der Oberschwingungen in den periodischen Funktionen zu beträchtlichen Abweichungen führt. Liegt im rationalen Bestandteil des linearen Teilsystems der Zählergrad um mindestens 2 unter dem Nennergrad, so ist eine erheblich bessere Annäherung zu erwarten. Das wird durch die anderen hier durchgerechneten Beispiele belegt.

Es soll jetzt eine weitere nichtlineare Totzeitregelung betrachtet werden, deren rationaler Anteil von einem Verzögerungssystem 2. Ordnung gebildet wird (Bild 57). Ein lineares System von der in Bild 57 dargestellten Art kann als genügende Approximation für viele Regelstrecken samt Stelleinrichtung angesehen werden. Beispielsweise kann man sich unter dem in Bild 57 angegebenen Regelkreis eine Temperaturregelung vorstellen, wobei das Integrierglied der Stelleinrichtung, das Totzeitglied dem Wärmetransport und das Verzögerungsglied dem Ausgleichsvorgang entspricht.

Für die Bestimmungsgleichungen von ω und A erhält man hier aus (81) und (82) ganz entsprechend wie im vorigen Beispiel:

$$\cos T_t\omega - T\omega \sin T_t\omega = 0\,,$$

$$\frac{4b}{\pi A} = \frac{\omega}{V}(\sin T_t\omega + T\omega \cos T_t\omega)\,.$$

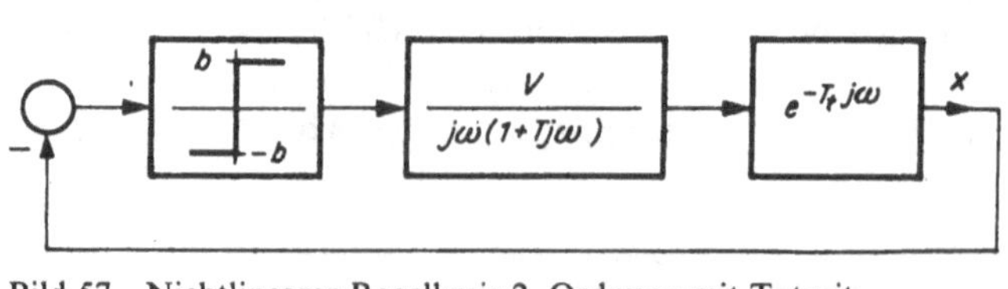

Bild 57 Nichtlinearer Regelkreis 2. Ordnung mit Totzeit

Mit

(108) $$T_t \omega = \Omega$$

wird daraus

(109) $$\cos \Omega - \frac{T}{T_t} \Omega \sin \Omega = 0,$$

(110) $$\frac{4bVT_t}{\pi A} = \Omega \left(\sin \Omega + \frac{T}{T_t} \Omega \cos \Omega \right).$$

Für (109) kann man schreiben:

(111) $$\tan \Omega = \frac{T_t}{T\Omega}.$$

Dies ist eine transzendente Gleichung für Ω, für die man zwar keine formelmäßige Lösung angeben kann, die sich aber für jeden konkreten Fall im Rahmen der in der Regelungstechnik geforderten Genauigkeit innerhalb weniger Minuten graphisch lösen läßt.

In Bild 58 ist die graphische Lösung der transzendenten Gleichung skizziert. Sie hat unendlich viele Lösungen Ω. Nach dem, was oben gesagt wurde, kommt von ihnen für das reale System nur die kleinste als Ω_p in Frage.

Hat man sie ermittelt, so erhält man A aus (110). Der Ausdruck für A vereinfacht sich, wenn man berücksichtigt, daß

$$\sin \Omega_p = \frac{\tan \Omega_p}{\sqrt{1 + \tan^2 \Omega_p}} = \frac{\dfrac{T_t}{T\Omega_p}}{\sqrt{1 + \left(\dfrac{T_t}{T\Omega_p}\right)^2}},$$

$$\cos \Omega_p = \frac{1}{\sqrt{1 + \tan^2 \Omega_p}} = \frac{1}{\sqrt{1 + \left(\dfrac{T_t}{T\Omega_p}\right)^2}}$$

ist. Man erhält dann

(112) $$A_p = \frac{4bVT_t}{\pi} \frac{1}{\Omega_p \sqrt{1 + \left(\dfrac{T}{T_t}\Omega_p\right)^2}}.$$

Abschließend ein Zahlenbeispiel: Es sei $bV = 1$, $T = 1$ und $T_t = 1$. Dann lautet die zu lösende transzendente Gleichung

$$\tan \Omega = \frac{1}{\Omega}.$$

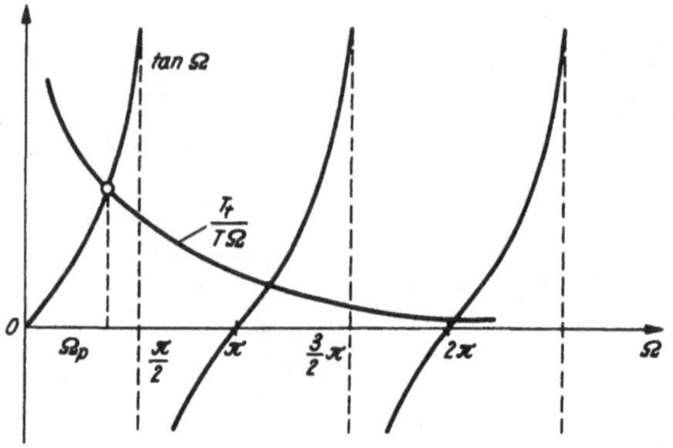

Bild 58 Lösung der transzendenten Gleichung $\tan \Omega = T_t/T\Omega$

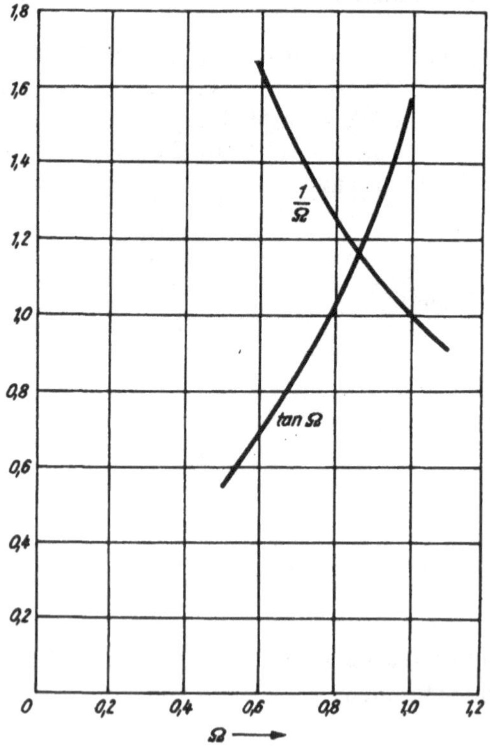

Bild 59 Lösung der transzendenten Gleichung $\tan \Omega = 1/\Omega$

Ihre Lösung ersieht man aus Bild 59. Daraus liest man

$$\omega_p = \Omega_p = 0{,}86$$

ab. Aus (112) folgt dann

$$A_p = 1{,}13\,.$$

Die exakte Untersuchung in der Zustandsebene, die für ein System 2. Ordnung möglich ist, liefert:

$$\omega_p = 0{,}84; \qquad A_p = 1{,}20\,.$$

c) Als dritte Anwendung der Harmonischen Balance möge ein *Regelkreis mit einer mehrdeutigen Kennlinie* untersucht werden. Er ist in Bild 60 dargestellt, während man die zugehörigen Ortskurven in Bild 61 findet. Da beide Ortskurven genau einen Schnittpunkt besitzen, darf man eine eindeutig bestimmte Dauerschwingung erwarten.

Zur rechnerischen Ermittlung ihrer Frequenz und Amplitude muß man von den allgemeinen Bestimmungsgleichungen (79) und (80) ausgehen, da es sich um eine

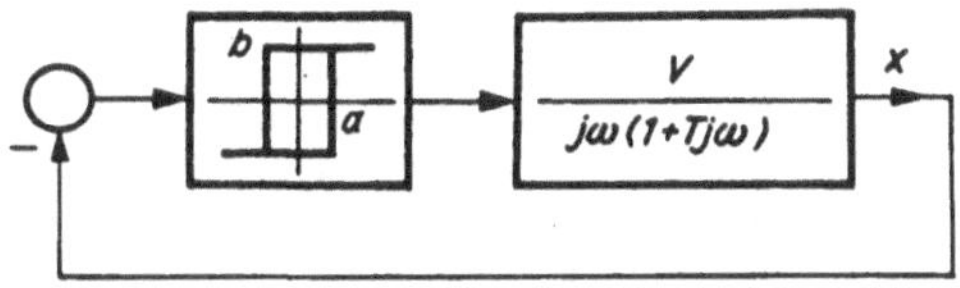

Bild 60 Regelkreis mit Hysteresekennlinie

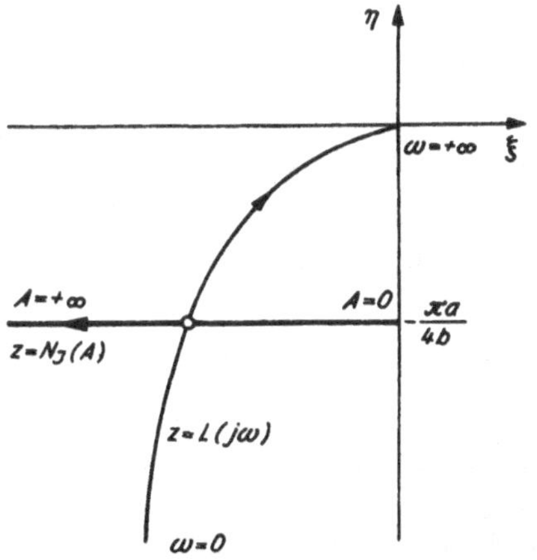

Bild 61 Lineare und nichtlineare Ortskurve zu Bild 60

mehrdeutige Kennlinie handelt. Daraus erhält man wegen (73) für ein allgemeines lineares Teilsystem

$$\frac{4b}{\pi A}\sqrt{1-\left(\frac{a}{A}\right)^2} = -\mathrm{Re}\, L^{-1}(j\omega)\,,$$

$$-\frac{4ab}{\pi A^2} = -\mathrm{Im}\, L^{-1}(j\omega)\,.$$

Führt man den normierten Parameter

$$\frac{a}{A} = \lambda$$

ein und überdies, wie schon früher,

$$\frac{4b}{\pi a} = k_n\,,$$

so erhält man die Beziehungen

$$k_n\lambda\sqrt{1-\lambda^2} = -\mathrm{Re}\, L^{-1}(j\omega)\,,$$
$$k_n\lambda^2 = \mathrm{Im}\, L^{-1}(j\omega)$$

oder

$$\lambda^4 - \lambda^2 = -\frac{1}{k_n^2}(\mathrm{Re}\, L^{-1})^2\,,$$

(113) $$\lambda^2 = \frac{1}{k_n}\,\mathrm{Im}\, L^{-1}\,.$$

Setzt man den letzten Ausdruck in die vorhergehende Gleichung ein, so ergibt sich

(114) $$[\mathrm{Re}\, L^{-1}(j\omega)]^2 + [\mathrm{Im}\, L^{-1}(j\omega)]^2 - k_n\,\mathrm{Im}\, L^{-1}(j\omega) = 0\,.$$

Sofern $L(j\omega)$ rational, ist dies eine algebraische Gleichung für ω allein. Handelt es sich insbesondere um ein reines Verzögerungssystem, ist also $L(j\omega) = 1/Q(j\omega)$, so geht (114) in die Gleichung

$$|Q(j\omega)|^2 - k_n\,\mathrm{Im}\, Q(j\omega) = 0$$

über, kann also vom Grad $2n$ sein, wenn ein System n-ter Ordnung vorliegt.

Hat man ω_p aus (114) ermittelt, so erhält man die Amplitude A_p aus (113):

(115) $$A_p = a\sqrt{\frac{k_n}{\mathrm{Im}\, L^{-1}(j\omega_p)}}\,.$$

Im vorliegenden Fall ist

$$L^{-1}(j\omega) = \frac{j\omega}{V}(1 + Tj\omega) = -\frac{T}{V}\omega^2 + j\frac{\omega}{V}.$$

Damit wird aus (114)

$$\frac{T^2}{V^2}\omega^4 + \frac{\omega^2}{V^2} - k_n\frac{\omega}{V} = 0 \quad \text{oder}$$

$$T^2\omega^3 + \omega - k_n V = 0.$$

Multipliziert man diese Gleichung mit T und setzt anschließend

$$T\omega = \Omega,$$

so wird daraus

$$\Omega^3 + \Omega = k_n VT.$$

Die graphische Lösung dieser kubischen Gleichung ist in Bild 62 skizziert. Aus Ω_p erhält man nach (115) die Amplitude

$$A_p = a\sqrt{\frac{k_n VT}{\Omega_p}}.$$

Auch hierzu ein Zahlenbeispiel: Es möge $bV = 1$, $a = 0{,}2$ und $T = 1$ sein. Dann ist $k_n VT = (4b/\pi a)\,VT = 6{,}37$. Damit folgt gemäß Bild 62 mittels einer kleinen Wertetabelle der Funktion $f(\Omega) = \Omega(\Omega^2 + 1)$, daß $\Omega_p = 1{,}67$ sein muß. Für die Amplitude ergibt sich so $A_p = 0{,}39$.

Diese Werte stimmen mit den exakten Werten für Frequenz und Amplitude überein, die man aus der Untersuchung in der Zustandsebene erhält.

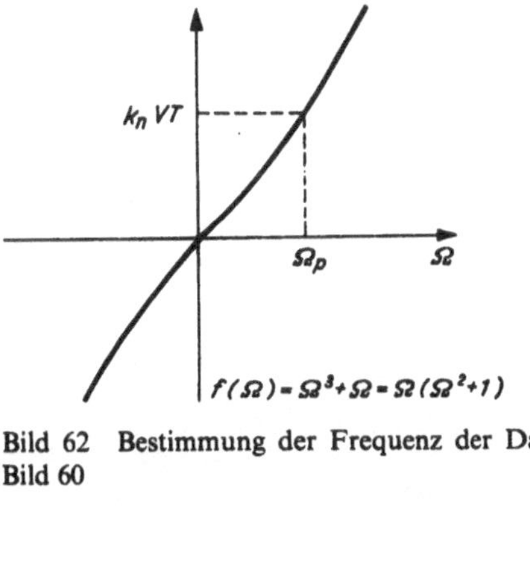

Bild 62 Bestimmung der Frequenz der Dauerschwingung des Regelkreises im Bild 60

Aus den behandelten Beispielen dürfte hervorgehen, daß man die Gleichung der Harmonischen Balance in vielen Fällen mit sehr geringem Rechenaufwand lösen kann, teils formelmäßig, teils durch einfache graphische Konstruktionen. Aber es ist klar, daß dieses Vorgehen seine Grenze hat. Sie kann auf zweierlei Weise erreicht werden. Entweder dadurch, daß der lineare Anteil von hoher Ordnung ist, daß er Nullstellen besitzt, daß er eine Totzeit enthält, oder aber dadurch, daß die Beschreibungsfunktion komplizierter wird, wie bei der allgemeinen Relaiskennlinie oder auch bei der Begrenzung und Totzone, wo sie transzendent ist.

Auch dann kann man in einfacher und anschaulicher Weise die quantitative Behandlung der Aufgabe durchführen. Allerdings darf man nicht bei den Ortskurven stehen bleiben, sondern muß, ganz analog wie in der linearen Theorie, zu den Frequenzkennlinien (Bode-Diagrammen) übergehen. Das bedeutet also die Einführung nichtlinearer Frequenzkennlinien. Wie das geschieht und wie damit die Gleichung der Harmonischen Balance auch in komplizierteren Fällen gelöst werden kann, wird jedoch erst im übernächsten Abschnitt behandelt.

Zuvor soll auf den bereits in Abschnitt 2.1 erörterten Zusammenhang zwischen dem Auftreten von Dauerschwingungen und dem Stabilitätsverhalten der Ruhelage etwas ausführlicher eingegangen werden, da — wie schon betont — die Erkennung und gegebenenfalls Verbesserung des Stabilitätsverhaltens das eigentliche Anliegen des Regelungstechnikers ist. Dazu wird es jedoch unerläßlich sein, noch etwas genauer auf die Eigenschaften der Dauerschwingungen einzugehen.

3. Bedingungen für die globale asymptotische Stabilität der Ruhelage und die Stabilisierung nichtlinearer Regelkreise

Bereits im Abschnitt 2.1 wurde ausgeführt, daß ein Zusammenhang zwischen dem Auftreten von Dauerschwingungen und dem Stabilitätsverhalten der Ruhelage besteht. Dort wurde eine *Faustregel* formuliert, an die jetzt erinnert sei:

> Besitzt ein nichtlineares technisches System nur eine Ruhelage und hat man seine wesentlichen Nichtlinearitäten erfaßt, so wird man erwarten dürfen, daß seine Ruhelage global asymptotisch stabil ist, wenn keine Dauerschwingungen auftreten.

Ruhezonen, wie beim Dreipunktglied oder der Totzone, sind hierbei als eine Ruhelage aufgefaßt. Die Voraussetzung, daß alle wesentlichen Nichtlinearitäten erfaßt sind, verhindert das Entweichen des Zustandspunktes ins Unendliche, da in jedem realen System Begrenzungen enthalten sind, durch die aufklingende Zeitvorgänge beschränkt werden.

Man kann die obige Regel noch durch einen Zusatz ergänzen:

> Tritt eine Dauerschwingung auf, so wird die Ruhelage nicht global asymptotisch stabil sein.

Im Zustandsraum bildet nämlich die Dauerschwingung eine geschlossene Trajektorie. Keiner ihrer Punkte kann daher zum Einzugsbereich der Ruhelage gehören. Dabei sind allerdings ideale Bedingungen vorausgesetzt. In einem realen System, das fortwährend von Störungen heimgesucht ist, kann es in Ausnahmefällen vorkommen, daß trotz theoretischen Auftretens einer Dauerschwingung die Ruhelage praktisch global asymptotisch stabil ist.*) Doch braucht man solche Erscheinungen im allgemeinen nicht zu berücksichtigen, kann sie auch im konkreten Fall erkennen.

Setzt man obige Faustregel als gültig voraus, so kann man auf Grund der bisherigen Untersuchungen Aussagen über die globale asymptotische Stabilität der Ruhelage machen.

Für die betrachteten eindeutigen Kennlinien liegt die nichtlineare Ortskurve auf der negativen reellen Achse. Handelt es sich zunächst um das Zweipunktglied, so folgt sofort aus dem Zwei-Ortskurven-Bild:

---

*) Der Fall kann beispielsweise dann eintreten, wenn es einen einzigen Grenzzyklus gibt, der stabil ist und die Ruhelage eng umschließt (siehe Abschnitt 4.2).

Bei einem nichtlinearen Regelkreis aus Zweipunktglied und Verzögerungssystem ist die Ruhelage global asymptotisch stabil, wenn das Verzögerungssystem 1. oder 2. Ordnung ist, bei höherer Ordnung aber nicht mehr.

Nunmehr seien das *Dreipunktglied*, die *Begrenzung* und die *Totzone* betrachtet. Ihre Ortskurven haben einen Maximalwert $\gamma < 0$. Ist das *lineare Teilsystem ein reines Verzögerungssystem*, hat also seine Ortskurve die in Bild 49 skizzierte Gestalt, so haben die beiden Ortskurven genau dann keinen Punkt gemeinsam, wenn die lineare Ortskurve die reelle Achse ausschließlich rechts von γ schneidet. Das heißt: Ihr am weitesten links gelegener Schnittpunkt, der Schnittpunkt mit dem kleinsten ω-Wert also, muß rechts von γ liegen. Dieser Wert ω_s ergibt sich aus

(116) $$\operatorname{Im} L(j\omega) = 0$$

und liefert als Schnittabszisse

(117) $$\delta_s = \operatorname{Re} L(j\omega_s)\,,$$

so daß

(118) $$\delta_s > \gamma$$

gelten muß.

Nun ist

(119) $$L(j\omega) = \frac{1}{Q(j\omega)} = \frac{1}{\operatorname{Re} Q + j \operatorname{Im} Q} = \frac{\operatorname{Re} Q}{(\operatorname{Re} Q)^2 + (\operatorname{Im} Q)^2} - \\ - j\frac{\operatorname{Im} Q}{(\operatorname{Re} Q)^2 + (\operatorname{Im} Q)^2}\,.$$

Damit geht (116) in die einfachere Gleichung

(120) $$\operatorname{Im} Q(j\omega) = 0$$

über. Hat man als kleinste positive Wurzel aus ihr ω_s bestimmt, so folgt weiter aus (119) wegen $\operatorname{Im} Q(j\omega_s) = 0$:

$$\delta_s = \operatorname{Re} L(j\omega_s) = \frac{1}{\operatorname{Re} Q(j\omega_s)}\,.$$

Aus der Bedingung (118) wird so

$$\frac{1}{\operatorname{Re} Q(j\omega_s)} > \gamma$$

oder, wenn man berücksichtigt, daß beide Zahlen negativ sind:

(121) $$\gamma \operatorname{Re} Q(j\omega_s) > 1\,.$$

Genau dann, wenn (121) erfüllt ist, treten keine Dauerschwingungen auf, darf also die *Ruhelage* als *global asymptotisch stabil* angesehen werden.

Als Beispiel werde das lineare Teilsystem aus Abschnitt 2.4 a) betrachtet:

$$L(j\omega) = \frac{V}{j\omega(1 + T_1 j\omega)(1 + T_2 j\omega)}.$$

Da hier

$$Q(j\omega) = \frac{1}{V}[j\omega + (T_1 + T_2)(j\omega)^2 + T_1 T_2 (j\omega)^3] =$$

$$= -\frac{T_1 + T_2}{V}\omega^2 + j\frac{\omega}{V}(1 - T_1 T_2 \omega^2),$$

erhält man ω_s aus

$$1 - T_1 T_2 \omega^2 = 0 \quad \text{zu} \quad \omega_s^2 = \frac{1}{T_1 T_2}.$$

Das ergibt

$$\operatorname{Re} Q(j\omega_s) = -\frac{T_1 + T_2}{V T_1 T_2}.$$

Die Bedingung für globale asymptotische Stabilität der Ruhelage lautet daher $(-\gamma)(T_1 + T_2)/VT_1T_2 > 1$ oder

$$(122) \qquad (-\gamma)\frac{1}{V}\left(\frac{1}{T_1} + \frac{1}{T_2}\right) > 1,$$

wobei $1/T_1$ und $1/T_2$ die beiden Knickfrequenzen der Betragskennlinie des linearen Teilsystems sind.

Handelt es sich bei der Nichtlinearität um ein Dreipunktglied, so ist nach Bild 43

$$\gamma = -\frac{\pi a}{2b},$$

so daß die obige Bedingung in

$$\frac{\pi a}{2bV}\left(\frac{1}{T_1} + \frac{1}{T_2}\right) > 1$$

übergeht. Sie stimmt mit der auf andere Weise erhaltenen Bedingung (102) überein, wenn man sie nach V auflöst.

Ist die Nichtlinearität eine Begrenzung oder Totzone, so ist nach Bild 45 $\gamma = -1/m$, wo m die Steigung der ansteigenden Kennlinienstücke ist. Daher lautet die Bedingung für globale asymptotische Stabilität der Ruhelage

$$\frac{1}{mV}\left(\frac{1}{T_1} + \frac{1}{T_2}\right) > 1.$$

Es erhebt sich die Frage, was zu tun ist, wenn die Bedingung (122) nicht erfüllt ist, *wie man also die Ruhelage global asymptotish stabil machen kann.* Das ist die Frage nach der *Stabilisierung eines nichtlinearen Regelkreises.* Generell läßt sich die Frage auf Grund der Zwei-Ortskurven-Vorstellung sogleich beantworten:

Man hat durch Parameteränderung oder durch Einfügung zusätzlicher Korrekturglieder in die Regeleinrichtung dafür zu sorgen, daß die beiden Ortskurven sich nicht mehr schneiden.

Im vorliegenden Fall heißt das: Ist die Ungleichung (122) nicht erfüllt, so hat man den Ausdruck auf der linken Seite so lange zu vergrößern, bis sie gültig ist. Sofern die Nichtlinearität unveränderlich, also γ nicht beeinflußbar ist, kann man dies über das lineare System auf zweierlei Weise erreichen:

(I) Das einfachste Mittel besteht darin, die Kreisverstärkung V zu senken. Der kritische V-Wert, den man dabei unterschreiten muß, folgt aus

$$(-\gamma)\frac{1}{V}\left(\frac{1}{T_1}+\frac{1}{T_2}\right)=1$$

zu

$$V_{\text{krit}}=(-\gamma)\left(\frac{1}{T_1}+\frac{1}{T_2}\right),$$

wobei man beachten muß, daß $\gamma < 0$ ist.

(II) Will man V nicht reduzieren, z. B. um die Schnelligkeit des Systems nicht zu verringern, so kann man statt dessen einen realen PD-Regler einführen:

$$G_K(j\omega)=\frac{1+T_1 j\omega}{1+T_N j\omega}.$$

Dabei ist T_1 die größte Streckenzeitkonstante, die also durch den Regler weggehoben wird, während $T_N < T_1$ ist. Nach Einführung des PD-Reglers wird aus dem Frequenzgang des linearen Teilsystems

$$L_K(j\omega)=G_K(j\omega)\,L(j\omega)=\frac{V}{j\omega(1+T_N j\omega)(1+T_2 j\omega)}.$$

Damit geht die linke Seite von (122) über in

$$(-\gamma)\frac{1}{V}\left(\frac{1}{T_N}+\frac{1}{T_2}\right).$$

Da $T_N < T_1$, also $1/T_N > 1/T_1$ ist, wird die Ungleichung (122) erfüllt sein, wenn man T_N klein genug wählt. Der kritische Wert, den man unterschreiten muß, ergibt sich aus

$$(-\gamma)\frac{1}{V}\left(\frac{1}{T_N}+\frac{1}{T_2}\right)=1$$

zu

$$T_{N,\mathrm{krit}} = \frac{(-\gamma)\,T_2}{VT_2 - (-\gamma)}\,.$$

Betrachtet man speziell den Regelkreis im Bild 52, und zwar mit

$$bV = 1\,,\qquad a = 0{,}2\,,\qquad T_1 = 1\,,\qquad T_2 = 0{,}5\,,$$

so ist

$$(-\gamma)\,\frac{1}{V}\left(\frac{1}{T_1} + \frac{1}{T_2}\right) = \frac{\pi a}{2bV}\left(\frac{1}{T_1} + \frac{1}{T_2}\right) = \frac{\pi}{10}\cdot 3 < 1\,.$$

Die Ruhelage ist also nicht global asymptotisch stabil. Führt man aber zusätzlich den PD-Regler mit $(1 + j\omega)/(1 + 0{,}2j\omega)$ ein, wendet also insgesamt einen PID-Regler an, so tritt an die Stelle von $T_1 = 1$ die kleinere Zeitkonstante $T_N = 0{,}2$, und man erhält

$$\frac{\pi a}{2bV}\left(\frac{1}{T_N} + \frac{1}{T_2}\right) = \frac{\pi}{10}\cdot 7 > 1\,.$$

Die Ruhelage ist nunmehr global asymptotisch stabil geworden.

Wie man sieht, *kann die Stabilisierung einer nichtlinearen Standardregelung grundsätzlich in ganz ähnlicher Weise erfolgen, wie das von linearen Systemen her bekannt ist.* Das gilt nicht nur für das eben betrachtete Beispiel. Vielmehr folgt aus der gegenseitigen Lage von linearen und nichtlinearen Ortskurven, daß man eventuelle Schnittpunkte generell durch Einführung von Gliedern mit Vorhaltecharakter beseitigen kann. Sie bewirken eine Phasenanhebung, durch welche die lineare Ortskurve in dem entscheidenden ω-Bereich so weit nach rechts gezogen wird, daß sie die nichtlineare Ortskurve nicht mehr schneidet.

Die quantitative Durchführung dieser an sich sehr einfachen Maßnahme ist aber bei komplizierterem $L(j\omega)$ rechnerisch zu umständlich, da dann die Auflösung der Gleichung $\operatorname{Im} Q(j\omega) = 0$ zu mühsam wird. Es ist deshalb besser, solche Stabilisierungsmaßnahmen mit Hilfe von Frequenzkennlinien durchzuführen, wie das in Kapitel 5 beschrieben wird.

Handelt es sich aber nur um die Analyse des Systems und nicht um seine Stabilisierung und will man nur wissen, ob Dauerschwingungen existieren oder nicht, ohne an ihnen im einzelnen interessiert zu sein, so kann man zur Antwort das *Hurwitz-Kriterium* heranziehen. Dazu werde der Frequenzgang $L(j\omega)$ als rational und die Kennlinie als eindeutig, also die Beschreibungsfunktion $N(A)$ als reell vorausgesetzt. Dann ist $L(j\omega)$ der Quotient zweier Polynome.

$$L(j\omega) = \frac{P(j\omega)}{Q(j\omega)} = \frac{b_0 + b_1(j\omega) + \ldots}{a_0 + a_1(j\omega) + \ldots}\,,$$

und für die Gleichung der Harmonischen Balance kann man schreiben:

$$Q(j\omega) + N(A)\,P(j\omega) = 0\,.$$

Falls Dauerschwingungen existieren, gibt es mindestens ein positives A, für das die Gleichung

$$Q(s) + N(A)\,P(s) = 0 \tag{123}$$

eine Lösung $s = j\omega$ aufweist. Für festes A ist (123) ein Polynom in s mit reellen Koeffizienten, dessen Wurzellage mittels des Hurwitz-Kriteriums untersucht werden kann. Falls das Hurwitz-Kriterium für dieses A erfüllt ist, müssen alle Wurzeln des Polynoms (123) links von der j-Achse der komplexen Ebene liegen. Es kann dann zu diesem A gewiß keine Lösung $j\omega$ gehören. Man hat so die hinreichende Bedingung:

> Ist $L(j\omega)$ rational und $N(A)$ reell, so weist die nichtlineare Standardregelung keine Dauerschwingungen auf, wenn das Hurwitz-Kriterium für die in der Form (123) geschriebene Gleichung der Harmonischen Balance für alle A erfüllt ist. Gemäß der früheren Regel darf dann die Ruhelage als global asymptotisch stabil angesehen werden.

Als Beispiel sei wieder die Regelung von Bild 52 herangezogen. Wegen

$$P(s) = V\,, \qquad Q(s) = T_1T_2s^3 + (T_1 + T_2)\,s^2 + s$$

lautet die Gleichung (123) hier

$$T_1T_2s^3 + (T_1 + T_2)\,s^2 + s + N(A)\,V = 0\,.$$

Da es eine Gleichung 3. Grades ist, hat man die Hurwitz-Determinante

$$H = \begin{vmatrix} T_1 + T_2 & VN(A) & 0 \\ T_1T_2 & 1 & 0 \\ 0 & T_1 + T_2 & VN(A) \end{vmatrix}.$$

Da nur endliche Werte $A > a$ für eine Dauerschwingung in Frage kommen, ist gemäß (71) $N(A)$ stets positiv. Daher ist das Hurwitz-Kriterium erfüllt, wenn

$$H_2 = \begin{vmatrix} T_1 + T_2 & VN(A) \\ T_1T_2 & 1 \end{vmatrix} = T_1 + T_2 - T_1T_2VN(A) > 0 \tag{124}$$

für alle $A > a$. Nach Bild 50 ist

$$N_J(A) = -\frac{1}{N(A)} \leqq -\frac{\pi a}{2b} \quad \text{für sämtliche } A \geqq a\,.$$

Daher ist

$$N(A) \leqq \frac{2b}{\pi a}\,.$$

Die Ungleichung (124) ist infolgedessen gewiß erfüllt, wenn

$$T_1 + T_2 - T_1 T_2 V \frac{2b}{\pi a} > 0$$

oder

$$\frac{\pi a}{2bV}\left(\frac{1}{T_1} + \frac{1}{T_2}\right) > 1$$

ist. Das ist die schon früher erhaltene Bedingung für die globale asymptotische Stabilität der Ruhelage, die aber mittels des Hurwitz-Kriteriums einfacher zu bekommen ist.

Zeigt die Kennlinie Hystereseverhalten, so kann man das Hurwitz-Kriterium nicht mehr anwenden, da die Beschreibungsfunktion nicht mehr reell ist und das Polynom $Q(s) + N(A)\,P(s)$ demzufolge nichtreelle Koeffizienten aufweist. Man kann dann zu einer Verallgemeinerung des Hurwitz-Kriteriums in Form des Kriteriums von H. Bilharz übergehen*), das für Polynome mit komplexen Koeffizienten gilt. Aber da die Determinanten dann unhandlicher werden als beim Hurwitz-Kriterium, soll hierauf nicht weiter eingegangen werden. Vielmehr sei für die Behandlung derartiger Nichtlinearitäten auf die Benutzung der Frequenzkennlinien verwiesen.

*) H. Bilharz: Bemerkung zu einem Satz von Hurwitz. ZAMM **24** (1944), S. 77—82.

4. Grenzschwingungen

4.1 Stabilitätsverhalten von Dauerschwingungen

Um über das Stabilitätsverhalten der Ruhelage eines Regelkreises beim Vorhandensein von Dauerschwingungen etwas sagen zu können, ist es notwendig, das Verhalten der Dauerschwingungen selbst etwas genauer zu untersuchen.

Dazu werde eine Dauerschwingung, also ein periodischer Zeitvorgang, mit der Amplitude A und der Frequenz ω betrachtet. Im Zustandsraum der Regelung gehört zu ihr eine geschlossene Kurve, da die Zustandsvariablen mit der Periode $\tau = 2\pi/\omega$ die gleichen Werte durchlaufen. Durch äußere Einwirkung. z. B. eine plötzlich auftretende kurzzeitige Störung, möge der auf der geschlossenen Kurve umlaufende Zustandspunkt des Systems etwas ausgelenkt und dann wieder sich selbst überlassen werden. Er durchläuft dann nicht mehr die ursprüngliche geschlossene Kurve, sondern eine Trajektorie in deren Umgebung. Betrachtet man den Vorgang über der Zeitachse, so ist an die Stelle der Dauerschwingung ein Zeitvorgang getreten, der nicht mehr streng periodisch ist. Aber da er — mindestens für einige Zeit nach der Störung — nur wenig von der Dauerschwingung abweicht, kann man ihn in erster Näherung wieder als Dauerschwingung ansehen, allerdings mit einer von A etwas abweichenden Amplitude $A + \Delta A$, die sich relativ langsam ändert. In diesem Sinne ist die Ausdrucksweise zu verstehen, daß durch die äußere Störung die Amplitude der Dauerschwingung geändert worden sei. Strenggenommen liegt natürlich gar keine Dauerschwingung mehr vor, sondern eine langsam auf- oder abklingende Schwingung, die jedoch, zumindest anfänglich, einer Dauerschwingung recht nahekommt.

Die durch eine derartige Anfangsstörung aus der Dauerschwingung hervorgehenden Einschwingvorgänge können verschiedenes Verhalten zeigen. Von besonderem Interesse sind die folgenden drei Möglichkeiten:

(I) Sowohl bei einer Vergrößerung als auch bei einer Verkleinerung der Amplitude A (innerhalb gewisser Grenzen) strebt der entstehende Einschwingvorgang mit wachsender Zeit t gegen die ursprüngliche Dauerschwingung.

(II) Der Einschwingvorgang strebt bei der Vergrößerung der Amplitude gegen die ursprüngliche Dauerschwingung, bei Verkleinerung der Amplitude jedoch von ihr weg, oder umgekehrt.

(III) Der Einschwingvorgang strebt bei Vergrößerung und Verkleinerung der Amplitude von der ursprünglichen Dauerschwingung weg.

Allen drei Fällen ist gemeinsam, daß die zur Dauerschwingung benachbarten Einschwingvorgänge dieser gegenüber ein bestimmtes Grenzverhalten für $t \to +\infty$ an den Tag legen, insofern sie von ihr weg oder auf sie zustreben. Eine derartige Dauerschwingung bezeichnet man deshalb als *Grenzschwingung* und nennt sie im ersten Fall *stabil*, im zweiten *semistabil* und im dritten *instabil*.

Es sind durchaus auch andere Verhaltensmöglichkeiten des durch die Anfangsstörung entstandenen Zeitvorganges denkbar. Zum Beispiel kann er selbst eine exakte Dauerschwingung darstellen, die von der ursprünglichen Dauerschwingung verschieden ist und weder auf diese zu noch von ihr wegstrebt.

Die drei Typen der Grenzschwingung seien zunächst an einem Beispiel gezeigt. Dazu muß ein Wort über die Darstellung der Dauerschwingungen in der x-v-Ebene vorausgeschickt werden, wobei $v = \dot{x}$ ist. Einer Dauerschwingung entspricht dort eine geschlossene Kurve, etwa von der Art, wie sie in Bild 63 skizziert ist. Da in der oberen Halbebene $v = \dot{x} > 0$ ist, muß dort x anwachsen. Entsprechend muß in der unteren Halbebene wegen $v = \dot{x} < 0$ die Abszisse x des laufenden Punktes irgendeiner Kurve abnehmen. Auf der Abszissenachse müssen daher die Maxima und Minima von x liegen. Folglich ist die Abszisse des Schnittpunktes der zur Dauerschwingung gehörigen geschlossenen Kurve mit der positiven x-Achse die exakte Amplitude der Schwingung.

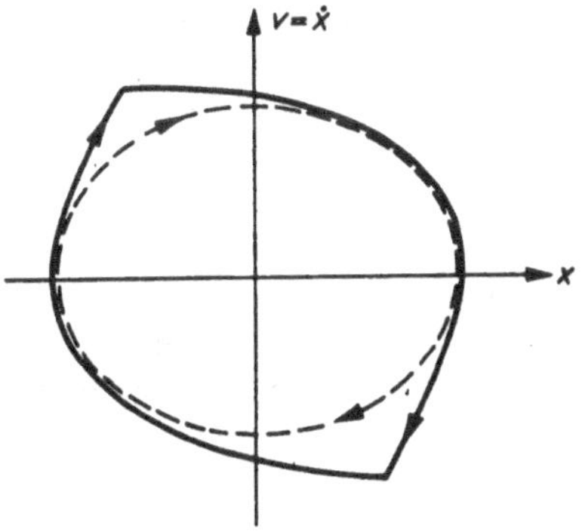

Bild 63 Dauerschwingung und harmonische Näherung in der x-$\dot{x}$-Ebene

Bei der Harmonischen Balance wird sie durch die harmonische Schwingung

$$x = -x_d = -A \sin \omega t$$

angenähert. Wegen

$$v = \dot{x} = -A\omega \cos \omega t$$

ist die zu der Näherung gehörige Kurve in der x-v-Ebene:

$$\frac{x^2}{A^2} + \frac{v^2}{(A\omega)^2} = \sin^2 \omega t + \cos^2 \omega t = 1 .$$

Es handelt sich also um eine Ellipse, die in der x-Achse die Halbachse A, in der v-Achse die Halbachse $A\omega$ aufweist. Erfahrungsgemäß schmiegt sie sich gerade in der Umgebung der x-Achse der exakten Kurve der Dauerschwingung recht genau an, was zu einer guten Approximation der wahren Amplitude führt.

Als Beispiel werde der Regelkreis in Bild 64 betrachtet. Rechnerisch wurde er in Abschnitt 2.4, Beispiel a) behandelt. In Bild 65 ist sein Einschwingverhalten in der x-v-Ebene aufgezeichnet, und zwar mit Hilfe eines Analogrechners. Da es sich um ein System 3. Ordnung handelt, ist der Zustandsraum dreidimensional, nämlich der x-$\dot{x}$-$\ddot{x}$-Raum. Die Trajektorien des Systems sind also Raumkurven. Was man in dem Bild sieht, sind die Projektionen einiger Trajektorien in die x-$\dot{x}$-Ebene. Man erkennt zwei (stärker ausgezogene) geschlossene Kurven oder Zyklen, die den beiden Dauerschwingungen des Regelkreises entsprechen. Wie man sieht, stimmt der äußere Zyklus sehr gut mit einer Ellipse überein, während der innere etwas mehr abweicht. Die Annäherung der wirklichen Dauerschwingung durch die Grundschwingung ist also hier durchaus zufriedenstellend. Die abgelesenen Amplitudenwerte $A_1 = 0{,}22$ und $A_2 = 0{,}36$ zeigen befriedigende Übereinstimmung mit den früher berechneten Werten $A_1 = 0{,}243$ und $A_2 = 0{,}356$.

Außer dem Bild der beiden Dauerschwingungen in der x-v-Ebene sind noch die Bilder einiger typischer Einschwingvorgänge aufgezeichnet. Es handelt sich dabei um die Projektionen von räumlichen Trajektorien, die von einem Anfangspunkt $x(0) = x_0$, $\dot{x}(0) = 0$, $\ddot{x}(0) = 0$ ausgehen, also von einem Punkt der x-Achse. Diese Vorgänge entstehen somit dadurch, daß man die Amplitude der vorliegenden Dauerschwingung, der größeren oder der kleineren, abändert. Aus dem Bild 65 ist zu sehen, daß die so entstehenden Kurven von dem inneren Zyklus weglaufen. Die innerhalb von ihm beginnenden laufen auf die Zone $-0{,}2 \leqq x \leqq +0{,}2$ der Ruhelagen zu und enden dort. Die außerhalb beginnenden streben gegen den äußeren Zyklus und stimmen praktisch nach einiger Zeit mit ihm überein. Ebenso

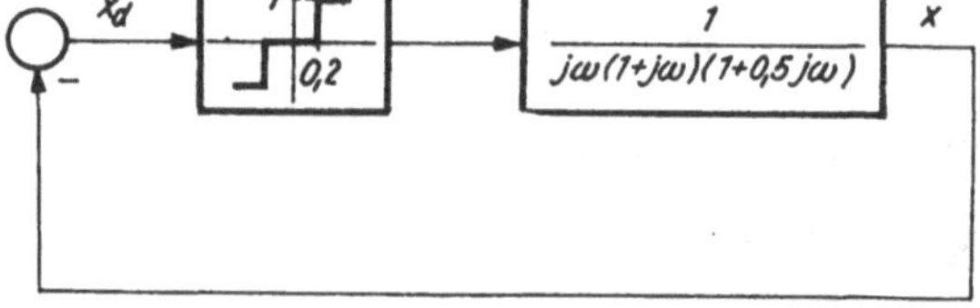

Bild 64 Nichtlinearer Regelkreis mit Dreipunktglied und Verzögerungssystem 3. Ordnung

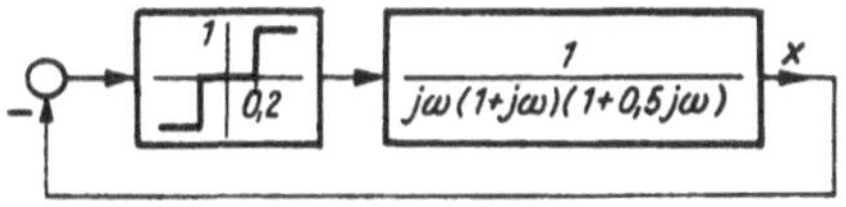

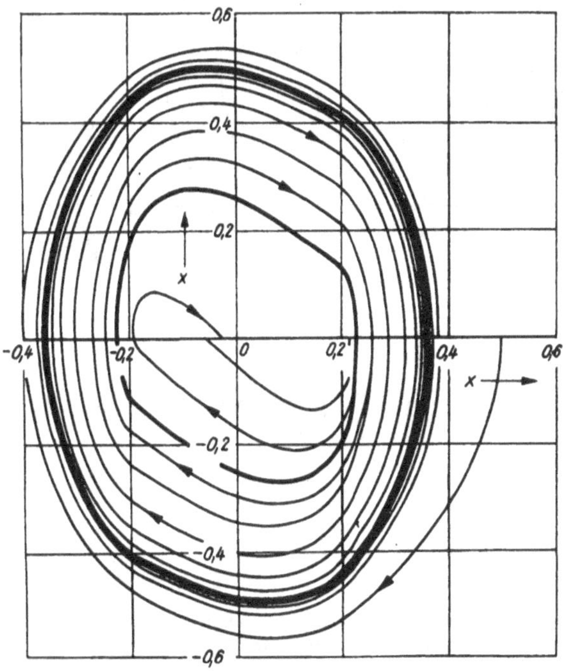

Bild 65 Zeitverhalten des nichtlinearen Regelkreises im Bild 64, dargestellt in der x-v-Ebene: Auftreten einer stabilen und einer instabilen Grenzschwingung

streben die außerhalb des äußeren Zyklus beginnenden Kurven gegen den letzteren.

In diesem Sachverhalt drückt sich die Tatsache aus, daß beide Dauerschwingungen Grenzschwingungen sind, wobei diejenige mit der größeren Amplitude stabil, die andere hingegen instabil ist. Im Bild 66 sind die beiden Grenzschwingungen über der Zeitachse dargestellt.

Die Grenzschwingungen stellen, eben auf Grund ihres Grenzverhaltens, einen besonders ausgezeichneten Typ von Dauerschwingungen dar. Treten in einem realen Regelkreis Dauerschwingungen auf, so handelt es sich meist um Dauerschwingungen. Das gilt auch für die behandelten Beispiele, ohne daß dies bisher gesagt würde, da die Grenzeigenschaften erst jetzt von Interesse wird. Warum das so ist, werden die folgenden Untersuchungen verständlich machen. Und zwar

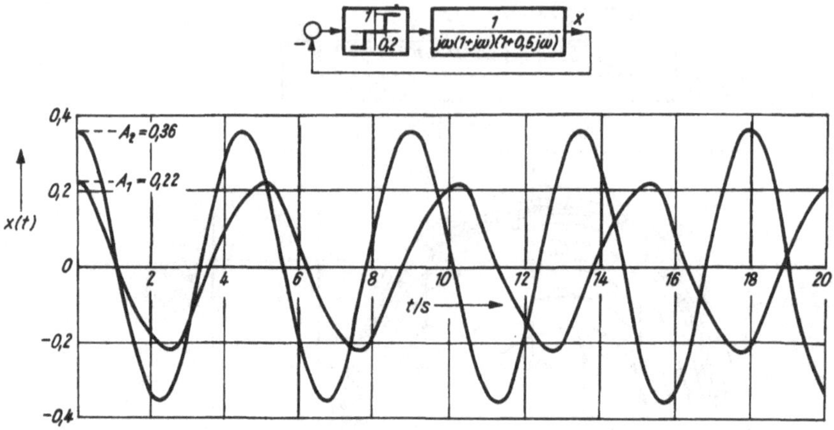

Bild 66 Grenzschwingungen des Regelkreises im Bild 64 über der Zeitachse

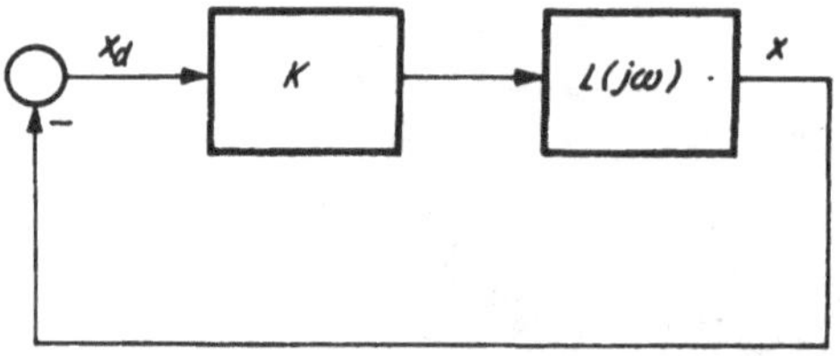

Bild 67 Lineare Ersatzregelung für einen der Harmonischen Balance benachbarten Schwingungszustand der nichtlinearen Standardregelung

ergibt sich die Antwort ganz von selbst bei der Behandlung der nunmehr vordringlichen Frage, wie man das Stabilitätsverhalten der Grenzschwingungen erkennen kann. Diese Frage soll jetzt in einer sehr anschaulichen, allerdings keineswegs exakten Weise beantwortet werden, die jedoch für die meisten Zwecke der nichtlinearen Regelungspraxis genügen wird.

Dazu wird von der Tatsache ausgegangen, daß die Beschreibungsfunktion $N(A)$ das Verhalten der Nichtlinearität im Zustand der Harmonischen Balance und aus Stetigkeitsgründen auch in benachbarten Einschwingzuständen genügend gut beschreibt. Für irgendein festes A aus der Umgebung einer Dauerschwingungsamplitude A_p stellt

$$K = N(A)$$

eine feste Zahl dar. Man kann für den durch A charakterisierten Schwingungszustand die Nichtlinearität als Proportionalglied mit der Übertragungskonstante

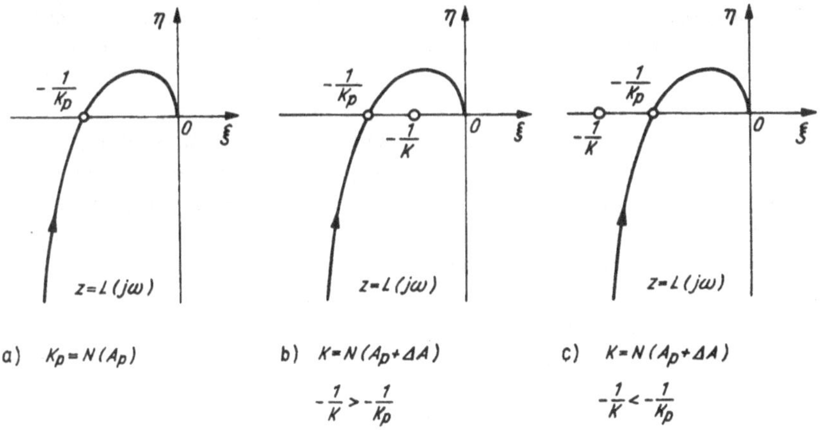

Bild 68 Verhalten der linearen Ersatzregelung bei Änderung der Amplitude A

$K = N(A)$ ansehen. Man erhält so für diesen Schwingungszustand der nichtlinearen Standardregelung die lineare Ersatzregelung in Bild 67*).

Ist speziell $A = A_p$, so befindet sich die lineare Ersatzregelung im Zustand der Dauerschwingung. Setzt man $N(A_p) = K_p$, so muß

$$K_p L(j\omega) = -1 \quad \text{oder} \quad L(j\omega) = -\frac{1}{K_p}$$

gelten (Bild 68a). Nun denke man sich die Amplitude verändert:

$$A = A_p + \Delta A ,$$

womit $K_p = N(A_p)$ in einen neuen Wert $K = N(A_p + \Delta A)$ übergeht. $L(j\omega)$ bleibt hierbei unverändert. Es sind jetzt zwei Fälle möglich. Liegt $-1/K$ rechts von $-1/K_p$, so umschließt die lineare Ortskurve $z = L(j\omega)$ den Punkt $-1/K$ (Bild 68b). Nach dem Nyquist-Kriterium ist die lineare Ersatzregelung dann instabil. Daher muß die Amplitude des durch die Änderung ΔA hervorgerufenen Einschwingvorganges aufklingen. Liegt hingegen $-1/K$ links von $-1/K_p$, so wird der Punkt $-1/K$ von der linearen Ortskurve nicht umschlossen (Bild 68c). Die lineare Ersatzregelung ist nach dem Nyquist-Kriterium stabil, und daher muß der durch die Änderung ΔA erzeugte Einschwingvorgang abklingen.

Diese Überlegung kann man sogleich in die Zwei-Ortskurven-Darstellung übertragen, wenn man berücksichtigt, daß der Wert

$$-\frac{1}{K} = -\frac{1}{N(A)} = N_J(A)$$

*) Die folgenden Überlegungen gelten auch dann, wenn $K = N(A)$ nicht reell ist, da auch in diesem Fall das Nyquist-Kriterium anwendbar bleibt.

ist, also bei veränderlichem A den laufenden Punkt der nichtlinearen Ortskurve darstellt. In Bild 69 ist eine typische Situation skizziert. Der Schnittpunkt 1 entspricht einer Dauerschwingung mit der Amplitude A_{p1}. Wird sie vergrößert, indem man zu $A_{p1} + \Delta A$ mit positivem ΔA übergeht, so wird der zugehörige Punkt $-1/K = -1/N(A_{p1} + \Delta A)$ von der linearen Ortskurve nicht umschlungen, da man in Richtung wachsender Parameter A auf der nichtlinearen Ortskurve weitergeht. Der durch die Amplitudenerhöhung ΔA erzeugte Einschwingvorgang klingt daher ab, d. h.: A geht von $A_{p1} + \Delta A$ wieder auf A_{p1} zurück. Geht man umgekehrt durch Verkleinerung der Amplitude um ΔA zum Punkt 1'' über, so wird der Punkt $-1/K = -1/N(A_{p1} - \Delta A)$ von der linearen Ortskurve umschlungen, da man jetzt in Richtung abnehmender A auf der nichtlinearen Ortskurve fortschreitet. Der durch die Amplitudenerniedrigung $-\Delta A$ hervorgerufene Einschwingvorgang klingt infolgedessen ab. Die Amplitude wächst an, bis schließlich wieder der ursprüngliche Wert A_{p1} erreicht ist.

Man erkennt hieraus, daß die durch A_{p1} charakterisierte Dauerschwingung eine stabile Grenzschwingung darstellt, da die durch Änderung der Amplitude erzeugten Einschwingvorgänge mit wachsender Zeit gegen sie streben.

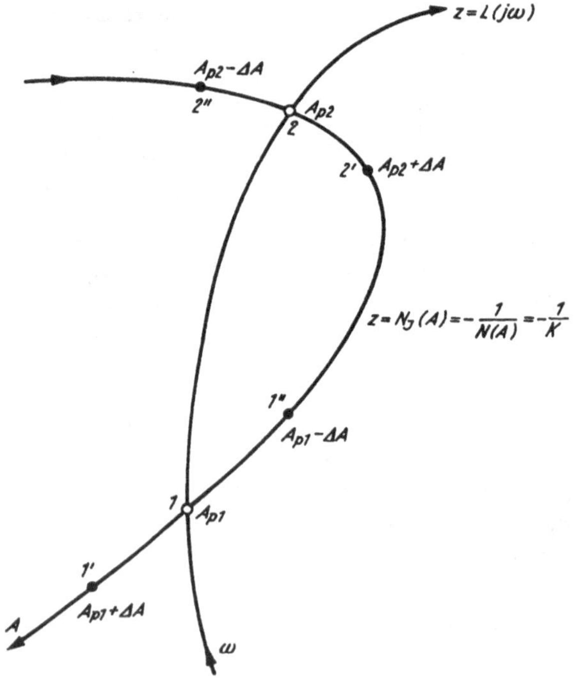

Bild 69 Herleitung eines Kriteriums für das Stabilitätsverhalten der Grenzschwingungen

Völlig entsprechend sieht man, daß es sich bei der Dauerschwingung mit der Amplitude A_{p2} um eine instabile Grenzschwingung handelt, da man hier durch Vergrößerung der Amplitude auf die rechte Seite der linearen Ortskurve, durch Verkleinerung aber auf ihre linke Seite gelangt — gerade umgekehrt wie im Punkt 1.

Zusammenfassend hat man die folgende Stabilitätsregel für Grenzschwingungen:

> Die zu einem Schnittpunkt der linearen und der nichtlinearen Ortskurve gehörende Dauerschwingung mit der Amplitude A_p stellt eine stabile Grenzschwingung dar, wenn der laufende Punkt $z = N_J(A)$ der nichtlinearen Ortskurve in der Umgebung des Schnittpunktes von der linearen Ortskurve für $A < A_p$ umschlungen wird, für $A > A_p$ aber nicht. Im umgekehrten Fall liegt eine instabile Grenzschwingung vor. Wird sowohl für $A < A_p$ als auch für $A > A_p$ der Punkt $z = N_J(A)$ von der linearen Ortskurve umschlungen oder nicht umschlungen, so hat man eine semistabile Grenzschwingung.

Die letzte Aussage wird durch Bild 70 erläutert.

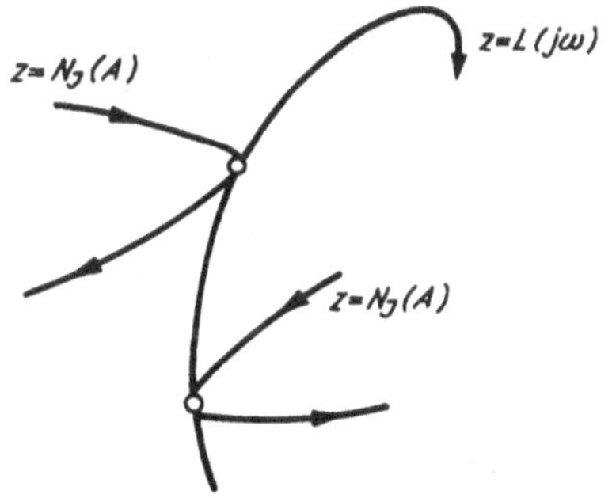

Bild 70 Auftreten semistabiler Grenzschwingungen

Ganz ähnlich wie bei der Formulierung des Nyquist-Kriteriums kann man die Begriffe „umschlungen" und „nicht umschlungen", welche die Lage des Punktes $-1/K$ zur linearen Ortskurve bezeichnen, für nicht zu komplizierte Ortskurven durch „rechts" und „links" ersetzen. Man gelangt dann zu einer etwas übersichtlicheren Formulierung:

> Eine Dauerschwingung der nichtlinearen Standardregelung ist eine stabile Grenzschwingung, wenn in dem zugehörigen Schnittpunkt der beiden Ortskurven die nichtlineare Ortskurve mit wachsendem A die lineare von rechts nach links durchstößt, sie ist eine instabile Grenzschwingung, wenn die nichtlineare Ortskurve die lineare von links nach rechts durchdringt,

sie ist eine semistabile Grenzschwingung, wenn die nichtlineare Ortskurve auf der gleichen Seite der linearen Ortskurve bleibt.

Die Bilder 69 und 70 illustrieren diese gegenseitigen Lagebeziehungen.

Ist die lineare Ortskurve verwickelter, so kann man mit dieser Formulierung in Schwierigkeiten geraten. Ein Beispiel hierfür liefert ein Regelkreis aus einem Zweipunktglied und einem Verzögerungssystem 7. Ordnung. Wie man aus Bild 71 ersieht, haben die Ortskurven zwei Schnittpunkte. Nach der letzten Formulierung der Stabilitätsregel müßten beide Grenzschwingungen stabil sein, da in beiden Fällen die nichtlineare Ortskurve von der rechten auf die linke Seite der linearen Ortskurve überwechselt. Ein solches Stabilitätsverhalten erscheint aber sogleich unplausibel, wenn man sich die Situation in der x-v-Ebene vergegenwärtigt: Beide Zyklen müßten die Nachbarkurven anziehen. Dann erwartet man, daß zwischen beiden ein Zyklus liegt, der sie abstößt, also einer instabilen Grenzschwingung entspricht. Da es keinen dritten Schnittpunkt beider Ortskurven gibt, kann sie aber gewiß nicht existieren. Natürlich ist diese Schlußweise nicht streng, da es sich ja um ein System 7. Ordnung handelt, dessen wirkliche Trajektorien also in einem 7-dimensionalen Zustandsraum liegen. Aber immerhin mahnt sie zu einer gewissen Vorsicht. In der Tat liefert die allgemeine Fassung der Stabilitätsregel für die Grenzschwingungen das Resultat, daß nur die Grenzschwingung mit der großen Amplitude stabil ist, dagegen die mit der kleineren Amplitude nur semistabil. Denn sowohl bei Vergrößerung als auch Verkleinerung der Amplitude wird der Punkt der nichtlinearen Ortskurve von der linearen umschlungen. Das Ergebnis wird durch den Rechner bestätigt.

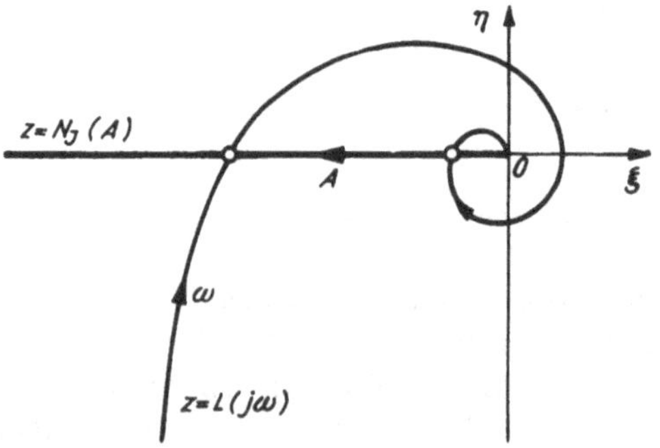

Bild 71 Die beiden Ortskurven eines Regelkreises aus einem Zweipunktglied und einem Verzögerungssystem 7. Ordnung

Wendet man die Stabilitätsregel für Grenzschwingungen auf die im vorhergehenden betrachteten Nichtlinearitäten und irgendein totzeitfreies lineares Teilsystem an, so erhält man aus dem Zwei-Ortskurven-Bild unmittelbar die in Bild 72 zusammengestellten typischen Ergebnisse.

Nichtlinearität	Anzahl und Charakter der Grenzschwingungen (GS)
Zweipunktglied	Keine GS für Ordnung < 3, sonst 1 stabile GS
Dreipunktglied	Für n < 3 keine GS; für n ≧ 3 keine GS oder 2 GS, instabil diejenige mit kleiner Amplitude, stabil die mit großer Amplitude
Begrenzung	Keine GS oder 1 stabile GS
Totzone	Keine GS oder 1 instabile GS
Zweipunktglied mit Hysterese	1 stabile GS

Bild 72 Überblick über die Anzahl und den Charakter der Grenzschwingungen der nichtlinearen Standardregelung bei normalem Verlauf der totzeitfreien linearen Ortskurve

Hierbei ist ein normales Verhalten der linearen Ortskurve vorausgesetzt. Bei hoher Ordnung des linearen Teilsystems (siehe z. B. Bild 71) oder komplizierter Gestalt der Ortskurve können die Verhältnisse auch anders liegen. Als Beispiel für abweichendes Verhalten kann der Regelkreis in Bild 73 dienen. Eine derartige Ortskurve kann sich bei der Stabilisierung eines ursprünglich instabilen (linearen) Kreises ergeben. Hier treten statt der einen Grenzschwingung des Normalfalles deren drei auf, zwei davon stabil und eine instabil.

Die stabilen Grenzschwingungen sind ein typisch nichtlineares Phänomen, das im linearen Bereich keine Entsprechung hat. Zwar gibt es bei linearen Systemen Dauer-

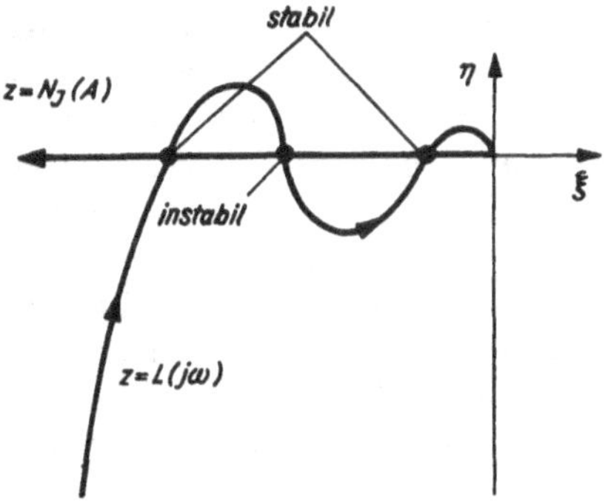

Bild 73 Auftreten von Grenzschwingungen bei untypischem Verlauf der linearen Ortskurve

schwingungen, nämlich dann, wenn ein nichtreelles Polpaar auf der imaginären Achse liegt, aber kein Pol rechts davon gelegen ist. Sie unterscheiden sich jedoch ganz wesentlich von den stabilen Grenzschwingungen, und zwar in zwei Punkten.

Erstens hängt ihre Amplitude von den Anfangsbedingungen ab. Man betrachte etwa die Dauerschwingung des in Bild 15 dargestellten linearen Systems. Sie ergibt in der Zustandsebene eine Ellipse

$$Kx^2 + v^2 = Kx_0^2 + v_0^2 ,$$

wobei (x_0, v_0) der Anfangspunkt ist. Die Amplitude A der Schwingung, die ja mit der in der x-Achse gelegenen Halbachse der Ellipse identisch ist, ist also gleich

$$A = \sqrt{x_0^2 + \frac{v_0^2}{K}} .$$

Eine Anfangsstörung ändert die Lage (x_0, v_0) und damit die Amplitude A: Die Ellipse geht in eine andere Ellipse über, die Schwingung in eine neue Dauerschwingung, ohne daß die ursprüngliche Schwingung wieder angenommen wird, es sei denn zufälligerweise durch eine weitere Störung. Das Bild der Dauerschwingung in der x-v-Ebene sieht man in Bild 74. Von irgendeinem Grenzverhalten ist hier nicht die Rede. Ganz anders bei der stabilen Grenzschwingung eines nichtlinearen Systems: Wird hier durch eine Anfangsstörung die Schwingung verändert, so entsteht ein Einschwingvorgang, der in Amplitude und Frequenz gegen die ursprüngliche Schwingung strebt, so daß sie praktisch nach einiger Zeit wieder hergestellt ist. Man vergleiche das Verhalten des äußeren Zyklus bzw. der größeren Dauerschwingung von Bild 65.

Zweitens sind die linearen Dauerschwingungen äußerst empfindlich gegen Parameterschwankungen. Wenn sich das auf der imaginären Achse gelegene Polpaar des linearen Systems auch nur beliebig wenig nach rechts oder links verlagert, wird aus der Dauerschwingung, d. h. der Schwingung konstanter Amplitude, eine auf- oder abklingende Schwingung. Ganz anders eine stabile Grenzschwingung! Ändern sich die Systemparameter der nichtlinearen Regelung, so hat dies eine Verlagerung der linearen oder nichtlinearen Ortskurve oder auch beider Ortskurven zur Folge. Dadurch wird auch der Schnittpunkt verschoben, zu welchem die stabile Grenzschwingung gehört. Sofern die Parameteränderungen nicht zu groß sind, bleibt aber der Schnittpunkt erhalten, und zwar als „stabiler" Schnittpunkt. Es entsteht also wiederum eine stabile Grenzschwingung. Ihre Frequenz und Amplitude sind beliebig wenig von der Frequenz und Amplitude der ursprünglichen Grenzschwingung verschieden, wenn die Parameteränderungen genügend klein sind. Dieses Verhalten kann man im einzelnen an den behandelten Beispielen studieren.

Dauerschwingungen in einem linearen System sind theoretische Phänomene, die in einem realen System wegen der unvermeidlichen Störungen und Parameter-

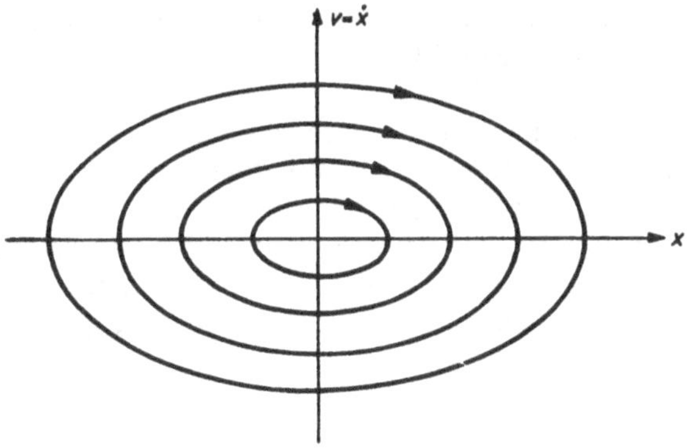

Bild 74 Dauerschwingungen eines linearen Systems in der x-v-Ebene

schwankungen allenfalls eine kurze Zeitspanne bestehen können. Das gleiche Schicksal teilen ihrer Natur nach die instabilen und semistabilen Grenzschwingungen. Die stabilen Grenzschwingungen hingegen sind überaus reale Erscheinungen. Bei Änderung der Anfangsbedingungen infolge äußerer Störung regenerieren sie sich, bei Parameteränderungen des Systems bleiben sie erhalten, nur mit geänderter Amplitude und Frequenz. Sie sind also recht zählebige Erscheinungen. Wer sich mit unerwünschten Schwingungen in instabilen Rechenschaltungen oder Regelkreisen abzumühen hatte, weiß das. Sie sind Struktureigenschaften des nichtlinearen Systems und werden deshalb auch als seine Selbstschwingungen bezeichnet.

4.2 Stabilitätsverhalten der Ruhelage bei Vorhandensein von Grenzschwingungen

Bei Systemen 2. Ordnung kann man in sehr anschaulicher Weise aus dem Charakter der Grenzschwingungen auf das Stabilitätsverhalten der Ruhelage schließen. Das beruht auf der Tatsache, daß sich das dynamische Verhalten solcher Systeme völlig in der x-v-Ebene beschreiben läßt.

Es werde die für reale Regelungssysteme meistens zutreffende Annahme gemacht, daß nur endlich viele Grenzschwingungen und außer ihnen keine weiteren Dauerschwingungen auftreten. In der x-v-Ebene entsprechen den Grenzschwingungen geschlossene Kurven, die den Ursprung **0** einschließen. Da die Nachbartrajektorien auf sie zu oder von ihnen wegstreben, werden sie als *Grenzzyklen* bezeichnet.

Man kann nun vier Fälle unterscheiden:

(I) Die Grenzschwingung mit der kleinsten Amplitude, deren Grenzzyklus also **0** am engsten umschließt, ist stabil. Dann muß die Ruhelage **0** instabil sein. Das geht unmittelbar aus Bild 75a hervor.

(II) Die Grenzschwingung mit der kleinsten Amplitude ist instabil. Dann ist die Ruhelage asymptotisch stabil und besitzt das Innengebiet des innersten Grenzzyklus als Einzugsbereich (Bild 75b).

(III) Die Grenzschwingung mit der kleinsten Amplitude ist semistabil, und zwar so, daß sie „nach unten instabil" ist (Bild 75c). Dann ist die Ruhelage ebenfalls asymptotisch stabil und besitzt das Innere des engsten Grenzzyklus

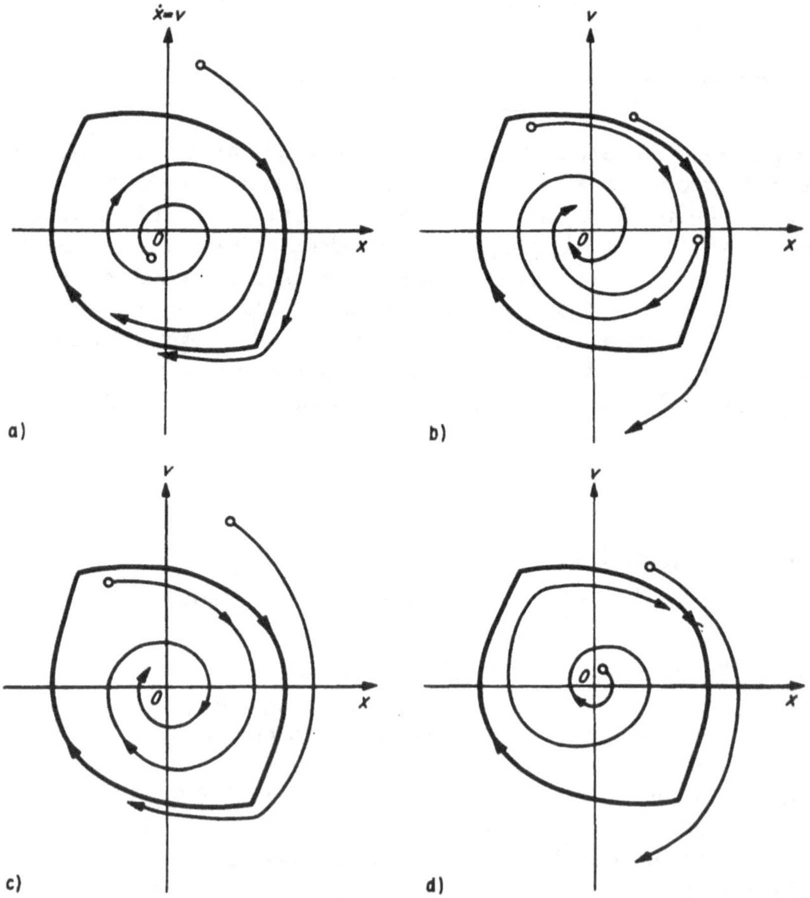

Bild 75 Zusammenhang zwischen dem Stabilitätsverhalten des innersten Grenzzyklus und dem Stabilitätsverhalten der Ruhelage bei einem System 2. Ordnung

als Einzugsbereich. Bei einem realen System kann man sogar noch einen Schritt weiter gehen. Die semistabile Grenzschwingung wird durch die kleinste Störung vernichtet und geht dann in einen abklingenden Einschwingvorgang über. Praktisch reicht daher der Einzugsbereich der Ruhelage über den innersten Grenzzyklus hinaus. Ist er der einzige Grenzzyklus, so kann sie praktisch global asymptotisch stabil sein.

(IV) Die Grenzschwingung mit der kleinsten Amplitude ist semistabil, aber so, daß sie „nach unten stabil" ist (Bild 75d). Da der zugehörige Grenzzyklus dann die von innen kommenden Trajektorien anzieht, ist die Ruhelage **0** instabil.

Ein Beispiel für den Fall (I) ist der Regelkreis in Bild 60, der als Nichtlinearität ein Zweipunktglied mit Hysterese enthält und in Abschnitt 2.4, Beispiel c, rechnerisch behandelt wurde. Sein Verhalten in der Zustandsebene zeigt Bild 76, das einen Analogrechnerschrieb wiedergibt. Liegt ein Anfangspunkt (x_0, v_0) im Streifen $-a < x < +a$, so sind zwei Trajektorien möglich, da die Ausgangsgröße des Hysteresegliedes auf Grund der Vorgeschichte $-b$ oder $+b$ sein kann.

Als Beispiel für den Fall (II) werde der Regelkreis im Bild 77 näher untersucht. Die beiden Ortskurven sind im Bild 78 skizziert. Es wird sich also eine instabile Grenzschwingung ergeben, so daß die Ruhelage asymptotisch stabil ist. Um ihren

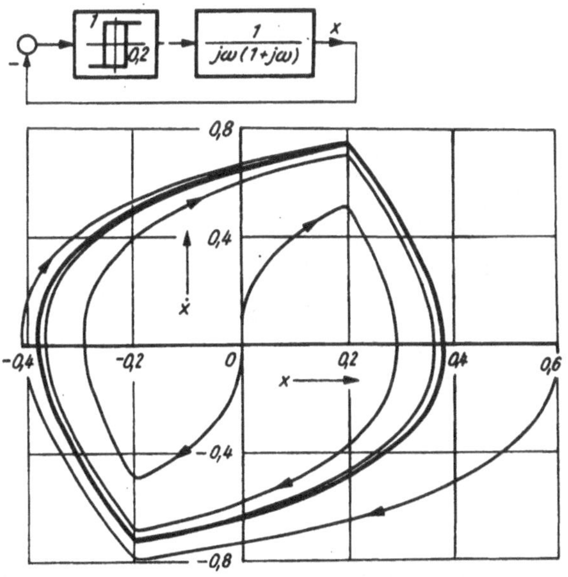

Bild 76 Grenzzyklus eines Regelkreises, der ein Zweipunktglied mit Hysterese enthält

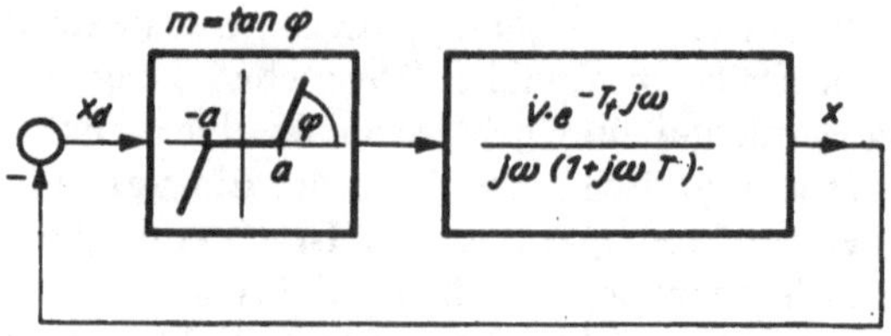

Bild 77 Regelkreis mit Totzone und Totzeit

Einzugsbereich näherungsweise zu bestimmen, soll die Amplitude der Grenzschwingung berechnet werden. Man erhält sie aus der Gleichung

$$m - m\left[\frac{2}{\pi}\arcsin\frac{a}{A} + \frac{2}{\pi}\frac{a}{A}\sqrt{1-\left(\frac{a}{A}\right)^2}\right] = -\frac{j\omega}{V}(1 + j\omega T)\,e^{j\omega T_t}.$$

Da auf der linken Seite eine transzendente Funktion der Amplitude steht, ist eine formelmäßige Auflösung nicht möglich. Bei gegebenen Parameterwerten ist es am einfachsten, das im folgenden Kapitel beschriebene Frequenzkennlinienverfahren anzuwenden. Für die Parameterwerte $a = 0{,}2$ und $m = 3$ sowie $V = T = T_t = 1$ erhält man hierdurch unter Benutzung von Bild 84 die Werte

$$\omega_p = 0{,}86$$

und

$$A_p = 0{,}39\,.$$

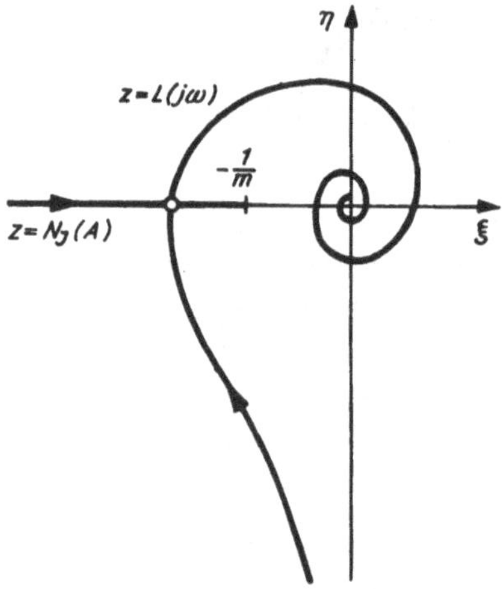

Bild 78 Die Ortskurven des Regelkreises im Bild 77

Der Einzugsbereich der Ruhelagenzone $|x| < 0{,}2$ besteht daher näherungsweise aus dem Innengebiet der Ellipse mit der Halbachse $A_p = 0{,}39$ auf der x-Achse und der Halbachse $\omega_p A_p = 0{,}34$ auf der v-Achse. Im Bild 79 ist das Verhalten des Regelkreises im Schrieb eines Digitalrechners dargestellt. Es sind zwei Trajektorien gezeichnet, die nahe beieinander auf der positiven x-Achse beginnen und von denen die eine nach innen, die andere nach außen läuft. Im Anfangsverlauf liegen sie dicht beieinander und zeigen hierdurch die Lage des Grenzzyklus an. Für seine Amplitude erhält man $A = 0{,}364$. Der exakte Einzugsbereich weicht in Richtung der Winkelhalbierenden des 1. und 3. Quadranten von der Näherungsellipse ab.

Diese geometrisch so einleuchtenden Betrachtungen über den Zusammenhang zwischen dem Stabilitätsverhalten der Grenzschwingungen und der Ruhelage lassen sich leider nicht auf Systeme von höherer als zweiter Ordnung übertragen. Auch dort entsprechen die Grenzschwingungen geschlossenen Kurven des Zustandsraumes. Während aber die Ebene durch die geschlossenen Kurven in getrennte Bereiche zerlegt wird, in denen die Trajektorien verschiedenes Einschwingverhalten charakterisieren, ist das im drei- und höherdimensionalen Raum nicht mehr der Fall.

Man betrachte etwa das numerische Beispiel a) in Abschnitt 2.4, bei dem es sich um einen Regelkreis aus einem Dreipunktglied und einem Verzögerungssystem 3. Ordnung handelt (Bild 52). Hier treten zwei Grenzschwingungen auf, wobei diejenige mit der kleinen Amplitude instabil, die andere hingegen stabil ist. Ihnen

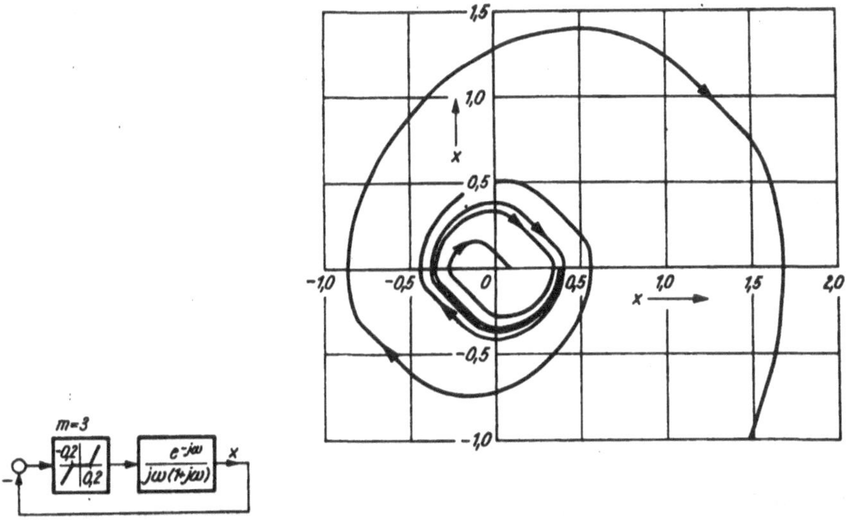

Bild 79 Zustandsbild des Regelkreises im Bild 77

entsprechen zwei geschlossene Kurven im Zustandsraum, als den man etwa den x-$\dot{x}$-$\ddot{x}$-Raum wählen kann. Ihre Projektion in die x-$\dot{x}$-Ebene liefert zwei geschlossene Kurven dieser Ebene. Sie sind in Bild 65 dargestellt. Das Bild zeigt, daß die Projektionen bestimmter Nachbartrajektorien gegen sie hin- oder von ihnen wegstreben. Man kann daraus aber nichts für das Verhalten der Trajektorien schließen, die in einer *dreidimensionalen* Umgebung des Nullpunktes beginnen. Gerade das muß man jedoch wissen, um das Stabilitätsverhalten der Ruhelage zu kennen. Allenfalls kann man auf Grund von Bild 65 *vermuten*, daß die Ruhelage asymptotisch stabil ist. Den Nachweis kann man mit Hilfe des Rechners erbringen, indem man den Anfangspunkt in der Umgebung von $\mathbf{0}$ systematisch variiert und feststellt, ob die entstehende Trajektorie stets $\to \mathbf{0}$ strebt. Will man theoretische Einsicht gewinnen, so muß man die *Theorie von Ljapunow* heranziehen. Bei praktischen Problemen ist man jedoch meist auf die eben erwähnte Betrachtungsweise angewiesen, da die Anwendung der Ljapunow-Theorie zu schwierig ist (siehe hierzu auch Kapitel 9).

5. Anwendung von Frequenzkennlinien

So anschaulich die bisher beschriebenen Verfahren sind, so gerät man doch im konkreten Fall in rechnerische Schwierigkeiten, wenn die Ordnung des linearen Teilsystems größer wird oder eine Kennlinie vorliegt, die nicht vom Relaistyp oder mehrdeutig ist. In solchen Fällen führt die Gleichung der Harmonischen Balance auf algebraische Gleichungen höheren Grades oder transzendente Gleichungen, die nicht mehr formelmäßig lösbar sind. Gleiches gilt, wenn die Strecke eine Totzeit enthält. Bereits die beiden letzten Beispiele im Abschnitt 2.4 zeigen dies, obgleich die Verhältnisse hier noch sehr einfach sind, insbesondere das lineare Teilsystem nur von 2. Ordnung ist.

Man kann dann die beiden Ortskurven mittels des Digitalrechners aufzeichnen und ihre Schnittpunkte feststellen. Man kann aber auch, ganz entsprechend wie bei linearen Systemen, zu den logarithmischen Frequenzkennlinien (Bode-Diagramm) übergehen.

Dabei ist es zweckmäßig, von der Feststellung auszugehen, daß die Beschreibungsfunktion der am häufigsten auftretenden Kennlinienglieder sich in der Form

$$N(A) = k_n N_n(\alpha) \tag{125}$$

darstellen läßt. Dabei ist k_n eine von der Amplitude A unabhängige Konstante und $N_n(\alpha)$ eine Funktion der normierten Amplitude $\alpha = A/a$, die von keinerlei Parametern mehr abhängt.

So ist beispielsweise beim Zweipunktglied mit Hysterese nach (73)

$$N(A) = \frac{4b}{\pi A}\sqrt{1-\left(\frac{a}{A}\right)^2} - j\,\frac{4ab}{\pi A^2}, \quad \text{also}$$

$$N(A) = \frac{4b}{\pi a}\cdot\frac{a}{A}\sqrt{1-\left(\frac{a}{A}\right)^2} - j\,\frac{4b}{\pi a}\cdot\left(\frac{a}{A}\right)^2.$$

Führt man hierin die mit der halben Breite a der Hystereseschleife normierte Amplitude $A/a = \alpha$ ein, so wird

$$N(A) = \frac{4b}{\pi a}\cdot\left[\frac{1}{\alpha}\sqrt{1-\frac{1}{\alpha^2}} - j\,\frac{1}{\alpha^2}\right] \quad \text{oder}$$

$$N(A) = \frac{4b}{\pi a}\left[\frac{\sqrt{\alpha^2 - 1}}{\alpha^2} - j\,\frac{1}{\alpha^2}\right] = k_n N_n(\alpha)\,.$$

In Bild 80 sind die so erhaltenen normierten Beschreibungsfunktionen $N_n(\alpha)$ und die abgespaltenen Faktoren k_n für die häufigsten Kennlinien zusammengestellt.

Führt man die normierte Beschreibungsfunktion in die Gleichung

$$N(A)\,L(j\omega) = -1$$

Kennlinienglied	Gestalt der Kennlinie	k_n	α	$N_n(\alpha)$
Zweipunktglied	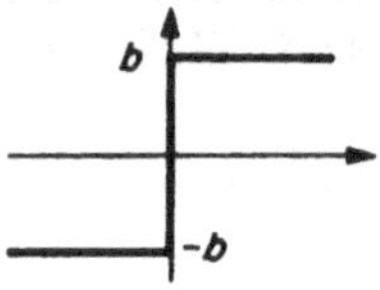	$\frac{4b}{\pi}$	A	$\frac{1}{\alpha}$, $\alpha > 0$
Dreipunktglied	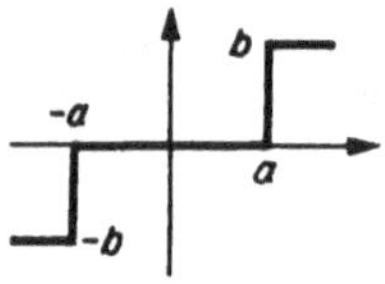	$\frac{4b}{\pi a}$	$\frac{A}{a}$	$\frac{\sqrt{\alpha^2-1}}{\alpha^2}$, $\alpha \geqq 1$
Zweipunktglied mit Hysterese	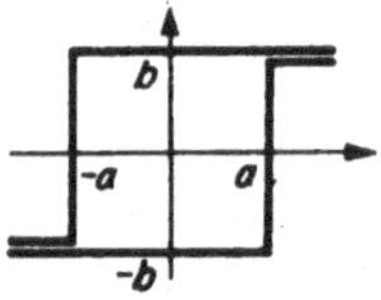	$\frac{4b}{\pi a}$	$\frac{A}{a}$	$\lvert N_n(\alpha)\rvert = \frac{1}{\alpha}$, $\underline{/N_n(\alpha)} = -\arcsin\frac{1}{\alpha}$, $\alpha \geqq 1$ *)
Begrenzung	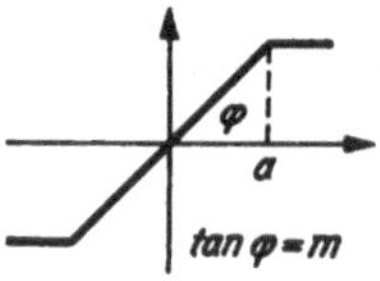	m	$\frac{A}{a}$	1, $0 \leqq \alpha \leqq 1$; $\frac{2}{\pi}\left[\arcsin\frac{1}{\alpha} + \frac{\sqrt{\alpha^2-1}}{\alpha^2}\right]$, $\alpha \geqq 1$ *)
Totzone	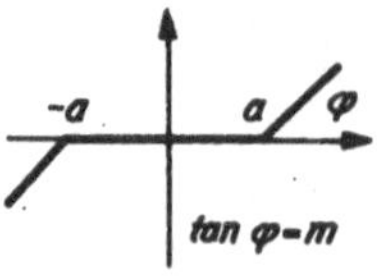	m	$\frac{A}{a}$	$1 - \frac{2}{\pi}\left[\arcsin\frac{1}{\alpha} + \frac{\sqrt{\alpha^2-1}}{\alpha^2}\right]$, $\alpha \geqq 1$ *)

Bild 80 Normierte Beschreibungsfunktionen

*) Auch hier ist unter arc sin $1/\alpha$ der Hauptwert zu verstehen.

der Harmonischen Balance ein, so nimmt sie die Form

$$k_n N_n(\alpha)\, L(j\omega) = -1$$

an. Schlägt man den Faktor k_n zum linearen Frequenzgang und führt den „normierten Frequenzgang"

(126) $$L_n(j\omega) = k_n\, L(j\omega)$$

ein, so wird aus der Gleichung der Harmonischen Balance

$$N_n(\alpha)\, L_n(j\omega) = -1$$

oder

$$L_n(j\omega) = -\frac{1}{N_n(\alpha)}.$$

Spaltet man sie in Betrag und Phase auf, so entsteht das Gleichungssystem

$$|L_n(j\omega)| = \frac{1}{|N_n(\alpha)|}, \qquad \underline{/L_n(j\omega)} = \underline{/-1} - \underline{/N_n(\alpha)}.$$

Logarithmiert man die Betragsgleichung und versieht sie wie üblich mit dem Maßstabsfaktor 20, so erhält man die Gleichungen

(127) $$20 \log |L_n(j\omega)| = -20 \log |N_n(\alpha)|,$$

(128) $$\underline{/L_n(j\omega)} = (2\nu + 1)\,\pi - \underline{/N_n(\alpha)}, \qquad \nu \text{ beliebig ganz}.$$

Diese beiden Gleichungen sind der Gleichung der Harmonischen Balance äquivalent. Auf den linken Seiten stehen die Frequenzkennlinien des normierten Frequenzganges $L_n(j\omega)$. Die rechten Seiten werden allein durch die nichtlineare Kennlinie bestimmt. Entscheidend für den praktischen Nutzen ist die Tatsache, daß sie parameterfrei sind, also ein für alle Mal graphisch fixiert werden können. Die Vieldeutigkeit des Winkels $(2\nu + 1)\,\pi$ ist praktisch von geringer Bedeutung; man wird sich meist auf $-\pi$ beschränken können. Nimmt nämlich die Phase von $L_n(j\omega)$ die Werte -3π, -5π, ... an, so wird im allgemeinen der Betrag von $L_n(j\omega)$ so weit abgesunken sein, daß die Betragsgleichung nicht mehr erfüllt wird.

Für eine eingehendere Diskussion der Frequenzkennliniengleichungen ist es zweckmäßig, zwischen eindeutigen und mehrdeutigen Kennlinien zu unterscheiden. Da bei den im Bild 80 dargestellten eindeutigen Kennlinien $N(A)$ und damit $N_n(\alpha)$ positiv ist, vereinfacht sich die Phasengleichung durch Wegfall von $\underline{/N_n(\alpha)}$ zu

(129) $$\underline{/L_n(j\omega)} = (2\nu + 1)\,\pi.$$

Aus der Frequenzkennliniendarstellung liest man die Frequenzen ω_{p1}, ω_{p2}, ... ab, wo die Phasenkennlinie von L_n die Werte $-\pi$, -3π, ... annimmt. Zugleich entnimmt man die zugehörigen Betragswerte

$$20 \log |L_n(j\omega_{p1})| , \qquad 20 \log |L_n(j\omega_{p2})|, \ldots .$$

Man hat nun festzustellen, ob zu ihnen α-Werte existieren, die (127) erfüllen. Das ist ohne weiteres möglich, wenn man die Funktion

$$f(\alpha) = -20 \log |N_n(\alpha)|$$

über der α-Achse aufzeichnet, was für einen bestimmten Kennlinientyp nur einmal geschehen muß, da $N_n(\alpha)$ parameterfrei ist. Aus dieser Kurve liest man die α-Werte ab, für welche

$$f(\alpha) = 20 \log |L_n(j\omega_{p\nu})| \tag{130}$$

ist.

Die Funktion $f(\alpha)$ ist das für das Zwei- und Dreipunktglied, für die Begrenzung und die Totzone in den Bildern 81 bis 84 dargestellt.

Ein Beispiel mag zeigen, wie einfach das Verfahren anzuwenden ist. Es liege der Regelkreis von Bild 85 vor. Da es sich bei der Nichtlinearität um eine Begrenzung handelt, ist $k_n = m$. Der normierte Frequenzgang ist daher

$$L_n(j\omega) = mL(j\omega) = \frac{3{,}2\, e^{-0{,}5 j\omega}}{j\omega(1 + j\omega)(1 + 0{,}5\, j\omega)} .$$

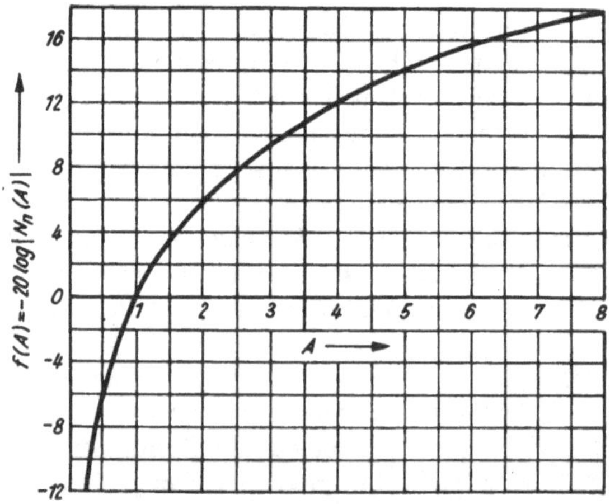

Bild 81 Die logarithmische Beschreibungsfunktion $f(A) = -20 \log |N_n(A)|$ für das Zweipunktglied

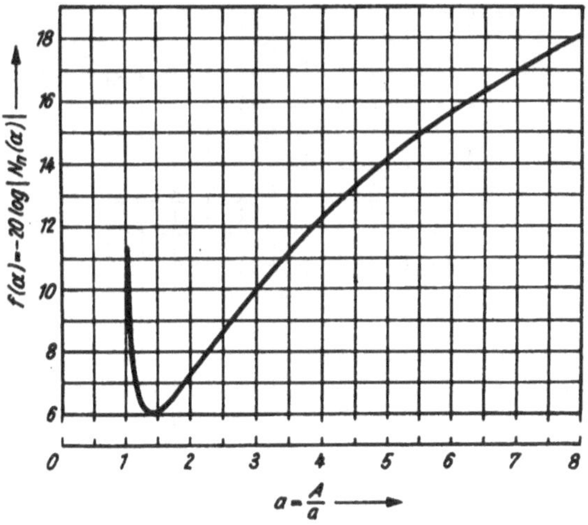

Bild 82 Die logarithmische Beschreibungsfunktion $f(\alpha) = -20 \log |N_n(\alpha)|$ für das Dreipunktglied

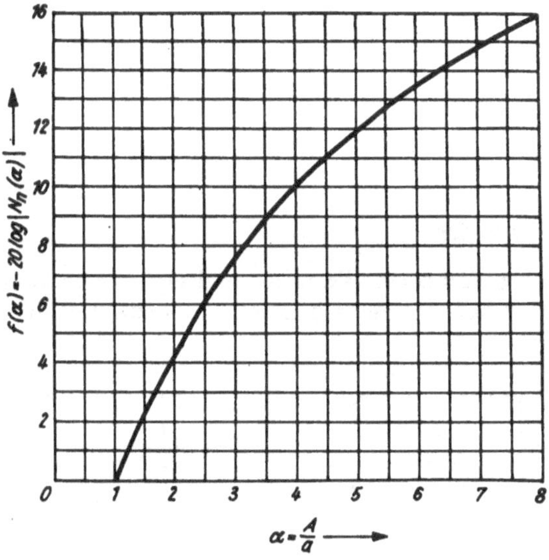

Bild 83 Die logarithmische Beschreibungsfunktion $f(\alpha) = -20 \log |N_n(\alpha)|$ für die Begrenzung

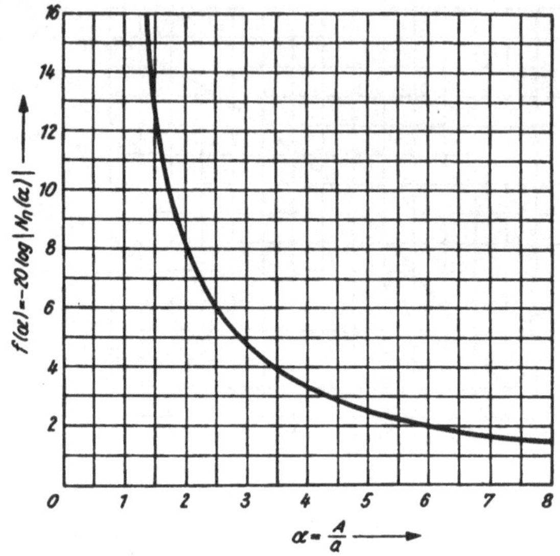

Bild 84 Die logarithmische Beschreibungsfunktion $f(\alpha) = -20 \log |N_n(\alpha)|$ für die Totzone

Seine Frequenzkennlinien findet man in Bild 86. Aus ihm liest man

$$\omega_p = 0{,}85$$

und

$$20 \log |L_n(j\omega_p)| = 8{,}5$$

ab. Geht man mit dem letzteren Wert in das Bild 83, so erhält man $\alpha = A/a = 3{,}33$, so daß

$$A_p = 3{,}33a \approx 6{,}7$$

folgt. Wie nahe die so berechneten Werte ω_p und A_p bei den exakten Werten liegen, geht aus Bild 87 hervor, das den Digitalrechnerschrieb für einige Zeit-

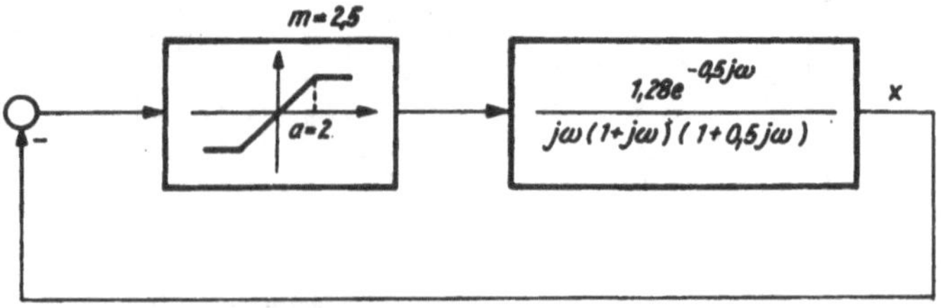

Bild 85 Nichtlinearer Regelkreis mit Begrenzung und Totzeit

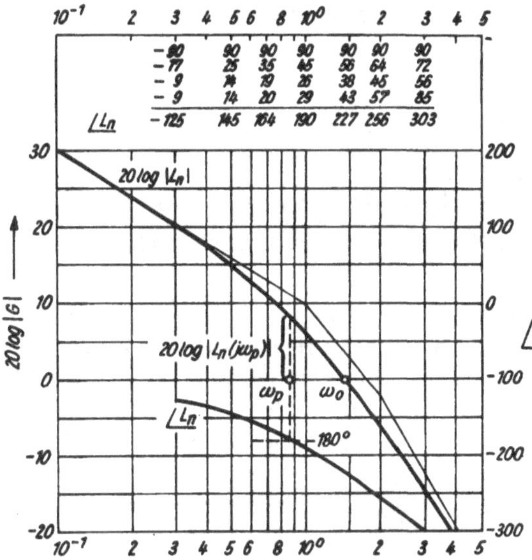

Bild 86 Frequenzkennlinien des normierten Frequenzganges $L_n(j\omega) = mL(j\omega)$ aus Bild 85

vorgänge $x(t)$ sowie den zugehörigen Grenzzyklus zeigt. Bei der Darstellung über der Zeitachse ist die Selbstschwingung stark ausgezogen. Außer ihr sind zwei Einschwingvorgänge dargestellt, die sich für Anfangswerte kleiner und größer als die Amplitude der Selbstschwingung ergeben ($x_0 = 2$ und $x_0 = 12$). Man sieht, daß beide mit wachsendem t in die Selbstschwingung übergehen, abgesehen natürlich von einer Phasenverschiebung, die ja für die Gestalt der periodischen Vorgänge ohne Belang ist.

Aus der logarithmischen Beschreibungsfunktion und dem Frequenzkennlinienbild ist auch sofort zu sehen, was man tun muß, um das System zu stabilisieren, also die Selbstschwingung zum Verschwinden zu bringen. Da $f(\alpha) \geqq 0$ ist, wird ein Schnitt mit $f(\alpha)$ genau dann vermieden, wenn

$$20 \log |L_n(j\omega_p)| < 0$$

ist. Das läßt sich auf zweifache Weise erreichen:

(I) Durch Absenken der Betragskennlinie $20 \log |L_n(j\omega)|$ bzw. Anheben der 0-Linie des Betrages, was auf dasselbe herauskommt, aber zeichnerisch einfacher ist.

Diese Anhebung muß im vorliegenden Fall $> 8{,}5$ Dezibel sein. Dann ist nach Bild 86 die Übertragungskonstante V_n des normierten Frequenzganges kleiner als

1,5 Dezibel, also kleiner als 1,2. Daraus folgt für die Übertragungskonstante V des Frequenzganges selbst

$$V = \frac{V_n}{m} < \frac{1{,}2}{2{,}5} = 0{,}48\,.$$

Dies ist die Stabilitätsgrenze.

(II) Die Phasenkennlinie $\underline{/L_n}$ wird im mittleren ω-Bereich so weit angehoben, daß ihr Schnitt mit der (−180°)-Linie sich nach rechts in den Bereich mit $20 \log |L_n| < 0$ verschiebt.

Da bei der Durchtrittsfrequenz $\omega_D = 1{,}4$ die Phase $\underline{/L_n} = -220°$ ist, wird dies beispielsweise durch einen idealen PD-Regler $G_K(j\omega) = V_R(1 + Tj\omega) = V_R(1 + j\omega/\omega_0)$ erreicht, für den $\omega_0 = 1{,}4$, also $T = 0{,}71$ ist. Er bewirkt nämlich für $\omega \geqq \omega_0$ eine Phasenanhebung von 45° und mehr. Das reicht aus, um für niedrigere Frequenzen als ω_D die Phase auf über −180° zu halten. Der

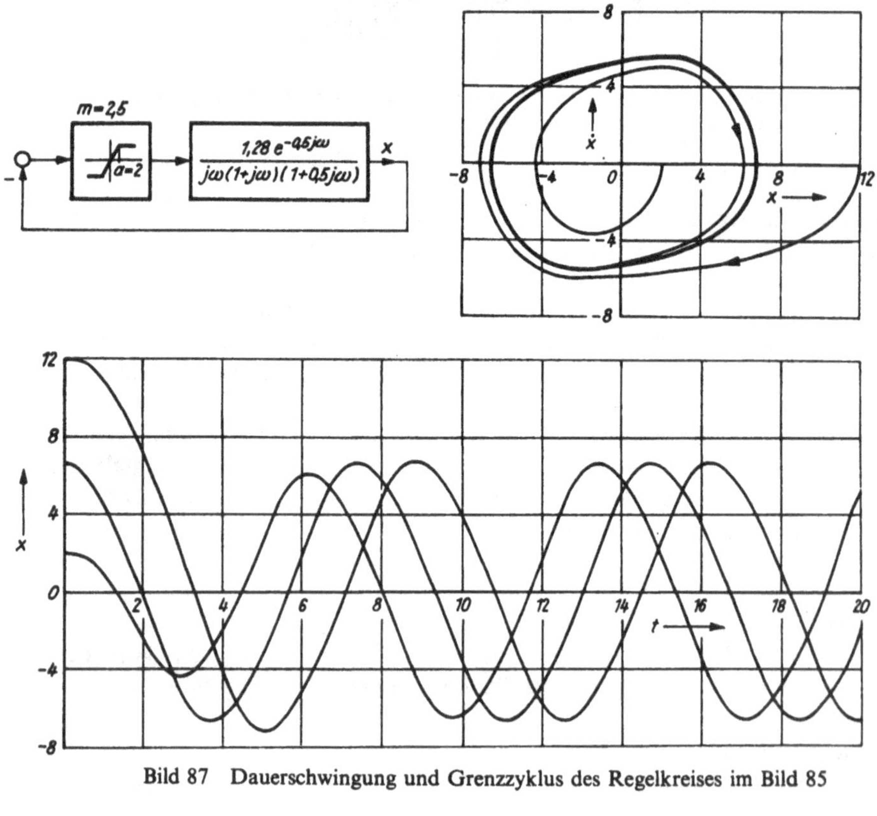

Bild 87 Dauerschwingung und Grenzzyklus des Regelkreises im Bild 85

Wert $-180°$ kann von ihr erst hinter der Durchtrittsfrequenz ω_D angenommen werden, wo also $20 \log |L(j\omega)|$ bereits negativ ist. Um letzteres sicherzustellen, muß $V_R \leqq 0{,}71$ (entsprechend -3 dB) gewählt werden, damit durch die Knickkorrektur der Betragskennlinie ω_D sich nicht nach rechts verschiebt.

Es bleibt der Fall zu untersuchen, daß die nichtlineare Kennlinie Hysteresecharakter zeigt. Dann hat man von den allgemeinen Gleichungen (127) und (128) auszugehen. Da $\underline{/N_n(\alpha)}$ jetzt nicht mehr identisch Null ist, können sie nicht sukzessive gelöst werden. Das bisher benutzte einfache Verfahren ist daher nicht verwendbar. Man kann dann bei der ursprünglichen Ortskurvendarstellung bleiben und die Kurven mit dem Rechner aufzeichnen.

Will man auch hier mit den Frequenzkennlinien arbeiten, ist es zweckmäßig, die lineare und die nichtlineare Ortskurve in einem Koordinatensystem darzustellen, wie es beim Nichols-Diagramm angewandt wird. Man führt also ein rechtwinkliges Achsenkreuz ein und trägt $r = 20 \log |L_n|$ als Ordinate sowie $\varphi = \underline{/L_n}$ als Abszisse ab. Man erhält so eine neue lineare Ortskurve,

$$C_L : r = 20 \log |L_n|, \qquad \varphi = \underline{/L_n},$$

die man unmittelbar aus den Frequenzkennlinien des linearen Teilsystems zeichnen kann. In das gleiche Koordinatensystem zeichnet man nun als neue nichtlineare Ortskurve die Kurve

$$C_N : r = -20 \log |N_n(\alpha)|, \qquad \varphi = -\pi - \underline{/N_n(\alpha)}$$

ein. Die Gleichungen (127) und (128) der Harmonischen Balance sind in den Schnittpunkten der beiden Kurven C_L und C_N erfüllt. Bezüglich der Vieldeutigkeit der Phase sei an die frühere Bemerkung erinnert.

Praktisch sieht das Verfahren so aus, daß man die Kurve C_N wegen der Normierung der Funktion $N_n(\alpha)$ nicht jedes Mal neu zu konstruieren braucht, sondern ein für alle Mal zeichnet. In diese Darstellung trägt man einige Punkte von C_L ein, die man aus der Frequenzkennliniendarstellung abliest. Durch Interpolation lassen sich die Schnittparameter ω und α bzw. A leicht ermitteln.

Ein Beispiel mag dies erläutern. Es wird der Regelkreis im Bild 88 untersucht, der den gleichen Linearteil aufweist wie der Kreis im Bild 85, als Nicht-

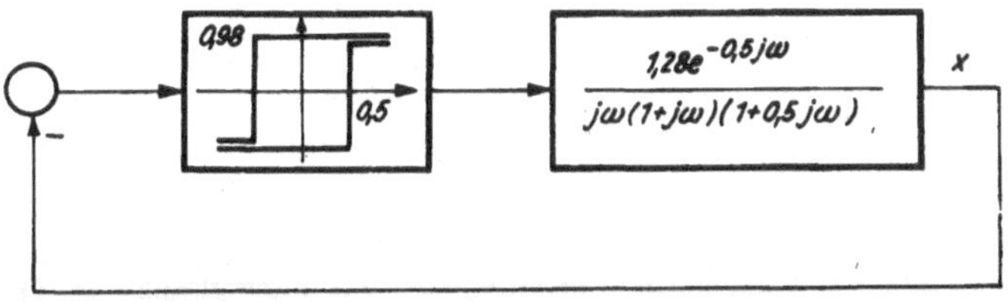

Bild 88 Nichtlinearer Regelkreis mit Hysterese und Totzeit

linearität jedoch ein Zweipunktglied mit Hysterese enthält. Dessen Parameter a und b sind so gewählt, daß der normierte Frequenzgang $L_n(j\omega)$ wiederum die Frequenzkennlinien im Bild 86 besitzt. Im Bild 89 ist die Ortskurve C_N eingezeichnet, die gemäß Bild 80 beim Zweipunktglied mit Hysterese durch

$$C_N : r = 20 \log |\alpha|, \qquad \varphi = -\pi + \operatorname{arc\,sin} \frac{1}{\alpha}, \qquad \alpha = \frac{A}{a} \geqq 1,$$

gegeben ist. Nun entnimmt man aus dem Frequenzkennlinienbild für einige ω die Werte $20 \log |L_n|$, $\underline{/L_n}$ und trägt sie in Bild 89 ein, wodurch man zu den Punkten $\omega = 0{,}3$ usw. kommt. Sie geben den Verlauf von C_L an. Um den Schnitt-

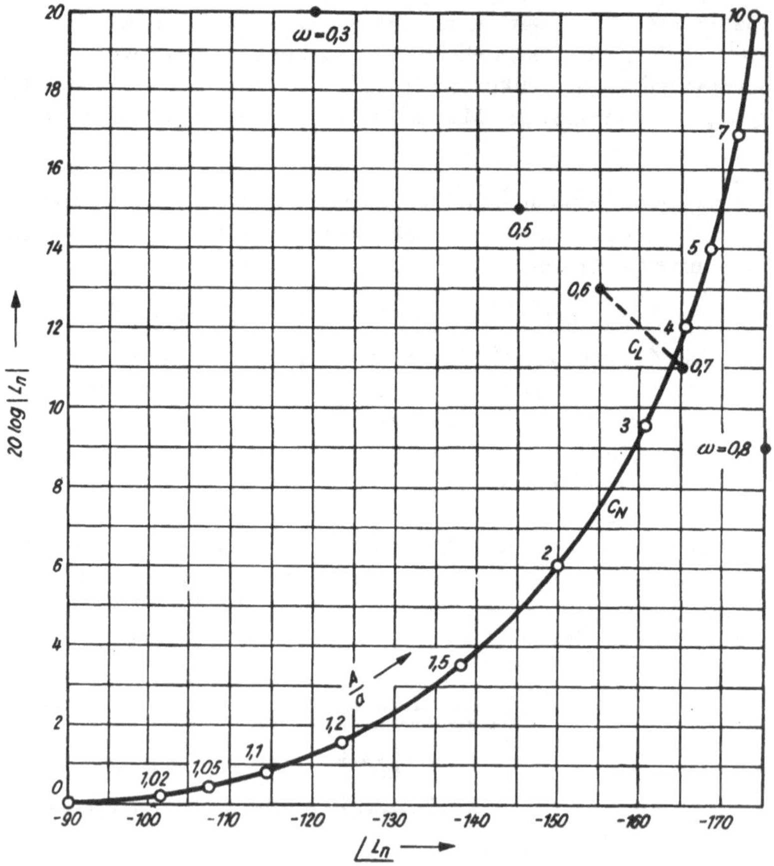

Bild 89 Nichtlineare Ortskurve des Zweipunktgliedes mit Hysterese in der Nichols-Ebene

punkt von C_L und C_N zu bestimmen, genügt es im Rahmen der hier zu erreichenden Genauigkeit, die Punkte mit $\omega = 0{,}6$ und $\omega = 0{,}7$ geradlinig zu verbinden. Durch Interpolation ergeben sich als Parameterwerte des Schnittpunktes $\omega_p = 0{,}69$ und $\alpha_p = A_p/a = 3{,}66$, also $A_p = 1{,}83$. Die Rechnerschriebe in Bild 90 bestätigen dieses Resultat.

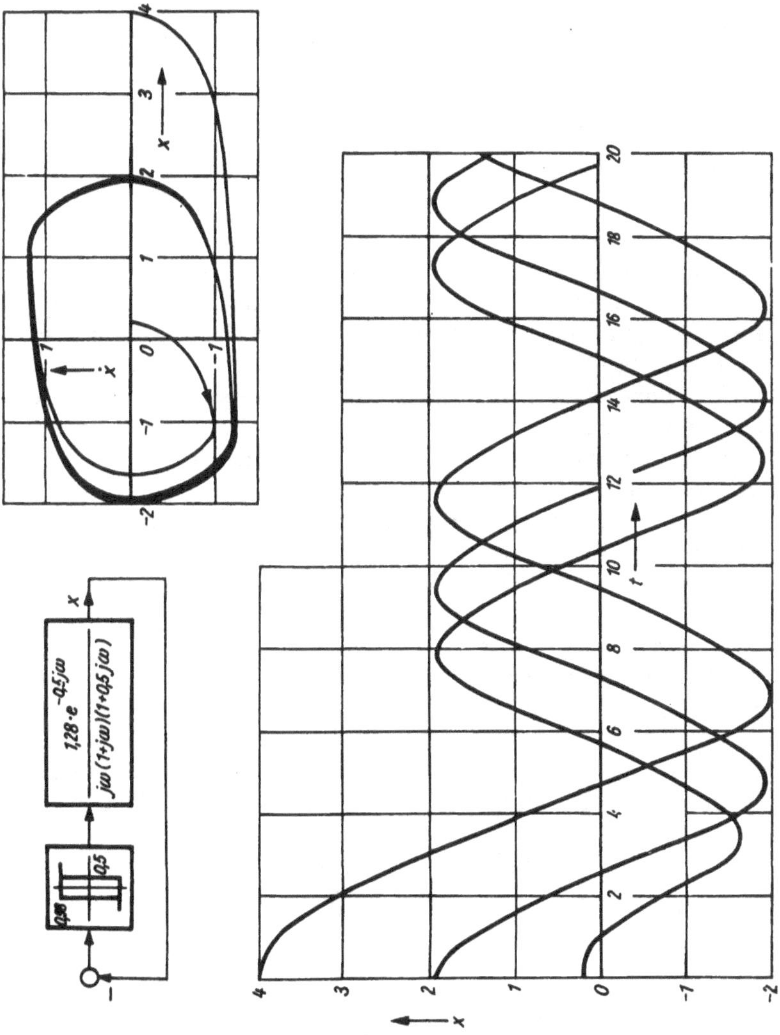

Bild 90 Dauerschwingung und Grenzzyklus des Regelkreises im Bild 88

6. Anwendung der Harmonischen Balance auf Regelkreise mit unsymmetrischer Kennlinie und konstanten Eingangsgrößen

6.1 Aufstellen der Gleichungen der Harmonischen Balance

Bisher hatten wir angenommen, daß die nichtlineare Kennlinie symmetrisch zum Ursprung liegt. Das muß nicht immer der Fall sein, wie die Ventilkennlinie im Bild 91 zeigt. Wenn eine derartige Kennlinie im Regelkreis vorhanden ist und es tritt eine Dauerschwingung in ihm auf, so wird diese nicht mehr durch eine harmonische Schwingung allein zu approximieren sein. Vielmehr wird die Unsymmetrie der Kennlinie einen zusätzlichen konstanten Term, einen „Gleichterm", erzeugen. Wenn man einen solchen aber schon berücksichtigen muß, kann man auch die Voraussetzung fallen lassen, daß keine Eingangsgröße auf den Regelkreis wirkt, und die konstante Führungsgröße $w = W_0$ zulassen. Auch eine konstante Störgröße könnte in der gleichen Weise berücksichtigt werden, wie dies im folgenden mit der konstanten Führungsgröße geschieht.

Wie das Beispiel der Ventilkennlinie im Bild 91 zeigt, kann eine unsymmetrische Kennlinie häufig *symmetrisiert*, d. h. durch geeignete Parallelverschiebung des Koordinatensystems in eine zum Ursprung symmetrische Kennlinie überführt werden. Bild 92 zeigt das für den allgemeinen Fall einer mehrdeutigen Kennlinie

(131) $$u = F(x_d, \dot{x}_d)\,.$$

Dabei ist S ihr Symmetriepunkt, das heißt, durch Spiegelung an S geht die Kennlinie in sich selbst über. Man nimmt nun eine Parallelverschiebung des

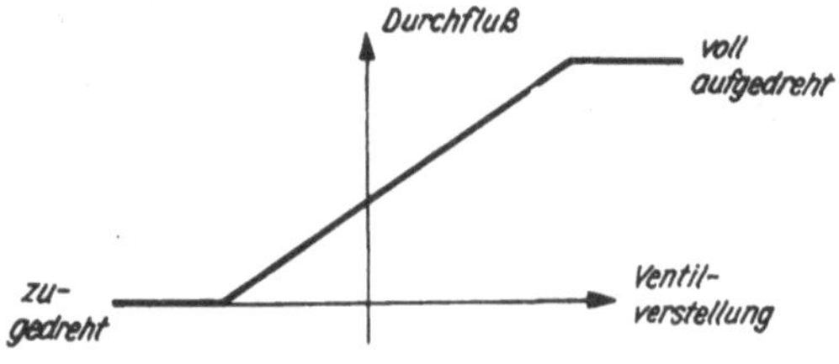

Bild 91 Ventilkennlinie als Beispiel einer unsymmetrischen Kennlinie

Koordinatensystems vor, bis sein Ursprung in S liegt. Für die neuen Koordinaten gilt dann

(132) $x_d^* = x_d - x_{dS}\,, \qquad u^* = u - u_S\,.$

Im neuen Koordinatensystem ist die Kennlinie symmetrisch:

(133) $u^* = F_S(x_d^*, \dot{x}_d^*)\,,$

wobei der Index S darauf hinweisen soll, daß die Kennlinie in den neuen Koordinaten betrachtet wird. Damit wird aus (131)

(134) $u = u_S + u^* = u_S + F_S(x_d^*, \dot{x}_d^*)\,,$

wobei

(135) $x_d^* = x_d - x_{dS}$

ist.

Berücksichtigt man noch die konstante Führungsgröße $w = W_0$, so hat man den im Bild 93 dargestellten nichtlinearen Regelkreis. Entscheidend ist dabei, daß die Nichtlinearität $u^* = F_S(x_d^*, \dot{x}_d^*)$ wieder symmetrisch ist. Die jetzt vorliegende Regelung unterscheidet sich daher von dem früheren Standardregelkreis nur durch das Auftreten der konstanten Eingangsterme W_0, x_{dS} und u_S.

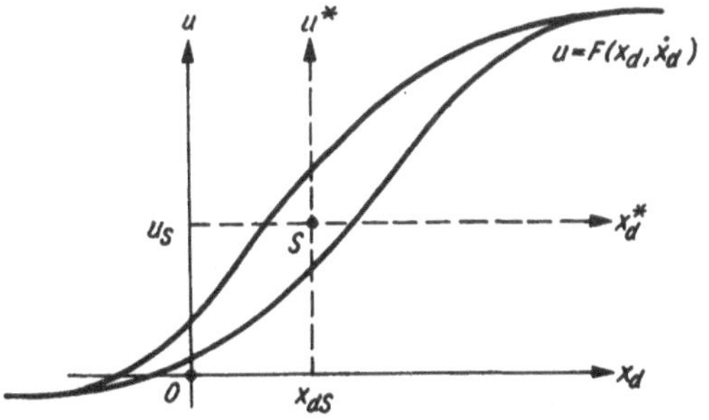

Bild 92 Symmetrisierung einer Kennlinie (S Symmetriepunkt der Kennlinie)

Wie stets bei der Harmonischen Balance gehen wir davon aus, daß sich das System im Schwingungsgleichgewicht befindet. Im Hinblick auf den Tiefpaßcharakter von $L(j\omega)$ darf man die Oberschwingungen in x und damit in x_d^* vernachlässigen. Wegen der konstanten Einspeisungen wird man zur Grundschwingung aber noch einen Gleichterm hinzufügen müssen:

(136) $x_d^* = C + A \sin \omega t = C + A \sin v\,,$

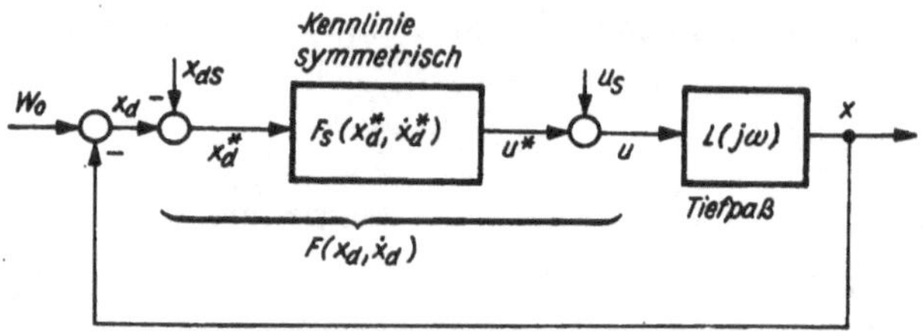

Bild 93 Regelkreis mit unsymmetrischer Nichtlinearität und konstanter Führungsgröße

wobei C zunächst unbekannt ist. u^* wird dann durch das Anfangsstück seiner Fourierentwicklung, nämlich Gleichterm und Grundschwingung, approximiert:

(137) $$u^* = U_0 + a_1 \sin \omega t + b_1 \cos \omega t = U_0 + U_1 \sin (\omega t + \varphi_1),$$

wobei also

(138) $$a_1 = U_1 \cos \varphi_1, \qquad b_1 = U_1 \sin \varphi_1$$

ist.

Hierin sind die Fourierkoeffizienten durch

(139) $$U_0 = \frac{1}{2\pi} \int_0^{2\pi} u^*(v)\, dv = \frac{1}{2\pi} \int_0^{2\pi} F_S(x_d^*, \dot{x}_d^*)\, dv = \frac{1}{2\pi} \int_0^{2\pi} F_S(C + A \sin v, \omega A \cos v)\, dv,$$

(140) $$a_1 = \frac{1}{\pi} \int_0^{2\pi} u^*(v) \sin v\, dv = \frac{1}{\pi} \int_0^{2\pi} F_S(x_d^*, \dot{x}_d^*) \sin v\, dv = \frac{1}{\pi} \int_0^{2\pi} F_S(C + A \sin v, \omega A \cos v) \sin v\, dv,$$

(141) $$b_1 = \frac{1}{\pi} \int_0^{2\pi} u^*(v) \cos v\, dv = \frac{1}{\pi} \int_0^{2\pi} F_S(C + A \sin v, \omega A \cos v) \cos v\, dv$$

gegeben. Sie hängen nun außer von A auch noch von dem Gleichterm C ab.

Führt man die Approximation (136) und (137) für x_d^* und u^* in die Struktur von Bild 93 ein, so gelangt man zum Bild 94. Es stellt den Regelkreis im Zustand der Harmonischen Balance dar. Sie besteht aber hier nicht nur in einem Gleichgewicht der harmonischen Schwingungen. Vielmehr müssen auch die Gleichterme ausbalanciert sein.

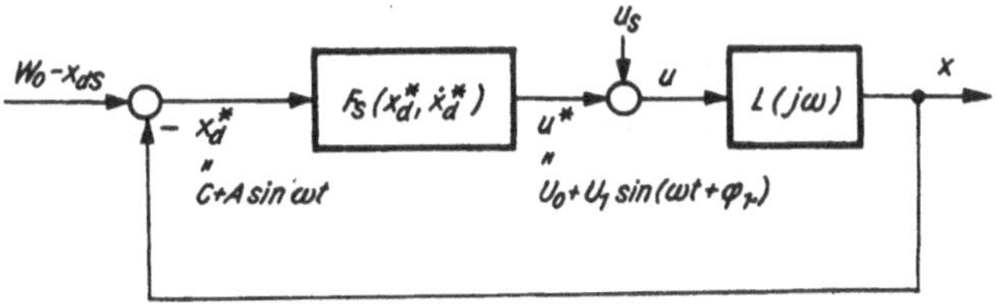

Bild 94 Regelkreis mit unsymmetrischer Nichtlinearität und konstanter Führungsgröße im Zustand der Harmonischen Balance

Betrachten wir zunächst das Gleichgewicht der harmonischen Schwingungen, wobei wir die Gleichterme ignorieren dürfen. Dann ist die Situation ganz entsprechend wie im Abschnitt 2.2. Aus der Sinusschwingung $A \sin \omega t$ am Eingang der Kennlinie wird die harmonische Ausgangsschwingung $U_1 \sin(\omega t + \varphi_1)$. Da sich die Kennlinie somit wie ein lineares Übertragungsglied verhält, kann man wie bei diesem einen „Frequenzgang" einführen, indem man den Quotienten der Zeigerdarstellungen von Aus- und Eingangsgröße bildet:*)

(142) $$\frac{\tilde{u}^*}{\tilde{x}_d^*} = \frac{U_1 e^{j(\omega t + \varphi_1)}}{A e^{j\omega t}} = \frac{U_1}{A} e^{j\varphi_1} = \frac{U_1}{A} \cos \varphi_1 + j \frac{U_1}{A} \sin \varphi_1 = \frac{a_1}{A} + j \frac{b_1}{A},$$

letzteres wegen (138). Da a_1 und b_1 von A und C abhängen, ist dieser Ausdruck eine Funktion von A und C. Wegen (140) und (141) erhält man für ihn

(143) $$N_1(A, C) = \frac{a_1(A, C)}{A} + j \frac{b_1(A, C)}{A} = R_1(A, C) + jI_1(A, C)$$

mit

(144) $$R_1(A, C) = \frac{1}{\pi A} \int_0^{2\pi} u^*(v) \sin v \, dv = \frac{1}{\pi A} \int_0^{2\pi} F_S(C + A \sin v, \omega A \cos v) \sin v \, dv,$$

*) Dabei sind die Zeigerdarstellungen wie schon früher durch das ~-Symbol charakterisiert.

(145) $$I_1(A, C) = \frac{1}{\pi A} \int_0^{2\pi} u^*(v) \cos v \, dv =$$

$$= \frac{1}{\pi A} \int_0^{2\pi} F_S(C + A \sin v, \omega A \cos v) \cos v \, dv \, .$$

Dieser Ausdruck entspricht genau der Beschreibungsfunktion des Falles ohne Gleichterme und sei deshalb ebenfalls als *Beschreibungsfunktion* bezeichnet.

Damit folgt aus (142)

(146) $$\tilde{u}^* = N_1(A, C) \, \tilde{x}_d^* \, .$$

Diese Gleichung gibt an, wie die Grundschwingung durch die Nichtlinearität im Zustand des Schwingungsgleichgewichtes übertragen wird. Für das lineare Teilsystem gilt nach Bild 94 wie üblich

(147) $$\tilde{x} = L(j\omega) \, \tilde{u}^* \, ,$$

da ja die Gleichterme bei der Balance der harmonischen Schwingungen keine Rolle spielen. Aus dem gleichen Grund gilt schließlich noch die Beziehung

(148) $$\tilde{x}_d^* = -\tilde{x} \, .$$

Setzt man (148) in (146) und diese Gleichung dann in (147) ein, so entsteht die Beziehung

$$\tilde{x} = L(j\omega) \, N_1(A, C) \, (-\tilde{x}) \, .$$

Aus ihr folgt sofort die Gleichung

(149) $$L(j\omega) \, N_1(A, C) = -1 \, .$$

Sie entspricht genau der Gleichung (66), die wir dort als *Gleichung der Harmonischen Balance* bezeichnet hatten.

Jetzt muß aber zur Gleichung (149), welche aus der Balance der Sinusschwingung folgt, noch eine weitere Beziehung hinzutreten, in der die Balance der Gleichterme zum Ausdruck kommt. Man erhält sie aus dem Bild 94, wenn man beim Gleichterm C von x_d^* beginnt und entgegen der Wirkungsrichtung bis zum Gleichterm U_0 von u^* zurückgeht, also die Nichtlinearität beim Durchlaufen des Regelkreises gerade ausspart. Dabei werden jetzt die harmonischen Schwingungen ignoriert. Es gilt dann

(150) $$C = W_0 - x_{dS} - x_G \, ,$$

(151) $$x_G = L(0) \, (U_0 + u_S) \, .$$

Dabei bezeichnet x_G den Gleichterm von x. Er ergibt sich als konstante Ausgangsgröße des linearen Teilsystems unter der Einwirkung der konstanten Eingangsgröße $U_0 + u_S$. Deshalb muß er gleich $L(0)\,(U_0 + u_S)$ sein. Durch Einsetzen von (151) in (150) folgt

(152) $$C = W_0 - x_{dS} - L(0)\,(U_0 + u_S)\,.$$

Hierin ist U_0 durch (139) gegeben, also ebenfalls eine Funktion von A und C. Sie stellt gewissermaßen *eine weitere Beschreibungsfunktion* dar, die erforderlich ist, um die Balance der Gleichterme zu beschreiben. Sie sei deshalb mit $N_0(A, C)$ bezeichnet:

(153) $$U_0 = N_0(A, C) = \frac{1}{2\pi}\int_0^{2\pi} u^*(v)\,\mathrm{d}v = \frac{1}{2\pi}\int_0^{2\pi} F_S(C + A\sin v, \omega A\cos v)\,\mathrm{d}v\,.$$

Für (152) kann man dann schreiben.

(154) $$N_0(A, C) = \frac{1}{L(0)}(W_0 - x_{dS} - C) - u_S\,.$$

Damit hat man neben (149) eine *zweite Gleichung der Harmonischen Balance. Sie bringt die Balance der Gleichterme zum Ausdruck, während (149) die Balance der Grundschwingungen demonstriert.*

Während (149) eine komplexe Gleichung darstellt, mithin einem Paar reeller Gleichungen entspricht, ist gemäß (153) $N_0(A, C)$ und damit auch die Gleichung (154) reell. Insgesamt hat man so mit den beiden Gleichungen der Harmonischen Balance drei reelle Gleichungen zur Berechnung der gesuchten Schwingungsparameter A, C und ω.

Um sie zu lösen, muß man natürlich zunächst die Beschreibungsfunktionen $N_0(A, C)$ und $N_1(A, C)$ kennen. Sie sind ganz entsprechend wie früher zu berechnen (Abschnitt 2.3), und zwar für die symmetrische Kennlinie $F_S(x_d^*, \dot{x}_d^*)$, wobei aber $x_d^* = C + A\sin v$ jetzt den Gleichterm C enthält. Zunächst kann man das allgemeine Resultat (69) über den Imaginärteil der Beschreibungsfunktion ohne weiteres auch jetzt herleiten:

(154) $$I_1(A, C) = \operatorname{Im} N_1(A, C) = -\frac{S}{\pi A^2},$$

wobei S die von der Hystereseschleife umschlossene Fläche ist, und zwar so umlaufen, daß sie zur Linken liegt. Daraus folgt auch hier sofort weiter:

(155) Ist die Kennlinie eindeutig, also $S = 0$, so ist $\operatorname{Im} N_1(A, C) = 0$, d. h. $N_1(A, C)$ reell.

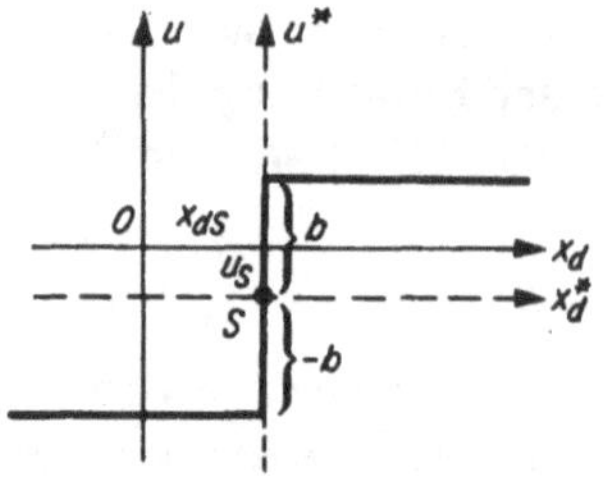

Bild 95 Unsymmetrische Zweipunktkennlinie

Für $N_0(A, C)$ und Re $N_1(A, C)$ gibt es leider keine so einfachen allgemeinen Formeln. Wie die Berechnung im einzelnen erfolgt, sei am Beispiel der unsymmetrischen Zweipunktkennlinie aus Bild 95 erläutert. Dazu trägt man, wie dies im Bild 96 skizziert ist, $x_d^* = C + A \sin v$ über der v-Achse auf. Ist diese Funktion positiv, so ist $u^* = b$, ist sie negativ, so ist $u^* = -b$, da ja x_d^* Argument der *symmetrisierten* Zweipunktkennlinie ist. Die so entstehende Funktion $u^*(v)$ ist im Bild 96 dick eingezeichnet. Dabei ist δ durch die Gleichung $C + A \sin(\pi + \delta) = 0$ gegeben, so daß

$$\text{(156)} \qquad \sin \delta = \frac{C}{A}$$

ist.

Damit folgt aus (153)

$$N_0(A, C) = \frac{1}{2\pi}\left[\int_0^{\pi+\delta} b \,\mathrm{d}v + \int_{\pi+\delta}^{2\pi-\delta} (-b)\,\mathrm{d}v + \int_{2\pi-\delta}^{2\pi} b\,\mathrm{d}v\right] = \frac{2b}{\pi}\,\delta\,.$$

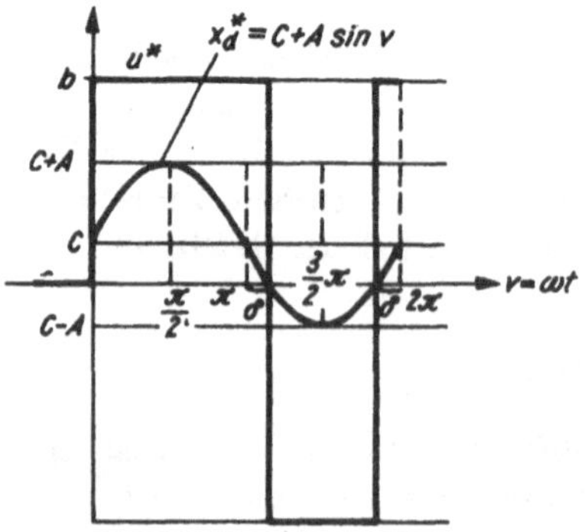

Bild 96 Zur Berechnung der Beschreibungsfunktionen für die unsymmetrische Zweipunktkennlinie

Wegen (156) wird daraus endgültig

(157) $$N_0(A, C) = \frac{2b}{\pi} \arcsin \frac{C}{A} .$$

Nach Bild 96 liegt δ sicher zwischen $-\pi/2$ und $+\pi/2$. Daher ist bei der arc sin-Funktion der Hauptwert zu nehmen.

Weiterhin bekommt man aus (144), wiederum mit der Funktion $u^*(v)$ aus Bild 96:

$$R_1(A, C) = \frac{1}{\pi A}\left[\int_0^{\pi+\delta} b \sin v \, dv + \int_{\pi+\delta}^{2\pi-\delta} (-b) \sin v \, dv + \int_{2\pi-\delta}^{2\pi} b \sin v \, dv\right] =$$
$$= \frac{4b}{\pi A} \cos \delta = \frac{4b}{\pi A} \sqrt{1 - \sin^2 \delta} .$$

Setzt man wiederum (156) ein, so hat man das Ergebnis

(158) $$R_1(A, C) = \frac{4b}{\pi A} \sqrt{1 - \left(\frac{C}{A}\right)^2} .$$

Vergleicht man das Resultat mit der Beschreibungsfunktion der symmetrischen Zweipunktkennlinie, so sieht man, daß die Formelausdrücke durch die Unsymmetrie komplizierter werden. Im Bild 97 sind die Beschreibungsfunktionen $N_0(A, C)$ und $N_1(A, C)$ für die gängigsten eindeutigen Kennlinien zusammengestellt, und zwar in normierter Gestalt. Dazu ist an Stelle von A die normierte Amplitude $\alpha = A/p_1$ und an Stelle von C der normierte Gleichwert $\gamma = C/p_2$ eingeführt, wobei p_1 und p_2 Parameter der Kennlinie sind. Dann kann man die beiden Beschreibungsfunktionen in der Form

$$N_0(A, C) = k_0 n_0(\alpha, \gamma) , \qquad N_1(A, C) = k_1 n_1(\alpha, \gamma)$$

schreiben, wobei die k_i konstante Faktoren darstellen, während die $n_i(\alpha, \gamma)$ parameterfrei sind, also außer den Variablen α und γ nur noch feste Zahlen enthalten.

6.2 Lösung der Gleichungen der Harmonischen Balance

Man hat nun die Gleichungen (149) und (154) zu lösen. Zerspaltet man (149) in Real- und Imaginärteil, so erhält man die reellen Gleichungen

(159) $$\operatorname{Re} N_1(A, C) = - \operatorname{Re} L^{-1}(j\omega) ,$$

(160) $$\operatorname{Im} N_1(A, C) = - \operatorname{Im} L^{-1}(j\omega) ,$$

(161) $$N_0(A, C) = \frac{1}{L(0)} (W_0 - x_{dS} - C) - u_S .$$

Symmetrisierte Kennlinie	α γ	k_0 k_1	$n_0(\alpha, \gamma)$ $n_1(\alpha, \gamma)$	
Zweipunktglied 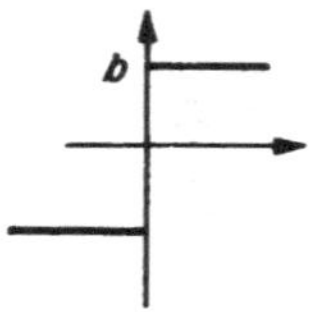	$\frac{A}{1}$	b	$\frac{2}{\pi} \arcsin \frac{\gamma}{\alpha}$	$\alpha > 0, \; \lvert\gamma\rvert \leqq \alpha$
	$\frac{C}{1}$	b	$\frac{4}{\pi} \frac{1}{\alpha} \sqrt{1 - \frac{\gamma^2}{\alpha^2}}$	
Dreipunktglied 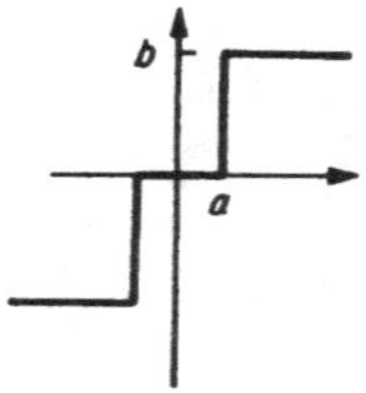	$\frac{A}{a}$	b	$\frac{1}{\pi}\left[\frac{\pi}{2} - \arcsin \frac{1-\gamma}{\alpha}\right]$	$1 + \lvert\gamma\rvert \geqq \alpha \geqq \lvert 1 - \lvert\gamma\rvert \rvert$
			$\frac{2}{\pi} \sqrt{1 - \left(\frac{1-\gamma}{\alpha}\right)^2}$	
	$\frac{C}{a}$	$\frac{b}{a}$	$\frac{1}{\pi} \arcsin\left[\frac{1+\gamma}{\alpha}\sqrt{1-\left(\frac{1-\gamma}{\alpha}\right)^2} - \frac{1-\gamma}{\alpha}\sqrt{1-\left(\frac{1+\gamma}{\alpha}\right)^2}\right]$	$\alpha \geqq 1$ $\lvert\gamma\rvert \leqq \alpha - 1$
			$\frac{2}{\pi} \frac{1}{\alpha}\left[\sqrt{1-\left(\frac{1-\gamma}{\alpha}\right)^2} + \sqrt{1-\left(\frac{1+\gamma}{\alpha}\right)^2}\right]$	

Begrenzung 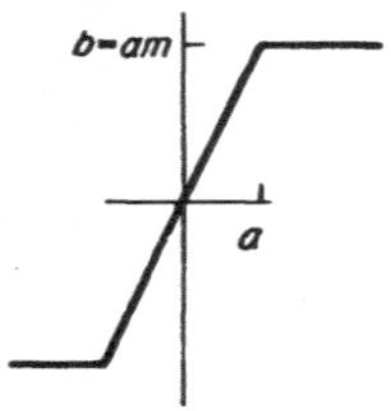			$\frac{1}{\pi}\left[(\gamma-1)\arcsin\frac{1-\gamma}{\alpha}-\alpha\sqrt{1-\left(\frac{1-\gamma}{\alpha}\right)^2}+(1+\gamma)\frac{\pi}{2}\right]$	$1+\lvert\gamma\rvert \geqq \alpha \geqq \lvert 1-\lvert\gamma\rvert\rvert$
	$\frac{A}{a}$	am	$\frac{1}{\pi}\left[\arcsin\frac{1-\gamma}{\alpha}+\frac{\pi}{2}+\frac{1-\gamma}{\alpha}\sqrt{1-\left(\frac{1-\gamma}{\alpha}\right)^2}\right]$	
	$\frac{C}{a}$	m	$\frac{1}{\pi}\left[(\gamma-1)\arcsin\frac{1-\gamma}{\alpha}+(1+\gamma)\arcsin\frac{1+\gamma}{\alpha}+\alpha\left(\sqrt{1-\left(\frac{1+\gamma}{\alpha}\right)^2}-\sqrt{1-\left(\frac{1-\gamma}{\alpha}\right)^2}\right)\right]$	
			$\frac{1}{\pi}\left[\arcsin\frac{1-\gamma}{\alpha}+\arcsin\frac{1+\gamma}{\alpha}+\frac{1+\gamma}{\alpha}\sqrt{1-\left(\frac{1+\gamma}{\alpha}\right)^2}+\frac{1-\gamma}{\alpha}\sqrt{1-\left(\frac{1-\gamma}{\alpha}\right)^2}\right]$	$\alpha \geqq 1$ $\lvert\gamma\rvert \leqq \alpha-1$
Totzone 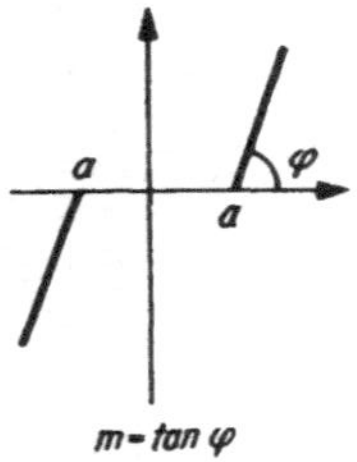			$\frac{1}{\pi}\left[\frac{\pi}{2}(\gamma-1)-(\gamma-1)\arcsin\frac{1-\gamma}{\alpha}+\alpha\sqrt{1-\left(\frac{1-\gamma}{\alpha}\right)^2}\right]$	$1+\lvert\gamma\rvert \geqq \alpha \geqq \lvert 1-\lvert\gamma\rvert\rvert$
	$\frac{A}{a}$	am	$\frac{1}{\pi}\left[\frac{\pi}{2}-\arcsin\frac{1-\gamma}{\alpha}-\frac{1-\gamma}{\alpha}\sqrt{1-\left(\frac{1-\gamma}{\alpha}\right)^2}\right]$	
	$\frac{C}{a}$	m	$\frac{1}{\pi}\left[\pi-(\gamma-1)\arcsin\frac{1-\gamma}{\alpha}-(\gamma+1)\arcsin\frac{1+\gamma}{\alpha}+\alpha\left(\sqrt{1-\left(\frac{1-\gamma}{\alpha}\right)^2}-\sqrt{1-\left(\frac{1+\gamma}{\alpha}\right)^2}\right)\right]$	
			$\frac{1}{\pi}\left[\pi-\arcsin\frac{1-\gamma}{\alpha}-\arcsin\frac{1+\gamma}{\alpha}+\frac{1-\gamma}{\alpha}\sqrt{1-\left(\frac{1-\gamma}{\alpha}\right)^2}+\frac{1+\gamma}{\alpha}\sqrt{1-\left(\frac{1+\gamma}{\alpha}\right)^2}\right]$	$\alpha \geqq 1$ $\lvert\gamma\rvert \leqq \alpha-1$

Bild 97 Normierte Beschreibungsfunktionen häufiger Kennlinientypen bei Vorhandensein von Gleichtermen (arc sin = Hauptwert)

Ist die *Kennlinie eindeutig*, so wird nach (155) $\operatorname{Im} N_1(A, C) = 0$ und damit vereinfacht sich (160) zu

$$\text{(162)} \qquad \operatorname{Im} L^{-1}(j\omega) = 0\,.$$

Durch Auflösen dieser algebraischen Gleichung erhält man die Frequenzen ω_p der gesuchten Dauerschwingungen. Setzt man sie in (159) ein, so hat man ein gekoppeltes System, das nur noch zwei Gleichungen mit den beiden Unbekannten A und C enthält. Wegen $\operatorname{Re} N_1(A, C) = N_1(A, C)$ kann man dafür schreiben:

$$\text{(163)} \qquad N_1(A, C) = -\operatorname{Re} L^{-1}(j\omega_p)\,,$$

$$\text{(164)} \qquad N_0(A, C) = \frac{1}{L(0)}(W_0 - x_{dS} - C) - u_S\,.$$

Eine weitere Vereinfachung tritt dann ein, wenn *das lineare Teilsystem ein I-Glied enthält*. Da alsdann $|L(0)| = \infty$ gesetzt werden darf, wird aus den letzten Gleichungen

$$\text{(165)} \qquad N_1(A, C) = -\operatorname{Re} L^{-1}(j\omega_p)\,,$$

$$\text{(166)} \qquad N_0(A, C) = -u_S\,.$$

Wenn es sich bei der Nichtlinearität um eine *Zweipunktkennlinie* handelt, ist dann eine geschlossene Lösung möglich. Wegen (157) und (158) hat man die Gleichungen

$$\text{(167)} \qquad \frac{4b}{\pi A}\sqrt{1-\left(\frac{C}{A}\right)^2} = -\operatorname{Re} L^{-1}(j\omega_p)\,,$$

$$\text{(168)} \qquad \frac{2b}{\pi}\arcsin\frac{C}{A} = -u_S \quad \text{bzw.} \quad \arcsin\frac{C}{A} = -\frac{\pi u_S}{2b}\,.$$

Dann ist

$$\text{(169)} \qquad \frac{C}{A} = -\sin\frac{\pi u_S}{2b}\,.$$

Das gibt, in (167) eingesetzt,

$$\frac{4b}{\pi A}\cos\frac{\pi u_S}{2b} = -\operatorname{Re} L^{-1}(j\omega_p)\,.$$

Damit ist die Amplitude A_p bekannt:

$$\text{(170)} \qquad A_p = \frac{4b}{-\pi \operatorname{Re} L^{-1}(j\omega_p)}\cos\frac{\pi u_S}{2b}\,.$$

Wie (167) zeigt, ist Re $L^{-1}(j\omega_p)$ negativ, da die linke Seite dieser Gleichung positiv ist. Daher ist der Nenner in (170) positiv. Setzt man nun (170) in (169) ein, so erhält man auch den gesuchten Gleichterm:

$$C_p = \frac{4b}{\pi \operatorname{Re} L^{-1}(j\omega_p)} \cos \frac{\pi u_S}{2b} \sin \frac{\pi u_S}{2b},$$

wofür man wegen $2 \cos \alpha \sin \alpha = \sin 2\alpha$ auch

(171) $$C_p = \frac{2b}{\pi \operatorname{Re} L^{-1}(j\omega_p)} \sin \frac{\pi u_S}{b}$$

schreiben kann.

Wie bei der Berechnung von N_1 bemerkt, handelt es sich bei der arc sin-Funktion in (168) um den Hauptwert, der also zwischen $-\pi/2$ und $\pi/2$ liegen muß. Daher folgt aus (168), daß eine Dauerschwingung nur dann auftreten kann, wenn $|u_S| < b$ gilt (für $u_S = \pm b$ ist $A_p = 0$). Das bedeutet nach Bild 95: Eine Dauerschwingung ist nur möglich, wenn die Stellgröße u das Vorzeichen wechselt.

Übrigens kann auch hier bei einem Verzögerungssystem 2. Ordnung noch keine Dauerschwingung auftreten. Dann ist nämlich $L^{-1}(j\omega) = a_0 + a_1(j\omega) + a_2(j\omega)^2$, also Im $L^{-1}(j\omega) = a_1\omega$, woraus $\omega_p = 0$ folgt.

So einfach wie in dem oben behandelten Beispiel ist die Lösung der Gleichungen (159) bis (161) sonst nicht. Im allgemeinen Fall wird man dieses gekoppelte System von drei nichtlinearen Gleichungen nur numerisch lösen können. Die Schwierigkeit besteht dann vor allem darin, daß man keine Vorstellung von geeigneten Ausgangsnäherungen hat, mit denen das numerische Verfahren beginnen kann. Es ist daher nützlich, daß *für die gängisten eindeutigen Kennlinien ein einfaches grafisches Verfahren* zur Verfügung steht.*)

Wir gehen dazu von den Gleichungen (163), (164) aus und führen die (oben definierten) normierten Beschreibungsfunktionen ein:

(172) $$n_1(\alpha, \gamma) = \varrho,$$

(173) $$n_0(\alpha, \gamma) = -c\gamma + q$$

mit den bekannten Zahlen

(174) $$\begin{cases} \varrho = -\dfrac{1}{k_1} \operatorname{Re} L^{-1}(j\omega_p), \\[2ex] c = \dfrac{p_2}{k_0 L(0)}, \\[2ex] q = \dfrac{1}{k_0}\left[\dfrac{W_0 - x_{dS}}{L(0)} - u_S\right]. \end{cases}$$

*) Siehe hierzu O. Föllinger—M. Pandit: Anwendung der Harmonischen Balance beim Vorhandensein von Gleichtermen. Regelungstechnik **20** (1972), S. 237—246.

Dabei sind k_0, k_1 Parameter der Kennlinie und p_1, p_2 die Normierungswerte aus $\alpha = A/p_1$, $\gamma = C/p_2$. Alle diese Werte sind aus Bild 97 zu entnehmen.

Um nun die Gln. (172) und (173) in einfacher Weise grafisch lösen zu können, geht man zu den Umkehrfunktionen von

$$n_0 = n_0(\alpha, \gamma), \qquad n_1 = n_1(\alpha, \gamma)$$

über, die mit

$$\alpha = \alpha(n_0, n_1), \qquad \gamma = \gamma(n_0, n_1)$$

bezeichnet seien. Dann kann man diese Gleichungen so interpretieren: Gesucht sind Werte α, γ, n_0, n_1, für welche die vier Gleichungen

$$(175) \qquad \begin{cases} \alpha = \alpha(n_0, n_1), \\ \gamma = \gamma(n_0, n_1), \\ n_1 = \varrho, \\ n_0 = -c\gamma + q \end{cases}$$

mit gegebenen Zahlen ϱ, c, q erfüllt sind.

Jetzt denke man sich die Umkehrfunktionen jede für sich als Kurvenschar in einem rechtwinkligen Koordinatensystem dargestellt, wobei n_0 die Abszisse, α bzw. γ die Ordinate und n_1 der Scharparameter ist. Man erhält so Bild 98. Lage und Gestalt der Kurvenscharen ergeben sich aus den Eigenschaften der Beschreibungsfunktionen. Insbesondere ist die α-Schar symmetrisch zur Ordinatenachse, die γ-Schar hingegen symmetrisch zum Ursprung. Da die Funktionen $\alpha(n_0, n_1)$ und $\gamma(n_0, n_1)$ parameterfrei sind, kann man diese Kurvenscharen ein für alle Mal für den gesamten Kennlinientyp aufzeichnen und hat sie dann immer zur Verfügung. In beiden Kurvenscharen greift man nun die Kurve mit dem Scharparameter $n_1 = \varrho$ heraus (im Bild 98 stark ausgezogen). Dann zeichnet man in die Ebene der γ-Schar die Gerade

$$g: n_0 = -c\gamma + q \quad \text{bzw.} \quad \gamma = -\frac{1}{c} n_0 + \frac{q}{c}, \qquad c > 0,$$

ein, wie dies im Bild 98a geschehen ist. Ihr Schnittpunkt mit der Kurve $n_1 = \varrho$ liefert den Lösungswert γ_p. Übertragt man die Schnittabszisse n_{0p} in das α-Tableau, so erhält man den zweiten Lösungswert α_p. Damit sind die Gleichungen (172/3) der Harmonischen Balance grafisch gelöst. Für die ursprünglichen Werte der Amplitude und des Gleichterms der Dauerschwingungen erhält man

$$A_p = p_1 \alpha_p, \qquad x_{d0} = x_{ds} + C_p = x_{ds} + p_2 \gamma_p.$$

Wie man sieht, ist der Aufwand für die Behandlung eines konkreten Problems äußerst gering, wenn die Kurvenblätter für den betrachteten Kennlinientyp vor-

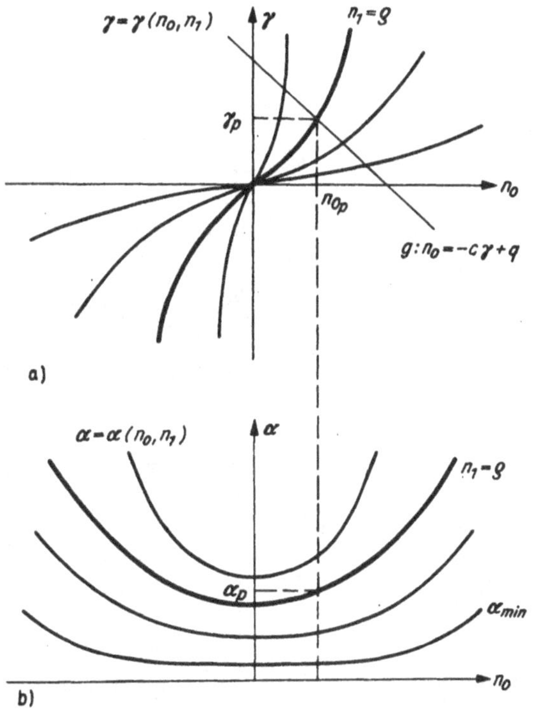

Bild 98 Lösung der Gleichungen der Harmonischen Balance bei Auftreten von Gleichtermen

liegen. In den Bildern 99 und 100 sind sie für das Zweipunktglied und die Begrenzung angegeben. Für Dreipunktglied und Totzone findet man sie in der oben zitierten Arbeit.

Der Regelkreis im Bild 101 mag die Anwendung zeigen. Wegen

$$L^{-1}(s) = \frac{1}{1{,}5}(1 + 0{,}8\,s + 1{,}15\,s^2 + 0{,}5\,s^3)$$

ist

$$\operatorname{Im} L^{-1}(j\omega) = \frac{\omega}{1{,}5}(0{,}8 - 0{,}5\,\omega^2)\,,$$

woraus $\omega_p^2 = 1{,}6$ und $\omega_p = 1{,}26$ folgt. Damit wird

$$\operatorname{Re} L^{-1}(j\omega_p) = \frac{1}{1{,}5}(1 - 1{,}15\,\omega_p^2) = -0{,}56\,.$$

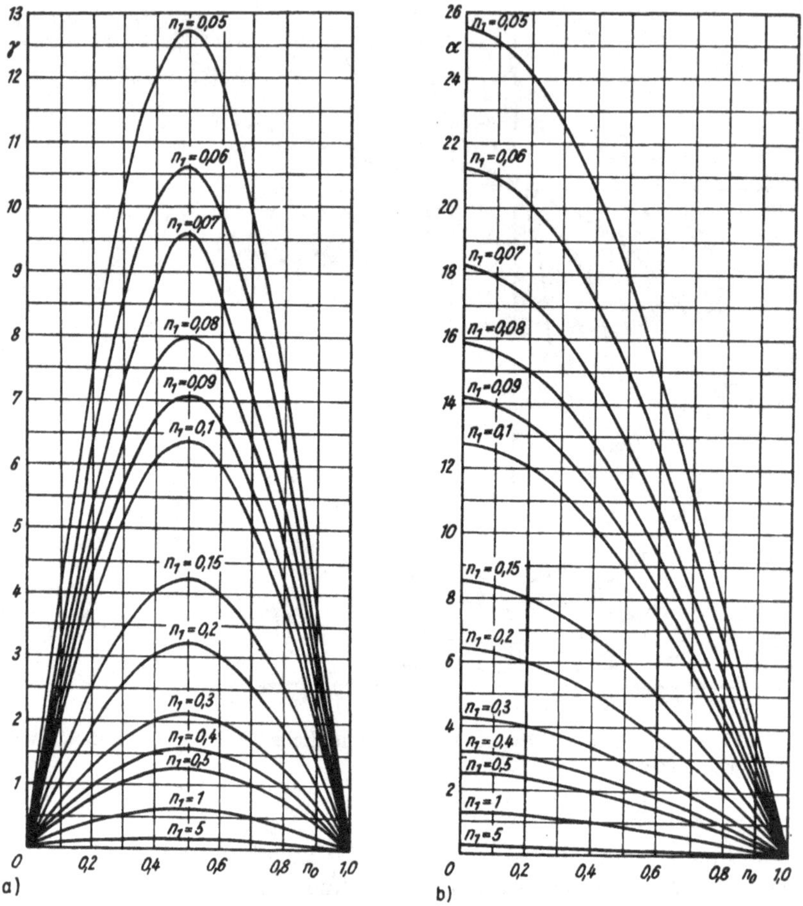

Bild 99 Inverse Beschreibungsfunktionen für das Zweipunktglied
a) γ-Schar, symmetrisch zum Ursprung
b) α-Schar, symmetrisch zur Ordinatenachse

Zur Berechnung der Zahlenwerte (174) liest man aus Bild 101 für die *symmetrisierte* Kennlinie

$$x_{dS} = 0{,}5; \qquad u_S = 1{,}5; \quad \text{(Symmetriepunkt)}$$

$$a = 0{,}5; \qquad b = ma = 1{,}5; \qquad m = 3$$

ab. Aus Bild 97 erhält man damit für die Begrenzungskennlinie

$$p_1 = p_2 = a = 0{,}5; \qquad k_0 = am = 1{,}5; \qquad k_1 = m = 3\,.$$

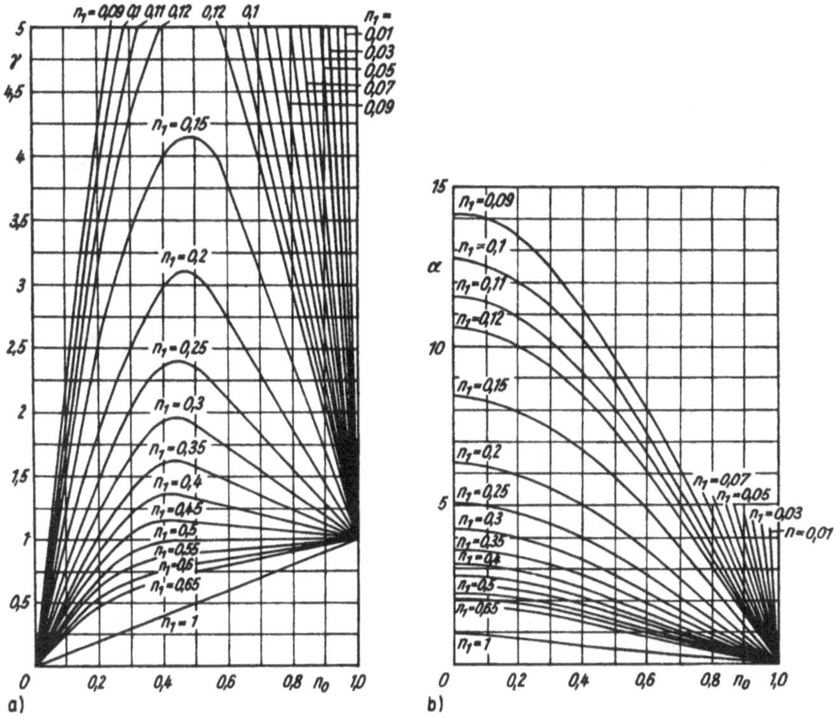

Bild 100 Inverse Beschreibungsfunktionen für die Begrenzung
a) γ-Schar, symmetrisch zum Ursprung
b) α-Schar, symmetrisch zur Ordinatenachse

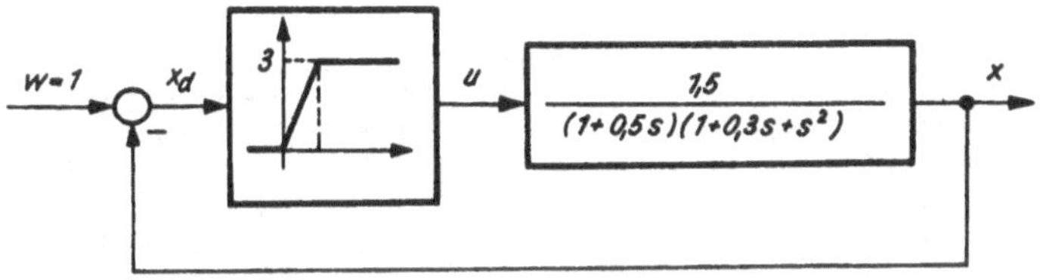

Bild 101 Regelkreis mit einseitiger Begrenzung

Aus (174) erhält man so

$$\varrho = 0{,}187; \qquad c = 0{,}222; \qquad q = -0{,}778$$

und damit für die Gerade *g*

$$\frac{n_0}{-0{,}78} + \frac{\gamma}{-3{,}5} = 1\,.$$

Da die γ-Kurven symmetrisch zum Ursprung sind, nimmt man statt dieser Geraden die am Ursprung gespiegelte Gerade

$$\hat{g} : \frac{n_0}{0{,}78} + \frac{\gamma}{3{,}5} = 1 .$$

Ihr Schnittpunkt mit der durch $n_1 = \varrho = 0{,}187$ bestimmten Kurve im Bild 100 (man interpoliert längs $\hat{g}$ zwischen den Parametern $n_1 = 0{,}15$ und $n_1 = 0{,}2$) liefert dann die Werte

$$-n_{0p} = 0{,}24 ,$$
$$-\gamma_p = 2{,}43 .$$

Mit diesem n_{0p}-Wert erhält man aus dem Bild 100b wegen der Symmetrie der α-Kurvenschar zur α-Achse

$$\alpha_p = 6{,}5 .$$

Daraus folgt für die Dauerschwingung

$$\omega_p = 1{,}26 ,$$
$$A_p = p_1\alpha_p = 3{,}25 ,$$
$$x_{d0} = x_{ds} + p_2\gamma_p = -0{,}72 .$$

Analogrechnerschriebe dieses Regelkreises zeigt Bild 102. Aus ihm liest man für den eingeschwungenen Zustand ab:

$$\omega_p = 1{,}31 ,$$
$$A_p = 3{,}3 ,$$
$$x_{d0} = 1 - x_0 = 1 - 1{,}7 = -0{,}7 .$$

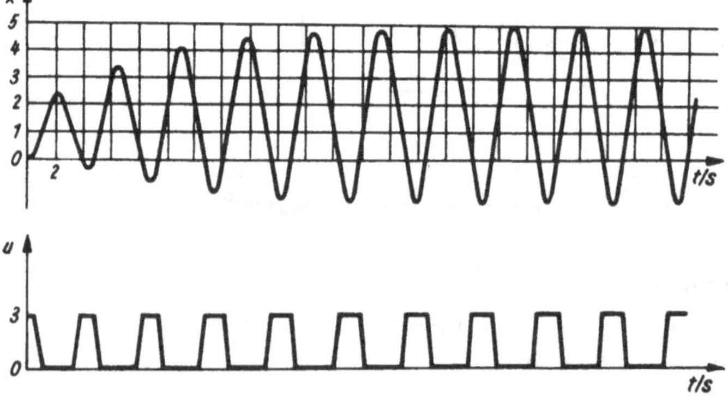

Bild 102 Rechnerschriebe zum Regelkreis von Bild 101

7. Anwendung der Harmonischen Balance auf Regelkreise mit mehreren Kennlinien

7.1 In Reihe gelegene Kennlinien

Treten in einem Regelkreis zwei Kennlinien auf und liegen sie unmittelbar hintereinander — ein Fall, der wohl selten vorkommen wird — so kann man sie zu *einer* Kennlinie zusammenfassen. Dann wird aus $u = F_1(x_d)$, $y = F_2(u)$ die mittelbare Funktion $y = F_2(F_1(x_d))$. Man ist dann wieder beim nichtlinearen Standardregelkreis.

Wir können uns daher auf den Fall beschränken, daß die Kennlinien durch lineare Übertragungsglieder getrennt werden. Bild 103 zeigt eine derartige Regelung mit zwei Nichtlinearitäten. Treten mehr als zwei Nichtlinearitäten auf, so können die folgenden Betrachtungen geradlinig übertragen werden.

Für jede Kennlinie und für jedes lineare Teilsystem sollen die Voraussetzungen gelten, die im Abschnitt 2.2 gemacht wurden. Insbesondere soll also *jedes* lineare Teilsystem genügend starken Tiefpaßcharakter haben, damit die Eingangsschwingung jeder Nichtlinearität mit hinreichender Genauigkeit durch die Grundschwingung approximiert werden kann.

Im Zustand des Schwingungsgleichgewichtes ist dann

$$x_d = A \sin \omega t \,, \qquad y = B \sin (\omega t + \varphi) \,. \tag{176}$$

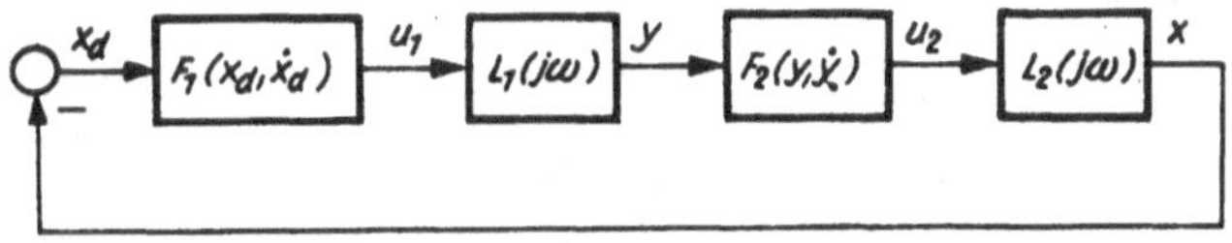

Bild 103 Regelkreis mit zwei Nichtlinearitäten in Reihe

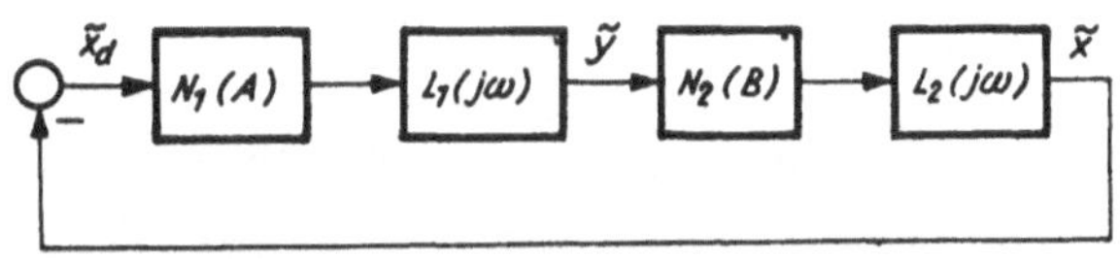

Bild 104 Regelkreis mit zwei Kennlinien im Zustand der Harmonischen Balance

Genau wie im Abschnitt 2.2 kann man nun für jede der beiden Kennlinien die Beschreibungsfunktion als Ersatzfrequenzgang einführen. Dabei spielt die Phasenverschiebung φ der Eingangsschwingung von F_2 keine Rolle. Man erhält so

(177) $$N_1(A) = \frac{1}{\pi A}\int_0^{2\pi} F_1(A\sin v, \omega A\cos v)\sin v\,dv + j\frac{1}{\pi A}\int_0^{2\pi} F_1(A\sin v, \omega A\cos v)\cos v\,dv\,,$$

(178) $$N_2(B) = \frac{1}{\pi B}\int_0^{2\pi} F_2(B\sin v, \omega B\cos v)\sin v\,dv + j\frac{1}{\pi B}\int_0^{2\pi} F_2(B\sin v, \omega B\cos v)\cos v\,dv\,.$$

Der Regelkreis im Zustand der Harmonischen Balance kann nunmehr durch Bild 104 beschrieben werden, wobei das ~-Symbol wiederum die Zeigerdarstellungen kennzeichnet. Aus dem Bild liest man die Beziehung

$$\tilde{x} = L_2(j\omega)\, N_2(B)\, L_1(j\omega)\, N_1(A)\, \tilde{x}_d$$

ab. Setzt man darin $\tilde{x} = -\tilde{x}_d$ ein und streicht $\tilde{x}_d$ heraus, so entsteht die Gleichung

(179) $$N_1(A)\, N_2(B)\, L_1(j\omega)\, L_2(j\omega) = -1\,.$$

Sie entspricht genau der Gleichung $L(j\omega)\, N(A) = -1$ im Falle einer Kennlinie. Wie diese kann sie in zwei reelle Gleichungen zerlegt werden:

(180) $$\mathrm{Re}\,[N_1(A)\, N_2(B)] = -\mathrm{Re}\, L^{-1}(j\omega)\,,$$

(181) $$\mathrm{Im}\,[N_1(A)\, N_2(B)] = -\mathrm{Im}\, L^{-1}(j\omega)\,,$$

wobei abkürzend

(182) $$L(j\omega) = L_1(j\omega)\, L_2(j\omega)$$

gesetzt ist. Zur Bestimmung der drei Unbekannten ω, A und B benötigt man aber noch eine weitere Beziehung.

Man bekommt sie aus Bild 104, indem man den Zusammenhang zwischen den Eingangsgrößen der beiden Nichtlinearitäten herstellt. Das ist auf zweierlei Weise möglich:

(183) $$\tilde{y} = L_1(j\omega)\, N_1(A)\, \tilde{x}_d$$

oder

(184) $$\tilde{x}_d = -L_2(j\omega)\, N_2(B)\, \tilde{y}\,.$$

Faßt man beide Beziehungen zusammen, so hat man wieder die Gl. (179). Betrachtet man etwa (183) und setzt gemäß (176)

(185) $$\tilde{x}_d = A\, e^{j\omega t}\,, \qquad \tilde{y} = B\, e^{j(\omega t + \varphi)}$$

ein, so entsteht nach Herausstreichen von $e^{j\omega t}$ die Beziehung

$$B\, e^{j\varphi} = L_1(j\omega)\, N_1(A)\, A\,.$$

Nimmt man von dieser komplexen Gleichung nur den Betrag und berücksichtigt dabei, daß die Amplituden A und B nichtnegativ sind, so wird wegen $|e^{j\varphi}| = 1$:

(186) $$B = |L_1(j\omega)|\, |N_1(A)|\, A\,.$$

Ganz entsprechend erhält man aus (184)

(187) $$A = |L_2(j\omega)|\, |N_2(B)|\, B\,.$$

Fügt man nunmehr *eine* der beiden Gleichungen (186), (187) zu dem Gleichungspaar (180), (181) hinzu, so hat man *ein System von drei gekoppelten nichtlinearen Gleichungen zur Berechnung von* ω, *A und B.*

Wie stets vereinfacht sich das Problem, wenn die *Kennlinien eindeutig* sind. Mit $N_1(A)$ und $N_2(B)$ ist dann auch das Produkt reell, und (181) geht in die algebraische Gleichung

(188) $$\operatorname{Im} L^{-1}(j\omega) = 0$$

über, aus der sich die Frequenzen ω_p der gesuchten Dauerschwingungen unabhängig von A und B ermitteln lassen. Für die weitere Rechnung ist es zweckmäßig,

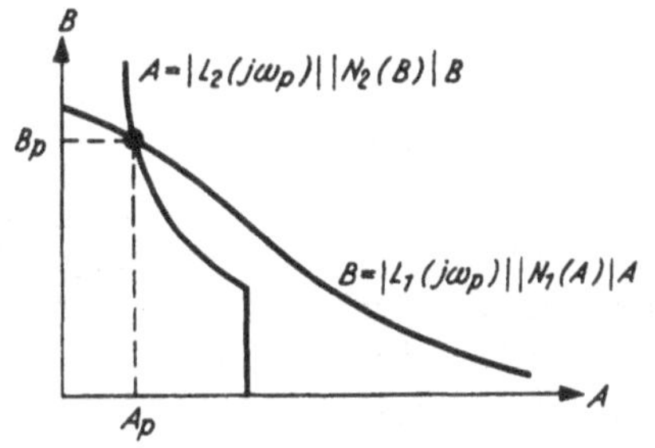

Bild 105 Bestimmung der Amplituden bei einem Regelkreis mit zwei eindeutigen Kennlinien

die Realteil-Gleichung (180) zu ignorieren und statt dessen die *beiden* Gleichungen (186), (187) zu verwenden. Da ω_p bekannt ist, hat man in

(189) $$B = |L_1(j\omega_p)|\,|N_1(A)|\,A\,,$$

(190) $$A = |L_2(j\omega_p)|\,|N_2(B)|\,B$$

ein symmetrisch gebautes Gleichungspaar zur Ermittlung der Amplituden. Der Aufbau dieses Gleichungssystems suggeriert die in Bild 105 skizzierte Lösung, wobei man die beiden Kurven im allgemeinen durch den Rechner wird aufzeichnen lassen. Dabei ist die Kurve (189) über der A-Achse, die Kurve (190) über der B-Achse aufzutragen. Die zum Schnittpunkt gehörenden Parameterwerte A_p und B_p sind die gesuchten Amplituden.

Besonders übersichtlich werden die Verhältnisse, wenn *mindestens eine der beiden Nichtlinearitäten eine Zweipunktkennlinie* ist. Trifft dies etwa für die Nichtlinearität F_1 zu, so ist nach (72)

$$N_1(A) = \frac{4b}{\pi A}\,.$$

Damit folgt aus (189)

(191) $$B = |L_1(j\omega_p)|\,\frac{4b}{\pi}\,.$$

Die zugehörige Kurve im Bild 105 ist daher eine Parallele zur A-Achse. Hier erübrigt sich die Aufzeichnung beider Kurven. Denn mit (191) liegt der Wert B_p bereits fest, und aus ihm ergibt sich A_p durch Einsetzen in (189):

(192) $$B_p = \frac{4b}{\pi}\,|L_1(j\omega_p)|\,,$$

(193) $$A_p = \frac{4b}{\pi}\,|L(j\omega_p)|\,|N_2(B_p)|\,.$$

Hierin ist übrigens

(194) $$|L(j\omega_p)| = \frac{1}{|L^{-1}(j\omega_p)|} = \frac{1}{-\mathrm{Re}\,L^{-1}(j\omega_p)}\,,$$

da ja $\mathrm{Im}\,L^{-1}(j\omega_p) = 0$ gilt. Das negative Vorzeichen ist erforderlich, weil der Realteil nach (180) für positive $N_1(A)$ und $N_2(B)$ (bei eindeutigen Kennlinien) negativ sein muß. (194) kann manchmal die Rechnung vereinfachen.

Betrachten wir als *Beispiel* den Regelkreis im Bild 106, dessen zweite Nichtlinearität in einer Begrenzung besteht. Für ihn ist

$$L^{-1}(s) = \frac{1}{0{,}48}\,s(1 + 0{,}5\,s)(1 + s)(1 + 2\,s)\,,$$

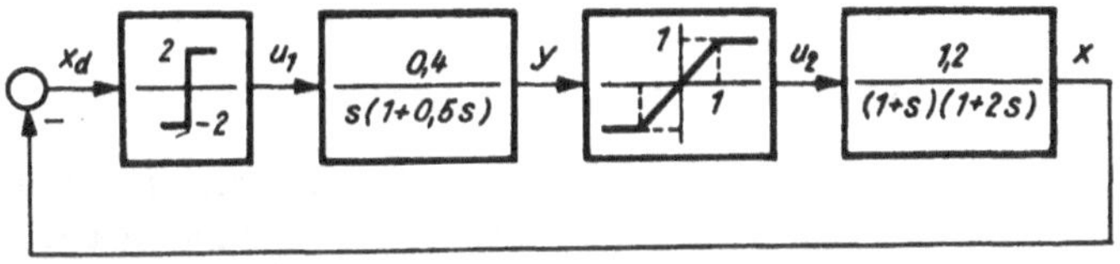

Bild 106 Regelkreis mit Zweipunktglied und Begrenzung

so daß die Gleichung (188) in

$$\operatorname{Im} L^{-1}(j\omega) = \frac{1}{0{,}48}\,\omega(1 - 3{,}5\,\omega^2) = 0$$

übergeht. Aus ihr folgt

$$\omega_p = 0{,}5345\,.$$

Damit wird

$$|L(j\omega_p)| = \frac{1}{-\operatorname{Re} L^{-1}(j\omega_p)} = \frac{1}{(\omega_p^2/0{,}48)\,(3{,}5 - \omega_p^2)} = 0{,}5227\,.$$

Wegen

$$L_1(j\omega) = \frac{0{,}4}{j\omega\,(1 + 0{,}5\,j\omega)}$$

ist weiterhin

$$|L_1(j\omega_p)| = \frac{0{,}4}{\omega_p\sqrt{1 + 0{,}25\,\omega_p^2}} = 0{,}7230\,.$$

Nach Bild 106 ist der Parameter des Zweipunktgliedes $b = 2$. Wegen (192) wird deshalb

$$B_p = 1{,}841\,.$$

Die Beschreibungsfunktion der Begrenzungskennlinie ist nach (75)

$$N_2(B) = \begin{cases} m & B \leqq a \\ \dfrac{2m}{\pi}\left[\arcsin\dfrac{a}{B} + \dfrac{a}{B}\sqrt{1 - \left(\dfrac{a}{B}\right)^2}\,\right], & B \geqq a\,. \end{cases}$$

Nach Bild 106 ist $a = 1$ und $m = 1$. Da $B_p > 1$ ist, gilt die untere Zeile der letzten Gleichung:

$$N_2(B_p) = \frac{2}{\pi}\left[\arcsin\frac{1}{B_p} + \frac{1}{B_p}\sqrt{1 - \frac{1}{B_p^2}}\,\right] = 0{,}6559\,.$$

Hiermit folgt aus (193)

$$A_p = 0{,}873\,.$$

Im Bild 107 sieht man einen Rechnerschrieb der Eingangsgrößen beider Kennlinienglieder. Man erkennt, daß y im wesentlichen eine Dreiecksschwingung ist, bedingt durch das I-Glied im vorhergehenden linearen Teilsystem, das die Rechteckschwingung u_1 integriert. Hingegen ist x_d nahezu sinusförmig. Für die Schwingungsparameter liest man ab:

$$\omega_p = 0{,}545\,, \qquad A_p = 0{,}85\,, \qquad B_p = 2{,}0\,.$$

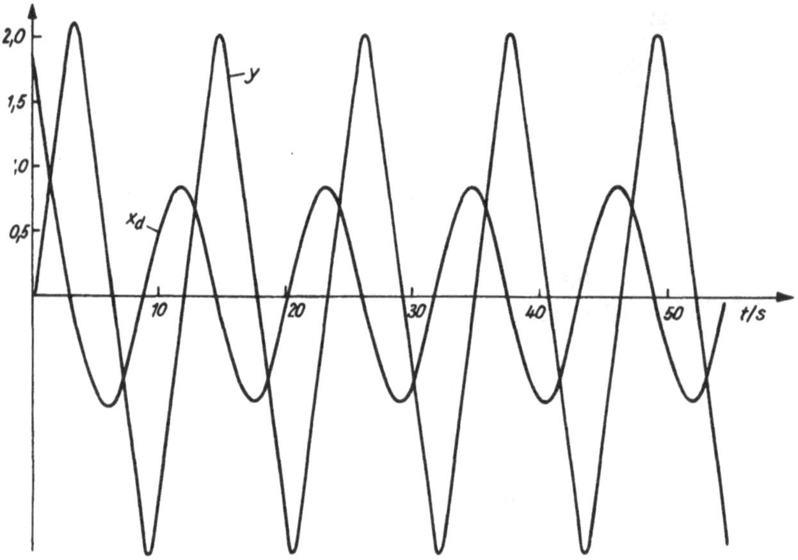

Bild 107 Zeitvorgänge im Regelkreis von Bild 106 (Analogrechnerschrieb)

Kehren wir zum allgemeinen Fall zurück! Wenn (mindestens) eine der beiden Kennlinien im Bild 103 Hysteresecharakter hat, ist eine so einfache Lösung nicht möglich, weil man keine Gleichung für ω allein abspalten und getrennt lösen kann. Man muß dann bei dem Gleichungssystem (180), (181), (186) bzw. (180), (181), (187) bleiben, also einem gekoppelten System dreier nichtlinearer Gleichungen. Die Schwierigkeit einer numerischen Lösung liegt wieder darin, daß man über keine geeigneten Ausgangsnäherungen verfügt, ja, nicht einmal weiß, ob überhaupt Lösungen existieren. Gerade die letztere Frage kann hingegen bei einem grafischen Verfahren sofort beantwortet werden. Solche Verfahren werden in [3] und [10] beschrieben. Ein sehr praktikables Verfahren wurde von K.-S. YEUNG*) angegeben.

Schwierigkeiten treten auch dann auf, wenn eines der beiden Teilsysteme, die zwischen den Kennlinien liegen, keinen genügend starken Tiefpaßcharakter aufweist. Dann kann es nützlich sein, von der Trennung in lineare und nichtlineare Teilsysteme abzugehen und die beiden Kennlinien mit dem mangelhaften Tiefpaß zu einer einzigen, komplizierteren Nichtlinearität zusammenzufassen.**)

7.2 Beliebige Lage der Kennlinien im Regelkreis

Die Harmonische Balance läßt sich ohne weiteres auch dann anwenden, wenn es sich um einen vermaschten Regelkreis handelt und die Nichtlinearitäten nicht mehr unbedingt in Reihe liegen. Die Gleichungen zur Berechnung der Schwingungsparameter kann man in der bisherigen Weise aufstellen, indem man vom Zustand der Harmonischen Balance ausgeht. Man kann dabei auf das Hinschreiben der Zeigerdarstellungen weitgehend verzichten, wenn man sich vor Augen hält, daß dieses ja nichts anderes bedeutet, als daß man *bei der Verknüpfung von Übertragungsgliedern mit Beschreibungsfunktionen wie mit Frequenzgängen rechnen kann.* Man denkt sich also die Nichtlinearitäten durch ihre Beschreibungsfunktionen ersetzt und kann dann die üblichen Formeln zur Zusammenfassung von Frequenzgängen anwenden, z. B. die Rückkopplungsformel. Voraussetzung ist dabei wie immer, daß zwischen den Nichtlinearitäten Tiefpaßglieder liegen. Hierbei kann es geschehen, daß man Beschreibungsfunktionen erhält, die außer von der Amplitude der Eingangsschwingung auch von der Frequenz abhängen.

Betrachten wir etwa das Bild 108. Es zeigt einen Regelkreis mit innerer Schleife, die eine Kennlinie enthält. Die Kennlinien sind bereits durch ihre Beschreibungsfunktionen ersetzt. Dann hat die innere Schleife die Beschreibungsfunktion

$$N(B, \omega) = \frac{L_2(j\omega)}{1 + L_2(j\omega)\, N_2(B)}\,.$$

*) K. S. YEUNG: Anwendung von Frequenzkennlinien auf Regelkreise mit zwei Nichtlinearitäten. Regelungstechnik **25** (1977), S. 374—381.

) M. PANDIT: Zur Bestimmung von periodischen Zuständen in Regelungssystemen mit mehreren nichtlinearen Gliedern. Regelungstechnik **17 (1969), S. 402—408.
P. MOLL—M. PANDIT: On the Determination of Limit Cycles in Relay Control Systems with Additional Saturation Type Nonlinear Elements. International Journal of Control **10** (1969), S. 703—711.
Siehe auch Übungsaufgabe 13.

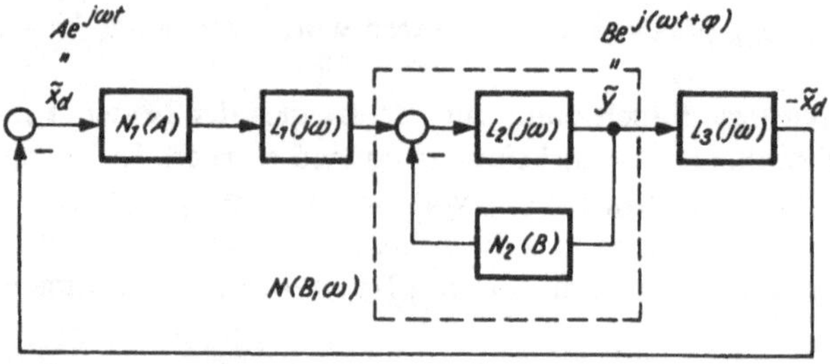

Bild 108 Mehrschleifiger nichtlinearer Regelkreis im Zustand der Harmonischen Balance

Für den gesamten Regelkreis gilt dann

$$-\tilde{x}_d = L_3(j\omega)\, N(B, \omega)\, L_1(j\omega)\, N_1(A)\, \tilde{x}_d\,,$$

also

$$\frac{L_1(j\omega)\, L_2(j\omega)\, L_3(j\omega)}{1 + L_2(j\omega)\, N_2(B)}\, N_1(A) = -1$$

oder

(195) $$L_1(j\omega)\, L_2(j\omega)\, L_3(j\omega)\, N_1(A) + L_2(j\omega)\, N_2(B) + 1 = 0\,.$$

Eine weitere Gleichung erhält man aus der Beziehung

$$-\tilde{x}_d = L_3(j\omega)\, \tilde{y}$$

oder

$$A\, e^{j\omega t} = -\, L_3(j\omega)\, B\, e^{j(\omega t + \varphi)}\,.$$

Man geht zum Betrag über:

(196) $$A = |L_3(j\omega)|\, B\,.$$

Mit (195) und (196) hat man 3 reelle Gleichungen zur Berechnung von A, B und ω.

Als *Beispiel* betrachten wir eine *Lageregelung mit Gleichstrommotor und Dreipunktregler* (NL1), *wobei im Motor eine trockene Reibung* (NL2) *berücksichtigt ist* (Bild 109)*). Wie man aus Bild 11 ersieht, kann man sie durch eine Zweipunktkennlinie mit Vorzeichenumkehr beschreiben.

---

*) Das Beispiel ist entnommen aus der Arbeit „Stabilitätsuntersuchung von mehrschleifigen Regelkreisen mit zwei Nichtlinearitäten“ von H. Hopfengärtner, Regelungstechnik **25** (1977), S. 151—156. Es dient dort als Illustrationsbeispiel für ein grafisches Verfahren, mit dem man die Gleichungen der Harmonischen Balance auch in komplizierteren Fällen lösen kann, und wird deshalb anders behandelt.

Zunächst folgt für die Beschreibungsfunktion der geschlossenen Reibungsrückführung

$$N_R(B,\omega) = \frac{\dfrac{1}{\Theta_M j\omega}}{1 + \dfrac{1}{\Theta_M j\omega}\,\dfrac{4M_R}{\pi B}} = \frac{\pi B}{4M_R + j\pi\Theta_M\omega B}.$$

Damit erhält man weiter als Beschreibungsfunktion der übergeordneten Gegen-EMK-Rückführung (u_2-Rückführung)

$$N(B,\omega) = \frac{\dfrac{K_M/R}{1+T_E j\omega}\,N_R(B,\omega)}{1 + \dfrac{K_M/R}{1+T_E j\omega}\,N_R(B,\omega)\,K_M} =$$

(197) $$= \frac{\pi \dfrac{K_M}{R} B}{4M_R - \pi\Theta_M T_E\omega^2 B + \pi \dfrac{K_M^2}{R} B + j\omega(\pi\Theta_M B + 4T_E M_R)}$$

Das ist die Beschreibungsfunktion des gestrichelt eingerahmten nichtlinearen Teilsystems im Bild 109.

Daraus ergibt sich als Gleichung der Harmonischen Balance des gesamten Regelkreises in der gleichen Weise wie bisher

(198) $$N_1(A)\,N(B,\omega)\,\frac{1}{j\omega} = -1,$$

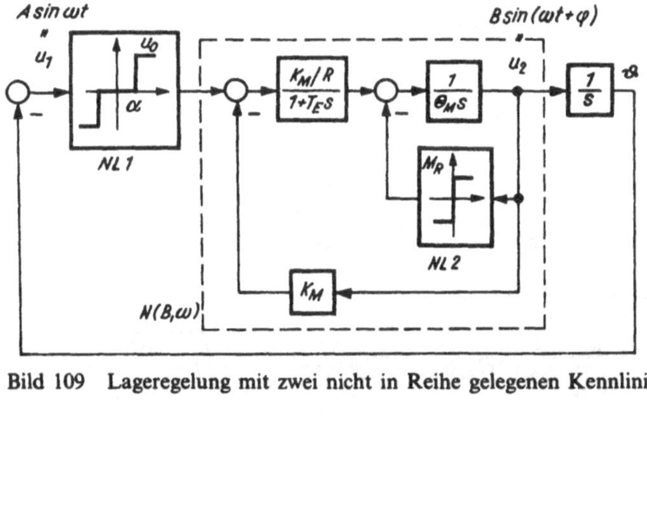

Bild 109 Lageregelung mit zwei nicht in Reihe gelegenen Kennliniengliedern

wobei $N_1(A)$ die Beschreibungsfunktion des Dreipunktgliedes ist:

$$N_1(A) = \frac{4U_0}{\pi A}\sqrt{1-\left(\frac{\alpha}{A}\right)^2}. \tag{199}$$

Die neben dem reellen Gleichungspaar (198) erforderliche dritte Beziehung zur Berechnung der Unbekannten A, B und ω erhält man aus

$$\tilde{u}_1 = -\frac{1}{j\omega}\tilde{u}_2 \quad \text{oder}$$

$$A\,e^{j\omega t} = -\frac{1}{j\omega}B\,e^{j(\omega t+\varphi)}.$$

Durch Betragsbildung wird daraus $A = B/\omega$ oder

$$\omega = \frac{B}{A}. \tag{200}$$

In (198) und (200) hat man die Gleichungen der Harmonischen Balance für das vorliegende Problem.

Um sie zu lösen, schreibt man zunächst für (198)

$$N_1(A) = -j\omega N^{-1}(B, \omega).$$

Setzt man (197) ein und zerspaltet in Real- und Imaginärteil, so entstehen die Gleichungen

$$\pi\Theta_M T_E\omega^2 B - \pi\frac{K_M^2}{R}B - 4M_R = 0, \tag{201}$$

$$\frac{R\omega^2}{\pi K_M B}(\pi\Theta_M B + 4T_E M_R) = N_1(A). \tag{202}$$

Mit $\omega = B/A$ wird aus (201)

$$A^2 = k_1\frac{B^3}{B+B_1}, \tag{203}$$

wobei

$$k_1 = \frac{\Theta_M T_E R}{K_M^2}, \qquad B_1 = \frac{4RM_R}{\pi K_M^2}. \tag{204}$$

Aus (202) wird mit $\omega = B/A$:

$$\frac{R}{\pi K_M}\frac{B}{A^2}(\pi\Theta_M B + 4T_E M_R) = \frac{4U_0}{\pi A}\sqrt{1-\frac{\alpha^2}{A^2}}.$$

Daraus folgt durch Multiplikation mit $A^2 \frac{\pi}{4U_0}$:

$$\sqrt{A^2 - \alpha^2} = \frac{\pi R \Theta_M}{4 K_M U_0} B \left[B + \frac{4 T_E M_R}{\pi \Theta_M} \right] \quad \text{oder}$$

(205) $$A^2 = \alpha^2 + k_2^2 B^2 (B + B_2)^2 \quad \text{mit}$$

$$k_2 = \frac{\pi R \Theta_M}{4 K_M U_0}, \qquad B_2 = \frac{4 T_E M_R}{\pi \Theta_M}.$$

Durch Gleichsetzen von (203) und (205) entsteht eine Gleichung für die Amplitude B allein:

$$k_1 \frac{B^3}{B + B_1} = \alpha^2 + k_2^2 B^2 (B + B_2)^2,$$

eine algebraische Gleichung 5. Grades. Dividiert man sie durch B^2, so ergibt sich

$$k_1 \left(1 - \frac{B_1}{B + B_1} \right) = \frac{\alpha^2}{B^2} + k_2^2 (B + B_2)^2 \quad \text{oder}$$

(206) $$(B + B_2)^2 = a_1 - \frac{a_2}{B + B_1} - \frac{a_3}{B^2} \quad \text{mit}$$

$$a_1 = \frac{k_1}{k_2^2}, \qquad a_2 = a_1 B_1, \qquad a_3 = \left(\frac{\alpha}{k_2} \right)^2.$$

Der Ausdruck auf der linken Seite stellt eine Parabel dar, der rechtsseitige Ausdruck eine für $B > 0$ monoton steigende und rechtsgekrümmte Kurve, die mit wachsendem B gegen a_1 strebt. Bild 110 zeigt die Situation. Wie man sieht,

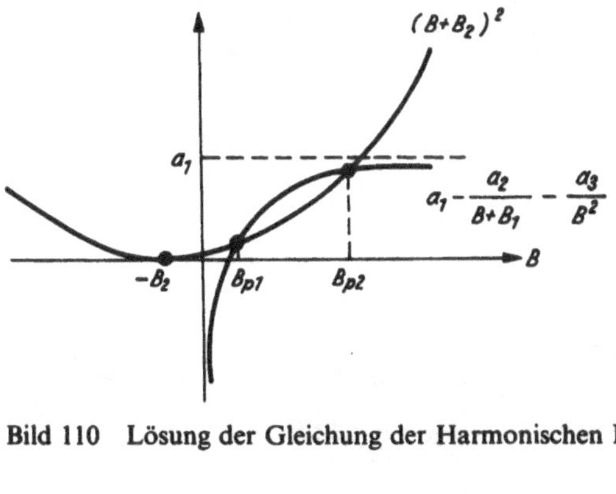

Bild 110 Lösung der Gleichung der Harmonischen Balance zu Bild 109

hängt es von den Parametern, insbesondere B_2 und a_1, ab, ob 2 Schnittpunkte, 1 Berührungspunkt oder kein Schnittpunkt vorhanden sind.

Sind die Amplituden $B_{p\nu}$ der Winkelgeschwindigkeit bestimmt, so bekommt man die Amplituden $A_{p\nu}$ des Drehwinkels aus (203) und damit die Frequenzen $\omega_{p\nu}$ aus (200).

Für die in der oben zitierten Arbeit angegebenen Daten

$$K_M = 0{,}83\ \mathrm{V\,s}; \qquad R = 0{,}31\ \Omega; \qquad T_E = 6 \cdot 10^{-3}\ \mathrm{s};$$

$$\Theta_M = 5 \cdot 10^{-2}\ \mathrm{kg\,m^2}; \qquad U_0 = 13\ \mathrm{V}; \qquad \alpha = 2{,}5 \cdot 10^{-2}$$

und

$$M_R = 5\ \mathrm{Nm}$$

wird aus (206):

(207) $$\left(\frac{B}{10} + 0{,}07639\right)^2 = 1{,}06053 - \frac{0{,}30381}{\frac{B}{10} + 0{,}28647} - \frac{0{,}04910}{\left(\frac{B}{10}\right)^2}.$$

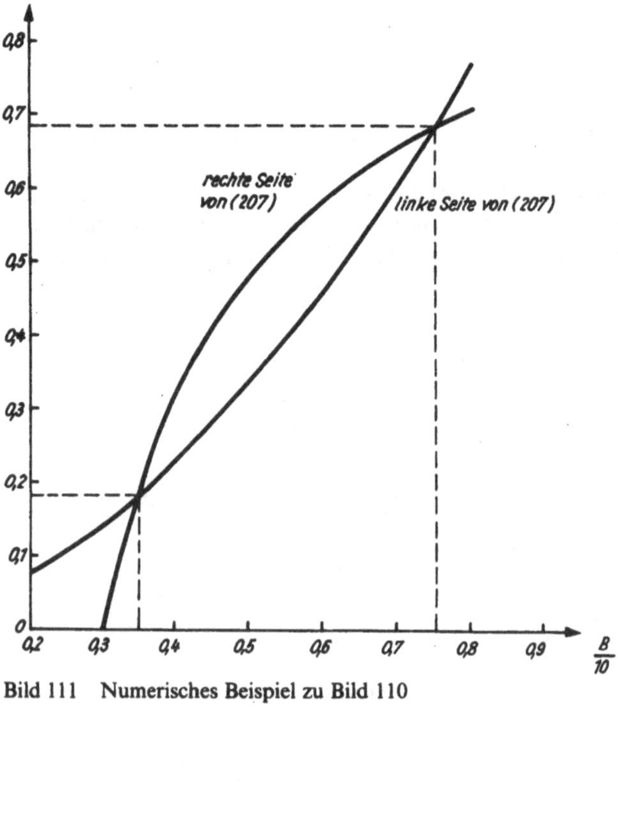

Bild 111 Numerisches Beispiel zu Bild 110

Die Funktionsverläufe für beide Seiten sind im Bild 111 dargestellt. Aus ihnen liest man

$$B_{p1} = 3{,}5\ \mathrm{s}^{-1} \qquad \text{und} \qquad B_{p2} = 7{,}5\ \mathrm{s}^{-1}$$

ab. Damit ist

$$A_{p1} = 0{,}030\ \mathrm{rad} \ \hat{=}\ 1{,}72° \qquad \text{und} \qquad A_{p2} = 0{,}074\ \mathrm{rad} \ \hat{=}\ 4{,}24°$$

und somit schließlich

$$\omega_{p1} = 116{,}7\ \mathrm{s}^{-1} \qquad \text{und} \qquad \omega_{p2} = 101{,}4\ \mathrm{s}^{-1}\,.$$

Wie bei jedem realistisch beschriebenen System darf man erwarten, daß von den beiden Dauerschwingungen diejenige mit der größeren Amplitude stabil ist, da andernfalls unbegrenzt aufklingende Schwingungen entstehen könnten. In der Arbeit von H. Hopfengärtner wird gezeigt, daß dies in der Tat der Fall ist. Das dort angeführte Ergebnis einer Analogrechnersimulation zeigt gute Übereinstimmung mit den oben berechneten Parameterwerten der stabilen Dauerschwingung [$A_{p2} = 0{,}0745$ rad; $\omega_{p2} = 100{,}5\ \mathrm{s}^{-1}$].

8. Harmonische Balance bei allgemeineren Nichtlinearitäten und bei harmonischen Eingangsgrößen (Querverbindung zur Schwingungstechnik)

Bisher wurde angenommen, daß sich das nichtlineare System in Kennlinien und lineare Übertragungsglieder aufspalten läßt. Dabei stellen die Kennlinien Nichtlinearitäten dar, die nur von der Eingangsgröße selbst, nicht aber von deren Ableitung abhängen (abgesehen vom Vorzeichen bei Hystereseerscheinungen), während das eigentliche Zeitverhalten in den linearen Übertragungsgliedern konzentriert ist. Es können aber Fälle auftreten, in denen sich eine solche Zerlegung des Gesamtsystems nicht mehr durchführen läßt oder unzweckmäßig ist. Dann ist man gezwungen, *Nichtlinearitäten von der Form* $u = F(x, \dot{x}, \ddot{x}, ...)$ zu betrachten.

Noch in einer anderen Hinsicht kann es erforderlich sein, den bisherigen Rahmen zu überschreiten. Bislang hatten wir uns auf konstante (speziell verschwindende) Eingangsgrößen beschränkt. Was geschieht aber, wenn zeitabhängige Eingangsgrößen auf das System einwirken? Sollen Dauerschwingungen möglich sein, wird man sie als periodisch voraussetzen dürfen und durch harmonische Schwingungen darstellen können. Es tritt so die Frage auf, *wie ein nichtlineares System auf die Aufschaltung harmonischer Schwingungen reagiert.*

Auch solche erweiterten Fragestellungen lassen sich ohne Schwierigkeit mit der Harmonischen Balance angehen. Instruktive und dabei gut überschaubare Beispiele bietet vor allem die Schwingungstechnik — jene Disziplin, in der die nichtlinearen Näherungsverfahren in erster Linie entwickelt und gefördert wurden. Im folgenden soll deshalb die Anwendung der Harmonischen Balance auf die beiden erwähnten Fragestellungen an Hand von Schwingungsproblemen beschrieben werden. Dies ist im Rahmen eines Regelungstechnik-Buches auch dadurch gerechtfertigt, daß sich die nichtlinearen Differentialgleichungen zwanglos als Regelkreise interpretieren und als solche untersuchen lassen.

8.1 Die Schwingungsdifferentialgleichung als Regelkreis

Wir gehen von zwei Beispielen aus. Als erstes werde ein *elektrischer Oszillator* betrachtet, dessen prinzipieller Aufbau im Bild 112 wiedergegeben ist. Die Kenn-

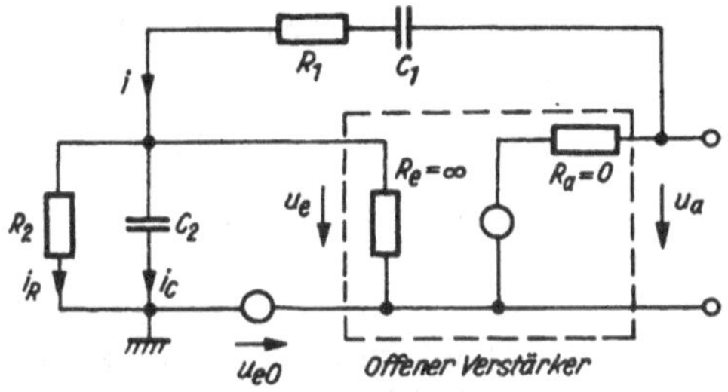

Bild 112 Elektrischer Oszillator

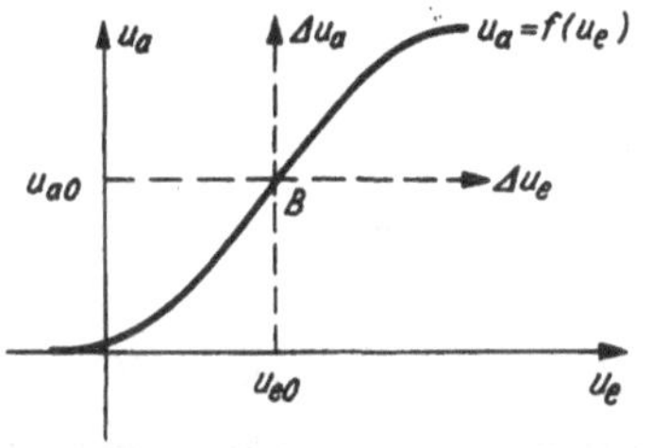

Bild 113 Kennlinie des offenen Verstärkers aus Bild 112

linie des offenen Verstärkers ist im Bild 113 skizziert. Man hat sie sich symmetrisch zum Betriebspunkt B und mit sehr steilem Mittelstück vorzustellen. Aus Bild 112 liest man die folgenden Gleichungen ab:

$$u_a = \frac{1}{C_1}\int_0^t i\,d\tau + R_1 i + R_2 i_R + u_{e0},$$

$$u_e = R_2 i_R + u_{e0},$$

$$u_e = \frac{1}{C_2}\int_0^t i_c\,d\tau + u_{e0},$$

$$i = i_R + i_c.$$

Aus ihnen folgt weiter

$$\dot{u}_a = \frac{1}{C_1} i + R_1 \dot{i} + R_2 \dot{i}_R, \tag{208}$$

$$i_R = \frac{1}{R_2}(u_e - u_{e0}),$$

$$i_c = C_2 \dot{u}_e,$$

$$i = \frac{1}{R_2}(u_e - u_{e0}) + C_2 \dot{u}_e.$$

Setzt man die letzten dieser Beziehungen in (208) ein und multipliziert dann mit R_2C_1, so entsteht die Differentialgleichung

(209) $$R_1R_2C_1C_2\ddot{u}_e + (R_1C_1 + R_2C_2 + R_2C_1)\,\dot{u}_e + u_e - u_{e0} = R_2C_1\dot{u}_a\,.$$

Hinzu kommt nach Bild 112 die Kennliniengleichung

(210) $$u_a = f(u_e)\,.$$

Durch Nullsetzen der Ableitungen in (209) erhält man den stationären Zustand $u_e = u_{e0}$, $u_a = u_{a0} = f(u_{e0})$ (Punkt B im Bild 113).

Wir gehen nun zu den Abweichungen

$$\Delta u_e = u_e - u_{e0}\,, \qquad \Delta u_a = u_a - u_{a0}$$

vom stationären Zustand über. Da die Differentialgleichung (209) linear ist, kann man in ihr die Ableitungen von u_e und u_a einfach durch die Ableitungen von Δu_e und Δu_a ersetzen (siehe Abschnitt 1.4):

(211) $$R_1R_2C_1C_2\Delta\ddot{u}_e + (R_1C_1 + R_2C_2 + R_2C_1)\,\Delta\dot{u}_e + \Delta u_e = R_2C_1\Delta\dot{u}_a\,.$$

Da die Kennlinie im Bild 113 symmetrisch zum Punkt B liegt, ist sie in den neuen Koordinaten Δu_e und Δu_a eine ungerade Funktion. Sie ist daher näherungsweise durch die Gleichung

(212) $$\Delta u_a = S_1\,\Delta u_e - \frac{S_3}{3!}\,(\Delta u_e)^3$$

mit positiven Koeffizienten S_1 und S_3 gegeben. Durch Differentiation nach t folgt daraus

$$\Delta\dot{u}_a = \left[S_1 - \frac{1}{2}\,S_3(\Delta u_e)^2\right]\Delta\dot{u}_e\,.$$

Setzen wir dies in (211) ein und schreiben zugleich

$$\Delta u_e = x\,,$$

so entsteht die Differentialgleichung

$$R_1R_2C_1C_2\ddot{x} + \left(R_1C_1 + R_2C_2 + R_2C_1 - R_2C_1S_1 + \frac{1}{2}\,R_2C_1S_3x^2\right)\dot{x} + x = 0\,.$$

Da die Kennlinie im Mittelstück sehr steil ist, überwiegt ihr Anstieg S_1 die anderen Parameter. Im Hinblick auf die Vorzeichen der Koeffizienten ist es deshalb zweckmäßig, die Differentialgleichung in der folgenden endgültigen Form zu schreiben:

(213) $$\ddot{x} - (\alpha - \beta x^2)\,\dot{x} + \omega_0^2 x = 0$$

mit

$$\alpha = \frac{R_2C_1S_1 - (R_1C_1 + R_2C_2 + R_2C_1)}{R_1R_2C_1C_2} > 0\,,$$

$$\beta = \frac{R_2C_1S_3}{2R_1R_2C_1C_2} > 0\,, \qquad \omega_0^2 = \frac{1}{R_1R_2C_1C_2}\,.$$

Sie heißt *Van der Polsche Gleichung.*

In ihr stellt der Anteil $\ddot{x} - \alpha x + \omega_0^2 x = 0$ eine lineare Schwingungsdifferentialgleichung mit negativer Dämpfung dar. Durch irgendeine zufällige Störung verursacht, wird daher eine aufklingende Schwingung entstehen. Der nichtlineare Zusatzterm $+\ \beta x^2 \dot{x}$, der eine von der Auslenkung x abhängige Dämpfung charakterisiert, spielt für kleine Auslenkungen keine Rolle, wächst aber stark mit steigendem x. Bei einer gewissen Maximalauslenkung wird er die aufklingende Schwingung abfangen und sie in eine Dauerschwingung überführen.

In dem beschriebenen Oszillator hat man ein Beispiel für ein schwingendes System, dessen Frequenz sicher nicht durch äußere Einflüsse, sondern durch das System selbst gegeben ist. Man spricht dann von einer *autonomen Schwingung.* Im Unterschied dazu wird bei *heteronomen Schwingungen* die Frequenz durch äußere Einflüsse bestimmt. Als Beispiel zeigt das Bild 114 *einen mechanischen Schwinger mit trockener Reibung*, an dem eine sinusförmig veränderliche äußere Kraft angreift. Bezeichnet x die Lage der Masse m, also $\dot{x}$ ihre Geschwindigkeit, so ist nach Bild 11 die Reibungskraft

$$F_r = -\, b \operatorname{sgn} \dot{x}\,.$$

Setzt man die Federkraft wie üblich mit

$$F_e = -\, cx$$

an, und ist die äußere Kraft

$$F_z = \hat{F} \sin \omega t\,,$$

so hat man die Bewegungsgleichung

$$m\ddot{x} = F_e + F_r + F_z$$

oder

(214) $$\ddot{x} + \omega_0^2 x + r \operatorname{sign} \dot{x} = E \sin \omega t\,,$$

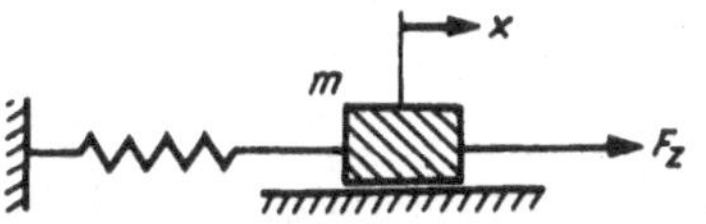

Bild 114 Mechanisches System mit nichtlinearer Reibungskraft

wobei

$$\omega_0^2 = \frac{c}{m}, \qquad r = \frac{b}{m}, \qquad E = \frac{\hat{F}}{m}$$

ist.

In beiden Beispielen rührt die Nichtlinearität von der Dämpfung her. Sie kann aber auch andere Ursachen haben. Ein einfaches Beispiel zeigt das Bild 115, in dem angenommen ist, daß die Rückstellkraft F_e der Feder durch die Funktion $f(x)$ beschrieben wird. Falls die Dämpfung hier geschwindigkeitsproportional ist, also

$$F_r = -r\dot{x},$$

und die äußere Kraft wiederum harmonisch,

$$F_z = \hat{F}\cos\omega t,$$

hat man die Bewegungsgleichung

$$m\ddot{x} = F_r + F_e + F_z$$

oder

(215) $$m\ddot{x} + r\dot{x} + f(x) = \hat{F}\cos\omega t.$$

Für kleine Auslenkungen x darf man $f(x) = cx$ mit konstantem c annehmen und hat dann eine lineare Differentialgleichung. Für größere x ist dies nicht mehr zulässig und die Differentialgleichung wird nichtlinear. Vielfach genügt es dann, als nächstbessere Approximation

$$f(x) = c_1 x + c_3 x^3, \qquad c_1 > 0, \qquad c_3 \gtrless 0,$$

zu setzen. Damit wird aus (215)

(216) $$\ddot{x} + 2d\dot{x} + \omega_0^2 x + \alpha x^3 = E\cos\omega t$$

mit

$$2d = \frac{r}{m}, \qquad \omega_0^2 = \frac{c_1}{m}, \qquad \alpha = \frac{c_3}{m}, \qquad E = \frac{\hat{F}}{m}.$$

Dies ist die *Duffingsche Differentialgleichung.*

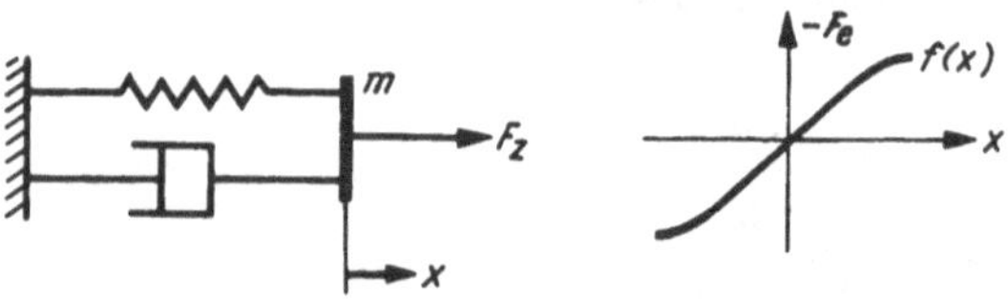

Bild 115 Mechanisches System mit nichtlinearer Rückstellkraft

Die Differentialgleichung der Reibungsschwingungen und die Duffingsche Differentialgleichung beschreiben *heteronome Schwingungen, bei denen der äußere Einfluß additiv in die Differentialgleichung eingreift*, in Form des Störungsgliedes $F_0 \sin \omega t$. So erzeugte heteronome Schwingungen nennt man *erzwungene Schwingungen*. Äußere Einflüsse können noch in einer anderen Weise wirksam werden, nämlich *multiplikativ* in die Differentialgleichung eingreifen, und zwar in Gestalt *periodisch veränderlicher Parameter*. Beispielsweise gilt dies für einen elektrischen Reihenschwingkreis, bei dem die Kapazität von außen laufend sinusförmig verändert wird. Man spricht dann von *parametererregten Schwingungen*. Sie sollen hier nicht weiter betrachtet werden, da bei ihnen die Anwendung der Harmonischen Balance zwar nicht aussichtslos, aber auf jeden Fall viel schwieriger ist und bislang kaum versucht wurde.*)

Bleiben wir bei den autonomen und den erzwungenen Schwingungen, so sieht man aus den Gleichungen (213) bis (216), daß man sie gemeinsam durch eine Differentialgleichung von der Form

$$\overset{(n)}{x} + a_{n-1} \overset{(n-1)}{x} + \ldots + a_1 \dot{x} + a_0 x + F(x, \dot{x}) = E \sin(\omega t + \varphi_0) \tag{217}$$

beschreiben kann, wobei die a_ν sowie E, ω und φ_0 feste, gegebene Zahlen sind und $F(x, \dot{x})$ die Nichtlinearität darstellt. Im Fall autonomer Schwingungen ist $E = 0$ zu setzen.

Die Differentialgleichung (217) kann man sofort als Regelkreis interpretieren. Durch Laplace-Transformation (bei zu Null angenommenen Anfangswerten) wird aus ihr

$$(s^n + a_{n-1}s^{n-1} + \ldots + a_0)\, X(s) = \mathscr{L}\{E \sin(\omega t + \varphi_0) - F(x, \dot{x})\}$$

oder

$$X(s) = \frac{1}{P(s)} \mathscr{L}\{E \sin(\omega t + \varphi_0) - F(x, \dot{x})\}, \tag{218}$$

wobei abkürzend

$$P(s) = s^n + a_{n-1}s^{n-1} + \ldots + a_0$$

gesetzt ist. Dabei wird man im allgemeinen $P(0) \geqq 0$ annehmen dürfen. Bild 116 zeigt das Strukturbild der Gleichung (218). Wie man sieht, liegt genau die Struktur des bisher schon betrachteten nichtlinearen Regelkreises vor, nur daß im Fall der

*) Siehe hierzu [3] sowie A. LEONHARD: The Describing Function Method Applied for the Investigation of Parametric Excited Oscillations. Bericht über den 2. IFAC-Kongreß, Band Theorie, S. 21—28. Butterworths-Oldenbourg, 1964 und H. BÜRKLIN—O. FÖLLINGER—H. SCHMIEG: Anwendung der Harmonischen Balance auf nichtlineare Systeme mit zeitveränderlichen Parametern. Regelungstechnik **25** (1977), S. 370—374.

erzwungenen Schwingung ($E \neq 0$) eine sinusförmige Eingangsgröße eingespeist wird. Er werde als „*Regelkreis der Schwingungsdifferentialgleichung*" bezeichnet.

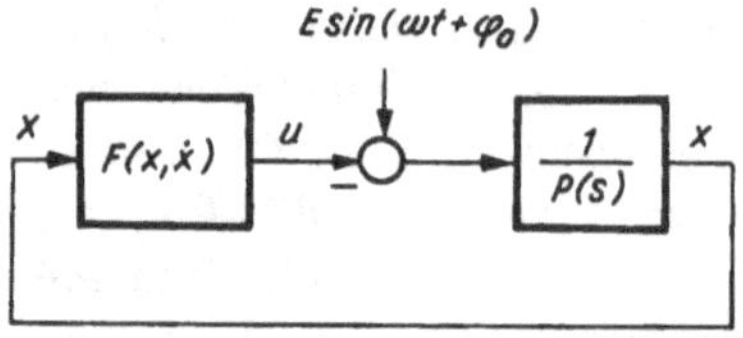

Bild 116 Regelkreis der nichtlinearen Schwingungsdifferentialgleichung
Dabei: $P(s) = s^n + a_{n-1}s^{n-1} + \ldots + a_1 s + a_0$

8.2 Die Gleichungen der Harmonischen Balance für den Regelkreis der Schwingungsdifferentialgleichung

Sie lassen sich ganz entsprechend wie früher herleiten (Abschnitt 2.2). Insbesondere setzen wir wieder voraus, daß das lineare Teilsystem Tiefpaßcharakter hat, also der Grad des Polynoms $P(s)$ mindestens 2 beträgt, und daß die nichtlineare Funktion $F(x, \dot{x})$ ungerade ist, d. h. $F(-x, -\dot{x}) = -F(x, \dot{x})$ gilt.

Der Regelkreis befinde sich im Zustand des Schwingungsgleichgewichts. Wenn eine erzwungene Schwingung ($E \neq 0$) vorliegt, gehen wir von der Annahme aus, daß die im Regelkreis umlaufende Schwingung die äußere Frequenz ω hat.*) Man entwickelt u und x in Fourierreihen und kann wegen des Tiefpaßcharakters des linearen Teilsystems sämtliche Oberschwingungen vernachlässigen.

Um auch das Verschwinden des Gleichterms zu sichern, ist zur Ungeradheit von $F(x, \dot{x})$ eine zusätzliche Voraussetzung hinzuzufügen: Für jedes $\dot{x} \geqq 0$ soll $F(x, \dot{x})$ bezüglich x monoton (im weiteren Sinn) sein.**) Dann darf man

$$x = A \sin(\omega t + \varphi) = A \sin v\,,$$

$$u = a_1 \sin v + b_1 \cos v$$

*) Es können auch Schwingungen anderer Frequenzen auftreten. Beispielsweise kann die Duffingsche Differentialgleichung eine „subharmonische Schwingung" mit der Frequenz $\omega/3$ aufweisen. Auch zur Ermittlung solcher Schwingungen kann man die Harmonische Balance heranziehen [3], doch muß man dann den harmonischen Ansatz um Oberschwingungen erweitern und die Rechnungen werden entsprechend umständlicher.

) Das läßt sich ähnlich zeigen wie die entsprechende Aussage für Kennlinien vom Typ $F(x)$. Siehe hierzu O. Föllinger—M. Pandit: Anwendung der Harmonischen Balance beim Vorhandensein von Gleichtermen. Regelungstechnik **20 (1972), S. 237—246. Hier: S. 239, linke Spalte.

annehmen. Aber auch dann, wenn die letzte Voraussetzung nicht erfüllt ist, also mit dem Auftreten von gleichtermbehafteten Schwingungen gerechnet werden muß, interessiert man sich möglicherweise nur für die gleichtermfreie Schwingung. Diese erfaßt man auf jeden Fall mit dem obigen Ansatz.

Sofern es sich um eine autonome Schwingung handelt ($E = 0$), ist darin $\varphi = 0$ zu setzen, und ω ist der neben A zu bestimmende Schwingungsparameter. Liegt hingegen eine erzwungene Schwingung vor ($E \neq 0$), so ist ω als Frequenz der äußeren Schwingung bekannt und dafür die Phasenverschiebung φ gegenüber der Eingangsschwingung die neben A zu ermittelnde Unbekannte.

Da nunmehr Eingangsgröße x und Ausgangsgröße u der Nichtlinearität harmonische Schwingungen darstellen, die Nichtlinearität sich also wie ein lineares Übertragungsglied verhält, kann man für sie genau wie früher (Abschnitt 2.2) einen „Frequenzgang" definieren, den man die *Beschreibungsfunktion* der Nichtlinearität nennt:

$$N = \frac{a_1}{A} + j\frac{b_1}{A} \tag{219}$$

mit

$$a_1 = \frac{1}{\pi}\int_0^{2\pi} u \sin v \, dv = \frac{1}{\pi}\int_0^{2\pi} F(x, \dot{x}) \sin v \, dv = \frac{1}{\pi}\int_0^{2\pi} F(A \sin v, \omega A \cos v) \sin v \, dv, \tag{220}$$

$$b_1 = \frac{1}{\pi}\int_0^{2\pi} u \cos v \, dv = \frac{1}{\pi}\int_0^{2\pi} F(x, \dot{x}) \cos v \, dv = \frac{1}{\pi}\int_0^{2\pi} F(A \sin v, \omega A \cos v) \cos v \, dv. \tag{221}$$

Der einzige Unterschied gegenüber den früheren Betrachtungen besteht darin, daß N jetzt wegen der anderen Art der Nichtlinearität neben A auch von ω abhängen kann.

Den Regelkreis von Bild 116 kann man im Zustand der Harmonischen Balance also durch Bild 117 beschreiben. Dabei sind die Zeitfunktionen durch ihre Zeigerdarstellungen charakterisiert. Aus Bild 117 liest man ab:

$$A\,e^{j(\omega t+\varphi)} = \frac{1}{P(j\omega)}\left[E\,e^{j(\omega t+\varphi_0)} - N(A, \omega)\,A\,e^{j(\omega t+\varphi)}\right].$$

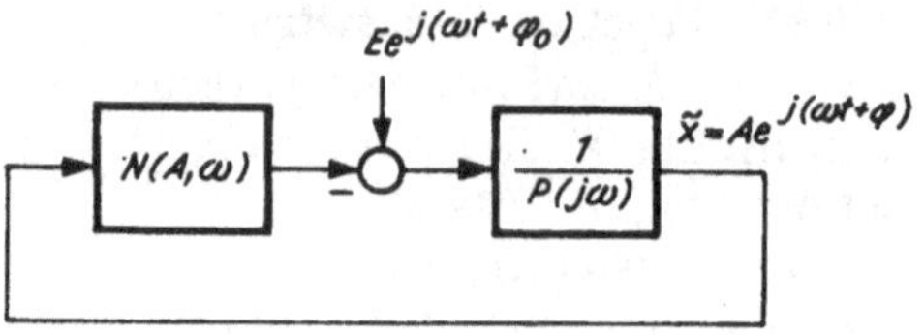

Bild 117 Regelkreis der nichtlinearen Schwingungsdifferentialgleichung im Zustand der Harmonischen Balance

Durch Multiplikation mit $\frac{1}{A}\,e^{-j(\omega t+\varphi)}$ folgt daraus:

$$1 = \frac{1}{P(j\omega)}\left[\frac{E}{A}\,e^{j(\varphi_0-\varphi)} - N(A,\omega)\right]$$

oder

(222) $$P(j\omega) + N(A,\omega) = \frac{E}{A}\,e^{j(\varphi_0-\varphi)}.$$

Das ist die *Gleichung der Harmonischen Balance für die nichtlineare Schwingungsdifferentialgleichung (217)*. Dabei ergibt sich $P(j\omega)$ aus dem linearen Anteil dieser Differentialgleichung gemäß

$$P(j\omega) = (j\omega)^n + a_{n-1}(j\omega)^{n-1} + \ldots + a_1(j\omega) + a_0\,,$$

während $N(A,\omega)$ die Beschreibungsfunktion der Nichtlinearität $F(x,\dot{x})$ und nach (219) bis (221) zu berechnen ist.

Die Zerspaltung von (222) in Real- und Imaginärteil führt zu einem Paar reeller Gleichungen:

(223) $$\mathrm{Re}\,N(A,\omega) + \mathrm{Re}\,P(j\omega) = \frac{E}{A}\cos(\varphi_0-\varphi)\,,$$

(224) $$\mathrm{Im}\,N(A,\omega) + \mathrm{Im}\,P(j\omega) = \frac{E}{A}\sin(\varphi_0-\varphi)\,.$$

Liegt eine *autonome Schwingung* vor, ist also $E = 0$, so hat man in

(225) $$\mathrm{Re}\,N(A,\omega) = -\,\mathrm{Re}\,P(j\omega)\,, \qquad \mathrm{Im}\,N(A,\omega) = -\,\mathrm{Im}\,P(j\omega)$$

zwei Gleichungen zur Bestimmung der Frequenz ω und der Amplitude A der autonomen Schwingung. Im Falle der *erzwungenen Schwingung* ist $E \neq 0$ und ω als Frequenz des Störgliedes vorgegeben. (223) und (224) dienen dann bei bekanntem ω zur Berechnung von A und φ:

(226) $$[\mathrm{Re}\,N(A,\omega) + \mathrm{Re}\,P(j\omega)]^2 + [\mathrm{Im}\,N(A,\omega) + \mathrm{Im}\,P(j\omega)]^2 = \left(\frac{E}{A}\right)^2,$$

(227) $$\tan(\varphi_0-\varphi) = \frac{\mathrm{Im}\,N(A,\omega) + \mathrm{Im}\,P(j\omega)}{\mathrm{Re}\,N(A,\omega) + \mathrm{Re}\,P(j\omega)}\,.$$

8.3 Beispiele

Betrachten wir als erstes Beispiel die *Van der Polsche Gleichung* (213). Ihre Zerlegung in Nichtlinearität und lineares Teilsystem kann man in verschiedener Weise vornehmen. Wir wählen als linearen Anteil

$$\ddot{x} - \alpha\dot{x} + \omega_0^2 x ,$$

so daß

$$P(j\omega) = (j\omega)^2 - \alpha(j\omega) + \omega_0^2$$

und

$$F(x, \dot{x}) = \beta x^2 \dot{x}$$

ist. Mit (219) bis (221) wird dann

$$\operatorname{Re} N(A, \omega) = \frac{1}{\pi A} \int_0^{2\pi} \beta(A \sin v)^2 \, \omega A \cos v \cdot \sin v \, dv ,$$

$$\operatorname{Im} N(A, \omega) = \frac{1}{\pi A} \int_0^{2\pi} \beta(A \sin v)^2 \, \omega A \cos v \cdot \cos v \, dv .$$

Beim ersten dieser Integrale ist der Integrand eine ungerade Funktion von v. Daher ist $\operatorname{Re} N(A, \omega) = 0$. Aus dem zweiten Integral folgt

$$\operatorname{Im} N(A, \omega) = \frac{\beta}{\pi} A^2 \omega \int_0^{2\pi} \sin^2 v \cos^2 v \, dv = \frac{\beta}{4} A^2 \omega .$$

Daher ist die Beschreibungsfunktion zur Nichtlinearität $F(x, \dot{x}) = \beta x^2 \dot{x}$:

(228) $$N(A, \omega) = j \frac{\beta}{4} A^2 \omega ,$$

ein Beispiel für eine rein imaginäre Beschreibungsfunktion, die überdies von ω abhängt.

Da auf die Van der Polsche Differentialgleichung keine äußere Anregung wirkt, ist in (222) $E = 0$ zu setzen. Damit entsteht die komplexe Gleichung

$$(j\omega)^2 - \alpha j\omega + \omega_0^2 + j \frac{\beta}{4} A^2 \omega = 0 .$$

Die Zerlegung in Real- und Imaginärteil liefert

$$-\omega^2 + \omega_0^2 = 0 ,$$

$$-\alpha + \frac{\beta}{4} A^2 = 0 .$$

Daraus folgt

(229) $$\omega_p = \omega_0 ,$$

(230) $$A_p = 2\sqrt{\frac{\alpha}{\beta}}$$

für die *Frequenz und Amplitude der Dauerschwingung der Van der Polschen Gleichung*, deren Existenz wir sofort aus der Struktur der Differentialgleichung erschlossen hatten.

Es läßt sich unschwer zeigen, daß die *Van der Polsche Gleichung keine Dauerschwingung mit Gleichterm* besitzen kann. Angenommen dies sei der Fall. Dann gilt im Zustand der Harmonischen Balance Bild 118. Für die Balance der Gleichterme folgt aus ihm die Beziehung

$$-C = \frac{1}{\omega_0^2} U_0 .$$

Darin ist

$$U_0 = \frac{1}{2\pi} \int_0^{2\pi} \beta(C + A \sin v)^2 \omega A \cos v \, dv =$$

$$= \frac{\beta\omega A}{2\pi} \int_0^{2\pi} [C^2 + 2CA \sin v + A^2 \sin^2 v] \cos v \, dv =$$

$$= \frac{\beta\omega A^3}{2\pi} \int_0^{2\pi} \sin^2 v \cos v \, dv = 0 .$$

Infolgedessen ist auch $C = 0$.

Gehen wir nun zur *Duffingschen Gleichung* (216) über, so ist

(231) $$P(j\omega) = (j\omega)^2 + 2d(j\omega) + \omega_0^2 = \omega_0^2 - \omega^2 + j2d\omega$$

und

(232) $$F(x, \dot{x}) = \alpha x^3 ,$$

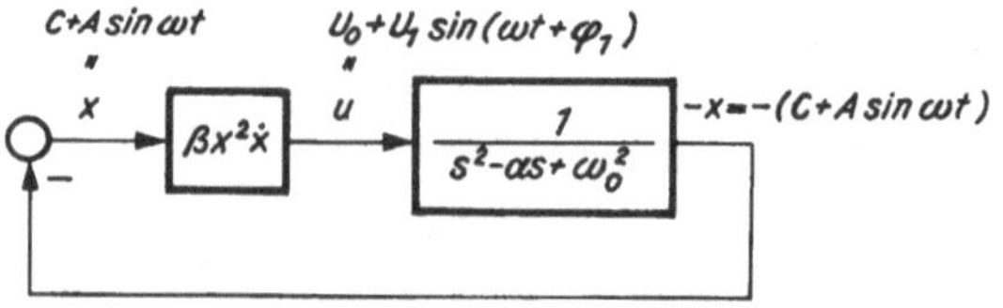

Bild 118 Zum Nachweis, daß die Van der Polsche Gleichung keine Dauerschwingung mit Gleichterm hat

also eine ungerade Kennlinie. Neuartig ist hier nur das Auftreten der äußeren Anregung $E \sin \omega t$.

Aus (232) folgt mit $x = A \sin(\omega t + \varphi) = A \sin v$:

$$N(A) = \frac{1}{\pi A} \int_0^{2\pi} \alpha (A \sin v)^3 \sin v \, dv = \frac{\alpha}{\pi} A^2 \int_0^{2\pi} \sin^4 v \, dv ,$$

also

(233) $$N(A) = \frac{3}{4} \alpha A^2 .$$

Damit wird aus den Gleichungen (226) und (227) der Harmonischen Balance wegen $\varphi_0 = \pi/2$:

(234a) $$\left[\frac{3}{4} \alpha A^2 + \omega_0^2 - \omega^2\right]^2 + 4 d^2 \omega^2 = \frac{E^2}{A^2} ,$$

(234b) $$\cot \varphi = \frac{2 d \omega}{\omega_0^2 - \omega^2 + \frac{3}{4} \alpha A^2} .$$

(234a) ist eine kubische Gleichung für A^2. Aus ihr erhält man die Amplitude $A_p = A_p(\omega)$ der Dauerschwingung, die sich in dem System bei gegebener Frequenz ω der äußeren Schwingung ausbildet. Durch Einsetzen von $A_p(\omega)$ in (234b) ergibt sich die Phasenverschiebung $\varphi_p(\omega)$ der x-Schwingung gegenüber der von außen vorgegebenen Schwingung. Eine ausführliche Diskussion der Kurvenschar (234a) in der ω-A-Ebene und des dabei auftretenden „Sprungeffektes" findet man in [23], [24].

Ist die Schwingungsdifferentialgleichung ungedämpft und treten dadurch Eigenschwingungen des Systems auf, so werden bei Aufschalten einer sinusförmigen Eingangsgröße im allgemeinen Schwingungsformen entstehen, die sich nicht mehr durch eine harmonische Schwingung approximieren lassen. Vielmehr werden sie aus der Überlagerung der Eigenschwingung des Systems und der äußeren Schwingung hervorgehen und können z. B. die Form von Schwebungen haben. Die Harmonische Balance ist dann, wenn überhaupt, nicht mehr in der hier beschriebenen einfachen Form anwendbar.

9. Nichtlineare Stabilisierung anhand eines Anwendungsbeispiels

In den vorangegangenen Kapiteln wurde verschiedentlich darauf eingegangen, wie sich das Stabilitätsverhalten einer nichtlinearen Regelung durch *lineare* Maßnahmen (Veränderung der Kreisverstärkung, Einführung eines PD-Reglers) beeinflussen läßt (Kapitel 3 und 5). Im folgenden soll an einem aus der industriellen Praxis stammenden Beispiel gezeigt werden, wie man durch *gezielte Veränderung der Nichtlinearität* das Stabilitätsverhalten einer Regelung verbessern kann. Es handelt sich um die Enthalpieregelung eines Dampferzeugers, die von G. Kallina entworfen wurde.*) An seinen Gedankengang lehnen sich die nachfolgenden Betrachtungen an.

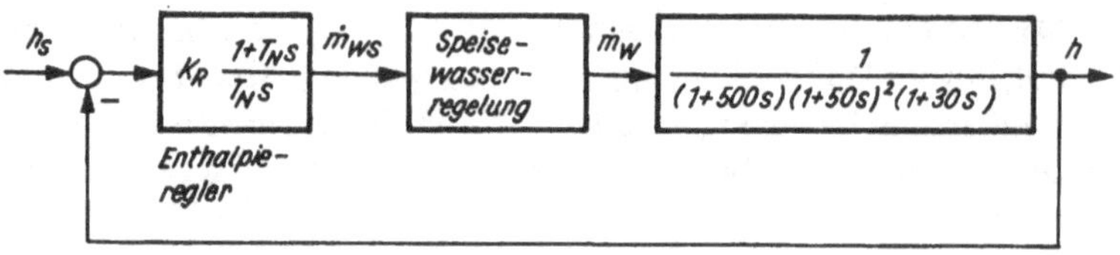

Bild 119 Enthalpieregelung (Zeitkonstanten in s)

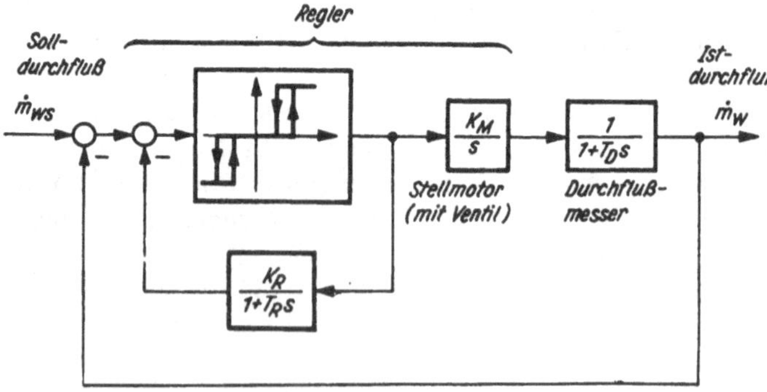

Bild 120 Speisewasserregelung aus Bild 119

*) G. Kallina: Nichtlineare Probleme bei komplexen Regelstrecken. Erscheint voraussichtlich in der „Regelungstechnik" 1978.

Dabei kommt es hier nicht auf das spezielle System an, vielmehr geht es um die Darstellung einer allgemeiner verwendbaren Vorgehensweise an einem realistischen Beispiel. Strukturen von der Art der in Bild 119 und 120 dargestellten treten, zumindest im Bereich der Verfahrenstechnik, öfter auf. Das zu beschreibende Entwurfsverfahren dürfte sich in derartigen Fällen mit Nutzen verwenden lassen.

9.1 Struktur des Systems

Es wird ein Dampferzeuger mit Zwangdurchlauf untersucht. Nimmt man an, daß die Brennstoffzufuhr konstant ist, so wird die Enthalpie h am Austritt des Verdampfers allein durch den Wasserzufluß $\dot{m}_W$ am Eintritt des Dampferzeugers bestimmt. Bild 119 zeigt die Struktur des Enthalpieregelkreises mit unterlagerter Speisewasserregelung. Die Struktur des Speisewasserregelkreises ist im Bild 120 wiedergegeben. Die innere Schleife der Speisewasserregelung (einschließlich des nachgeschalteten Stellmotors) stellt einen PI-Regler dar, wie er in der Verfahrenstechnik üblich ist.*)

Insgesamt liegt ein dreifach verschleiftes System vor, in dessen innerster Schleife die Nichtlinearität liegt. Es wäre ohne weiteres möglich, durch Strukturumformung auf den nichtlinearen Standardregelkreis zu kommen. Es geht jetzt aber nicht nur um die Stabilitäts*analyse*, vielmehr will man gezielte Eingriffe im System vornehmen, und zwar im Bereich des Enthalpiereglers. Daher darf man nur solche Strukturumformungen durchführen, bei denen dort die realen Verhältnisse erhalten bleiben, insbesondere der Solldurchfluß $\dot{m}_{WS}$ nach wie vor greifbar bleibt.

Um überschaubare Verhältnisse zu bekommen, vereinfachen wir zunächst die Struktur der Speisewasserregelung. Von der übergeordneten Regelung her gesehen, ist sie sehr schnell, so daß man T_D vernachlässigen darf. Durch Umzeichnen von Bild 120 erhält man dann Bild 121 a. Faßt man die darin vorkommende Parallelschaltung zu *einem* Block zusammen, so hat dieser die Übertragungsfunktion

$$G(s) = \frac{K_M}{s} + \frac{K_R}{1 + T_R s} = \frac{K_M}{s}\left(1 + \frac{K_R}{K_M}\frac{s}{1 + T_R s}\right).$$

*) Siehe etwa W. Böttcher: Vergleich von Dreipunktreglern mit einem linearen kontinuierlichen PI-Regler, Teil I, S. 114—119, und Teil II, S. 210—213, Regelungstechnik **10** (1962), sowie P. Schleuning: Die Wirkung des progressiven dynamischen Verhaltens von Impulsreglern. Regelungstechnik **10** (1962), S. 71—77.

Da im Hinblick auf den übergeordneten Regelkreis nur langsame Vorgänge von Bedeutung sind, darf man den Term $\frac{K_R}{K_M} \frac{s}{1 + T_R s}$ vernachlässigen. Daher ist mit genügender Näherung

$$G(s) = \frac{K_M}{s}.$$

Damit hat man Bild 121 b. Rückverlegung der I-Glieder über die vorangehende Verzweigungsstelle führt schließlich zur Struktur im Bild 121 c. Darin ist zusätzlich die geringfügige Hysterese des Dreipunktgliedes vernachlässigt. Im Hinblick auf die nächste Untersuchung wurde weiterhin $\dot{m}_{WS}$ mit u und $\dot{m}_W$ mit x bezeichnet sowie die zusätzliche Bezeichnung y eingeführt.

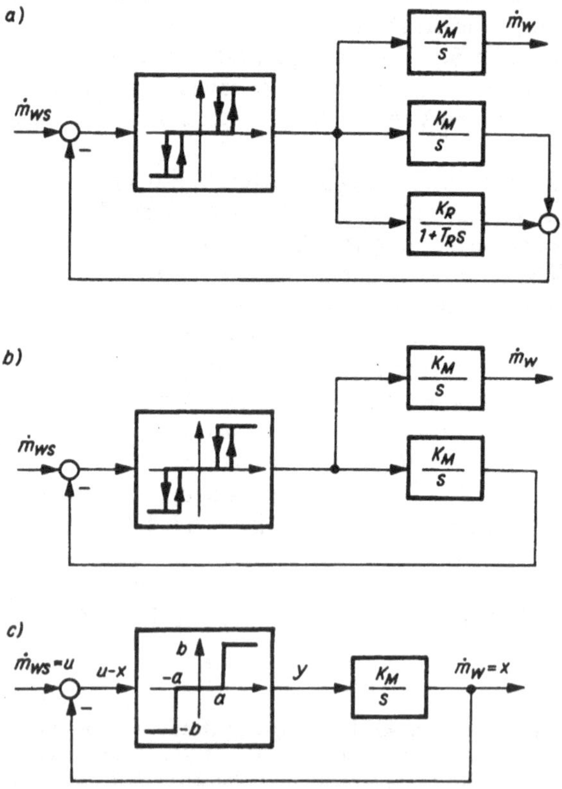

Bild 121 Strukturumformung der Speisewasserregelung

Um das dynamische Verhalten der Regelung im Bild 121c zu analysieren, betrachtet man es in der u-x-Ebene. Aus Bild 121c liest man ab: Im Bereich

$$u - x < -a\,, \qquad \text{also} \qquad x > u + a\,, \qquad \text{ist} \qquad y = -b\,,$$

im Bereich

$$u - x > a\,, \qquad \text{also} \qquad x < u - a\,, \qquad \text{ist} \qquad y = +b\,,$$

im Zwischenbereich

$$-a < u - x < a \qquad \text{ist} \quad y = 0\,.$$

Geometrisch gesprochen:

Oberhalb der Geraden $g_0 : x = u + a$ ist $y = -b$,
unterhalb der Geraden $g_u : x = u - a$ ist $y = b$,
zwischen beiden Geraden ist $y = 0$.

Diese Einteilung der u-x-Ebene in drei Zonen ist im Bild 122 wiedergegeben.

Wir gehen nun von einem beliebigen Anfangszustand aus, etwa dem im Bild 122 eingezeichneten Punkt $A = (u_0, x_0)$. $u(t)$ möge wachsen, also $\dot{u}(t) > 0$ sein. Da $y = 0$ ist, verharrt das I-Glied (im Bild 121c) zunächst in Ruhe, und x_0 bleibt auf seinem Anfangswert stehen: Der Punkt (u, x) wandert auf der Horizontalen AB nach rechts. Überschreitet er die Gerade g_u, so wird $y = b$ und das I-Glied liefert für x eine mit bK_M ansteigende Rampenfunktion. Da $K_M \gg 1$, bewegt sich der Punkt (u, x) längs BC nahezu senkrecht nach oben sofort wieder in die Zone mit $y = 0$. Dort setzt sogleich die vorangegangene Bewegung ein, und das Spiel wiederholt sich. Wie man sieht, bewegt sich der Punkt (u, x) praktisch auf der Geraden g_u. Das geht so lange, wie $u(t)$ wächst. Beginnt $u(t)$ abzunehmen, etwa im Punkt E, so bleibt vorerst $y = 0$ und die Ausgangsgröße x des I-Gliedes verharrt auf dem zuletzt erreichten Wert. Das heißt: (u, x) bewegt sich auf dem Geradenstück EF

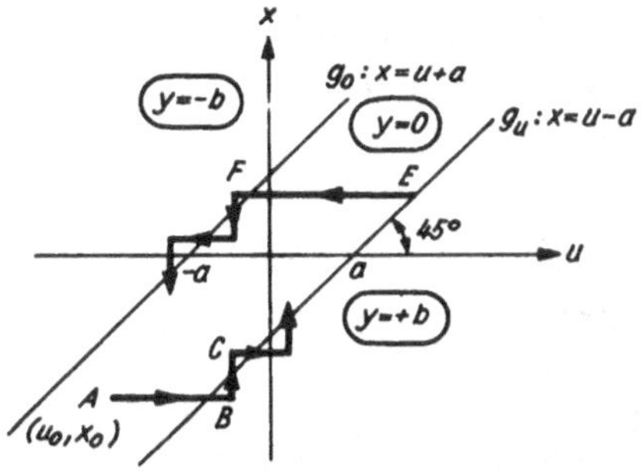

Bild 122 Analyse der Speisewasserregelung in der u-x-Ebene

nach links. Ändert $u(t)$ zwischendurch seine Richtung, so wandert der Punkt (u, x) auf EF wiederum nach rechts. Kommt er aber in F an, so bewegt er sich auf g_0 nach unten, so lange $u(t)$ abnimmt. Das sieht man ganz entsprechend ein wie die Bewegung auf g_u.

Man hat so das Ergebnis: *Die Speisewasserregelung verhält sich wie die im Bild 123 skizzierte Nichtlinearität.* Diese ist aus der Mechanik wohlbekannt und wird als *Lose* bezeichnet.

Ehe wir die Enthalpieregelung weiter untersuchen, soll das Auftreten der Lose in der Mechanik kurz betrachtet und ihre Beschreibungsfunktion berechnet werden.

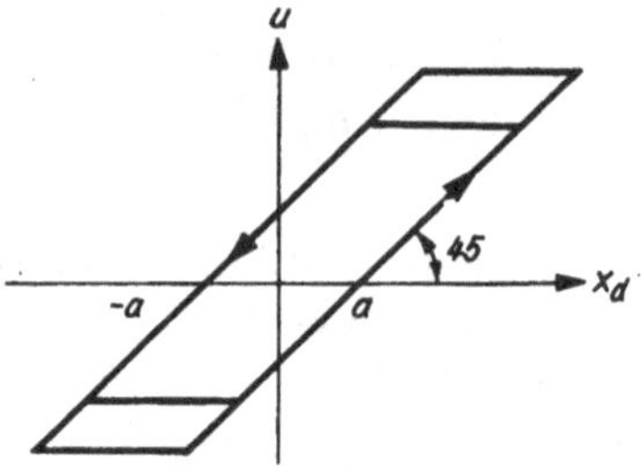

Bild 123 Lose-Nichtlinearität

9.2 Lose

Greifen zwei sich bewegende mechanische Teile ineinander, so kann *Lose* (oder Spiel) auftreten, wie dies im Bild 124 dargestellt ist. Verschiebt sich M_1, so bleibt M_2 zunächst in Ruhe und wird erst in Bewegung gesetzt, wenn die Verschiebung x_d von M_1 gleich a geworden ist. Danach ist die Verschiebung u von M_2 gleich $x_d - a$.

Kehrt M_1 nun seine Bewegungsrichtung um, so bleibt M_2 zunächst wieder in Ruhe, und zwar so lange, bis M_1 den Weg $2a$ in der entgegengesetzten Richtung zurückgelegt hat. Danach ist $u = x_d + a$.

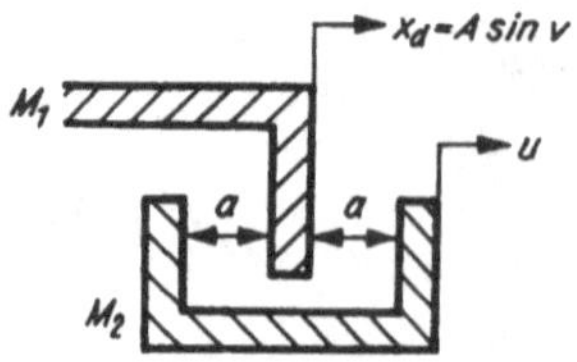

Bild 124 Auftreten der Lose bei einem mechanischen System

Der so in Worten beschriebene Zusammenhang zwischen x_d und u ist durch die Kennlinie im Bild 123 gegeben. Wie aus der vorangegangenen Beschreibung hervorgeht, können die horizontalen Kennlinienstücke irgendwo von den geneigten Kennlinienstücken abgehen — wo, hängt davon ab, wie weit sich M_1 bewegt bzw. zurückbewegt. Man sieht auch, daß die horizontalen Geradenstücke im Bild 123 in beiden Richtungen durchlaufen werden können.

Den Realteil Re $N(A)$ der *Beschreibungsfunktion* berechnet man am einfachsten, indem man unmittelbar aus dem Bild 124 die Verschiebung u von M_2 in Abhängigkeit von der Verschiebung $x_d = A \sin v$ von M_1 beschreibt. Wie stets ist dabei $v = \omega t$ die normierte Zeit. A muß $> a$ sein, wenn überhaupt eine Bewegung von M_2 zustande kommen soll. Geht man von der in Bild 124 skizzierten Position aus, so muß x_d erst den Weg a zurücklegen, ehe u von Null abweicht. Dies ist der Einschwingvorgang. Erst dann beginnt die Dauerschwingung, die hier interessiert (Bild 125). Für sie gilt zunächst

$$u = x_d - a = A \sin v - a ,$$

so lange, wie M_1 und M_2 in Kontakt sind, also bis $v = \pi/2$. Dann nimmt x_d wieder ab. M_2 verliert den Kontakt mit M_1 und bleibt in der Endlage stehen: $u = A - a$. Das gilt so lange, bis M_1 an der entgegengesetzten Seite mit M_2 Kontakt aufnimmt (Bild 124), also nach Durchlaufen des Weges $-2a$ seit der Endlage $x_d = A$. Der

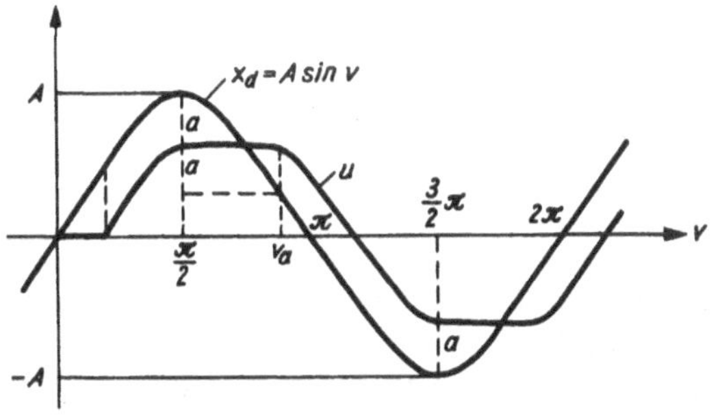

Bild 125 Berechnung des Realteils der Beschreibungsfunktion der Lose

zugehörige Zeitpunkt v_a ist daher durch $x_d(v_a) = A - 2a$, also $A \sin v_a = A - 2a$ gegeben. Dabei kann $x_d(v_a) < 0$ sein, nämlich dann, wenn $A < 2a$ ist. Auf jeden Fall ist $\pi/2 < v_a < 3/2\pi$. Für $v > v_a$ ist dann nach Bild 125 $u = x_d + A \sin v + a$, und zwar bis zum nächsten Minimum von x_d usw.

Wegen der Ungeradheit von $u(v)$ genügt es, das Intervall von $\pi/2$ bis $3/2\pi$ zu betrachten. Dort ist also

$$u = \begin{cases} A - a, & \frac{\pi}{2} \leqq v \leqq v_a, \\ A \sin v + a, & v_a \leqq v \leqq \frac{3}{2}\pi, \end{cases} \tag{235}$$

wobei

$$\sin v_a = \frac{A - 2a}{A} = 1 - \frac{2a}{A}, \tag{236}$$

also

$$v_a = \arcsin\left(1 - \frac{2a}{A}\right)$$

ist. Da $\pi/2 < v_a < 3/2\pi$, stellt jedoch die arc sin-Funktion nicht den Hauptwert, d. h. den Wert zwischen $-\pi/2$ und $\pi/2$, dar. Der obige Wert ist aber gleich dem negativen Hauptwert, vermehrt um π*):

$$v_a = \pi - \operatorname{Arcsin}\left(1 - \frac{2a}{A}\right), \tag{237}$$

wobei der große Anfangsbuchstabe, wie vielfach üblich, den Hauptwert kennzeichnet.

Die Berechnung von $\operatorname{Re} N(A)$ erfolgt nun wie üblich und führt mit $\sin 2v_a = 2 \sin v_a \cos v_a$ zu

$$\operatorname{Re} N(A) = \frac{1}{\pi}\left[\frac{3}{2}\pi - v_a - 2\left(1 - \frac{2a}{A}\right)\cos v_a + \sin v_a \cos v_a\right]. \tag{238}$$

Darin ist wegen (236)

$$\cos v_a = \pm\sqrt{2\left(\frac{2a}{A}\right) - \left(\frac{2a}{A}\right)^2}. \tag{239}$$

Da v_a zwischen $\pi/2$ und $3/2\pi$ liegt, gilt hierin das negative Vorzeichen. Damit und mit (236) und (237) wird

$$\operatorname{Re} N(A) = \frac{1}{2} + \frac{1}{\pi}\left[\operatorname{Arcsin}\left(1 - \frac{2a}{A}\right) + \left(1 - \frac{2a}{A}\right)\sqrt{2\left(\frac{2a}{A}\right) - \left(\frac{2a}{A}\right)^2}\right], \quad A > a. \tag{240}$$

*) Siehe z. B. [27], Seite 80. Man geht zum Hauptwert über, um ohne lange Erläuterungen den gemeinten Wert festzulegen. Aber auch aus praktischen Gründen; so liefert der Taschenrechner stets den Hauptwert.

Was die Berechnung von Im $N(A)$ betrifft, so ist es am einfachsten, die allgemeine Formel (69) zu verwenden:

$$\operatorname{Im} N(A) = -\frac{S}{\pi A^2}.$$

Hierin ist S die Fläche der Hystereseschleife, die gemäß Bild 126 bei der Dauerschwingung $x_d = A \sin v$ umlaufen wird. Da es sich um ein Parallelogramm mit der Grundlinie $2a$ und der Höhe $2(A - a)$ handelt, ist $S = 4aA - 4a^2$ und damit

(241) $$\operatorname{Im} N(A) = -\frac{1}{\pi}\left[2\frac{2a}{A} - \left(\frac{2a}{A}\right)^2\right].$$

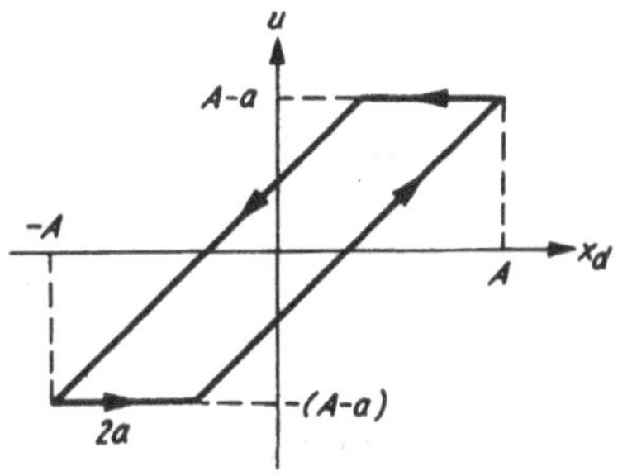

Bild 126 Berechnung des Imaginärteils der Beschreibungsfunktion der Lose

Die Darstellung der Beschreibungsfunktion wird noch etwas übersichtlicher, wenn man anstelle von A den Parameter

$$\alpha = 1 - \frac{2a}{A}, \qquad a < A < +\infty,$$

einführt. Wegen

$$2\left(\frac{2a}{A}\right) - \left(\frac{2a}{A}\right)^2 = \frac{2a}{A}\left(2 - \frac{2a}{A}\right) = (1-\alpha)(1+\alpha) = 1 - \alpha^2$$

wird dann

(242) $$\operatorname{Re} N(A) = \frac{1}{2} + \frac{1}{\pi}\left[\operatorname{Arcsin}\alpha + \alpha\sqrt{1-\alpha^2}\right],$$

(243) $$\operatorname{Im} N(A) = -\frac{1}{\pi}(1-\alpha^2), \qquad -1 < \alpha < 1.$$

Die nichtlineare Ortskurve ist dann wegen

$$N_J(A) = -\frac{1}{N(A)} \quad \text{durch}$$

$$\xi = \operatorname{Re} N_J(A) = -\frac{\operatorname{Re} N(A)}{|N(A)|^2}, \qquad \eta = \operatorname{Im} N_J(A) = \frac{\operatorname{Im} N(A)}{|N(A)|^2}$$

gegeben. Ihr Graph ist im Bild 128 wiedergegeben. Für $A \to +\infty$ bzw. $\alpha \to 1$ strebt

$$\operatorname{Re} N(A) \to 1, \qquad \operatorname{Im} N(A) \to 0$$

und damit

$$\operatorname{Re} N_J(A) \to -1, \qquad \operatorname{Im} N_J(A) \to 0.$$

Das Verhalten der nichtlinearen Ortskurve für $A \to a$ bzw. $\alpha \to -1$ ist nicht ohne weiteres zu erkennen, da sowohl Re $N(A)$ als auch Im $N(A) \to 0$ strebt. Um hier weiterzukommen, kann man

$$\alpha = -1 + \varepsilon = -(1 - \varepsilon), \qquad 0 < \varepsilon \ll 1$$

setzen. Dann ist zunächst

$$\operatorname{Re} N(A) = \frac{1}{2} - \frac{1}{\pi} \operatorname{Arcsin}(1 - \varepsilon) - \frac{1}{\pi}(1 - \varepsilon)\sqrt{2\varepsilon}.$$

Aus $z = \operatorname{Arc\,sin}(1 - \varepsilon)$ folgt $\sin z = 1 - \varepsilon$. Darin ist $\sin z = \cos(\pi/2 - z)$, also näherungsweise $\sin z = 1 - 1/2(z - \pi/2)^2$, so daß $z = \pi/2 - \sqrt{2\varepsilon}$ folgt. Damit erhält man

$$\operatorname{Re} N(A) = \frac{\varepsilon}{\pi}\sqrt{2\varepsilon}.$$

Entsprechend ist

$$\operatorname{Im} N(A) = -\frac{2}{\pi}\varepsilon.$$

Aus $N_J(A) = -\dfrac{1}{N(A)}$ folgt nun

$$\operatorname{Re} N_J(A) = -\frac{\operatorname{Re} N(A)}{|N(A)|^2} = -\frac{\pi}{4}\frac{1}{1 + \frac{\varepsilon}{2}}\sqrt{\frac{2}{\varepsilon}},$$

$$\operatorname{Im} N_J(A) = \frac{\operatorname{Im} N(A)}{|N(A)|^2} = -\frac{\pi}{2}\frac{1}{1 + \frac{\varepsilon}{2}}\frac{1}{\varepsilon}.$$

Für $\varepsilon \to 0$, d. h. $a \to -1$ oder $A \to a$, streben somit

$$\operatorname{Re} N_J(A) \to -\infty, \qquad \operatorname{Im} N_J(A) \to -\infty.$$

9.3 Stabilitätsanalyse und Stabilisierung

Wir kehren nun zur Enthalpieregelung zurück. Nachdem am Schluß von Abschnitt 9.1 nachgewiesen wurde, daß die Speisewasserregelung einer Lose äquivalent ist, ergibt sich für die Enthalpieregelung die Struktur im Bild 127.

Die Lose wurde zunächst ignoriert und für den verbleibenden linearen Regelkreis der im Bild 127 eingezeichnete PI-Regler ausgelegt:

$$G_R = 2{,}5\,\frac{1 + 200s}{200\,s}.$$

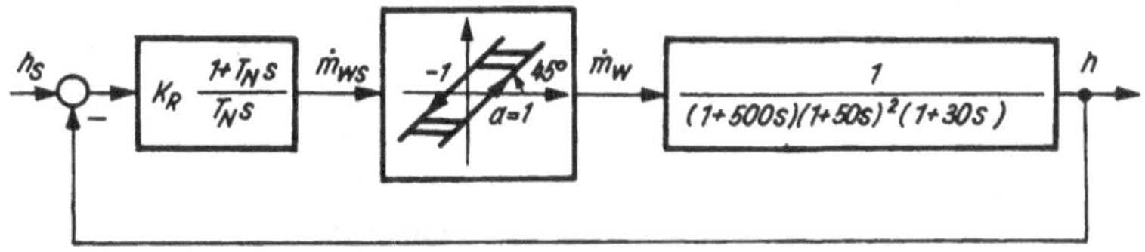

Bild 127 Endgültige Struktur der Enthalpieregelung
$K_R = 2{,}5\ \mathrm{m^3\,s^{-1}\,J^{-1}\,kg}$; $T_N = 200$ s

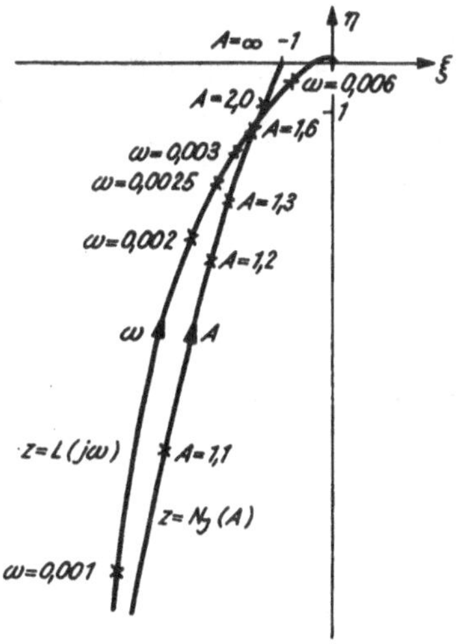

Bild 128 Anwendung des Zwei-Ortskurven-Verfahrens zur Stabilitätsanalyse der Enthalpieregelung $z = N_J(A)$ Ortskurve der Lose

$$z = L(j\omega) = 2{,}5\,\frac{1 + 200j\omega}{200j\omega}\;\frac{1}{(1 + 500j\omega)(1 + 50j\omega)^2(1 + 30j\omega)}$$

Die damit erzielte Ortskurve des linearen Teilsystems sieht man im Bild 128. Nach dem Nyquist-Kriterium ist der lineare Kreis stabil, und zwar mit einer Phasenreserve von etwa 30°, wie sie für Störverhalten ausreicht.

Nun kommt aber die Einwirkung der Lose! Ihre Ortskurve ist ebenfalls im Bild 128 eingetragen. Man erkennt einen Schnittpunkt mit der linearen Ortskurve bei

$$\omega_{p1} \approx 5 \cdot 10^{-3}\,\mathrm{s}^{-1}\,, \qquad \text{also} \qquad T_{p1} \approx 16\,\mathrm{min}$$

und

$$A_{p1} \approx 1{,}7 \quad (\text{bezogen auf } a = 1)\,.$$

Es muß aber noch einen weiteren Schnittpunkt beider Ortskurven geben. Wie bei jedem System mit J-Verhalten, so strebt auch hier Re $L(j\omega)$ für $\omega \to +0$ einem endlichen Grenzwert zu. Der Verlauf der linearen Ortskurve im Bild 128 deutet das bereits an. Hingegen strebt mit abnehmendem $A(A \to a)$ Re $N_J(A) \to -\infty$, wie im Abschnitt 9.2 gezeigt wurde. Daher muß die nichtlineare Ortskurve die lineare noch in einem zweiten Punkt durchdringen. In der Tat erhält man einen zweiten Schnittpunkt für

$$\omega_{p2} \approx 5 \cdot 10^{-5}\,\mathrm{s}^{-1}\,, \qquad A_{p2} \approx 1{,}05\,.$$

Die Enthalpieregelung weist also zwei Dauerschwingungen auf. Wie man aus der Skizze im Bild 129 entnimmt, ist diejenige mit der größeren Amplitude A_{p1} stabil, diejenige mit der kleineren Amplitude A_{p2} instabil. Daher wird die Ruhelage des Systems, die aus der Zone $\dot{m}_W = 0$, $|\dot{m}_{WS}| < a$ besteht, asymptotisch stabil sein. Da aber A_{p1} nur wenig größer als a ist, *wird die Ruhelage bereits bei kleinen Störungen verlassen und die stabile Dauerschwingung angenommen.*

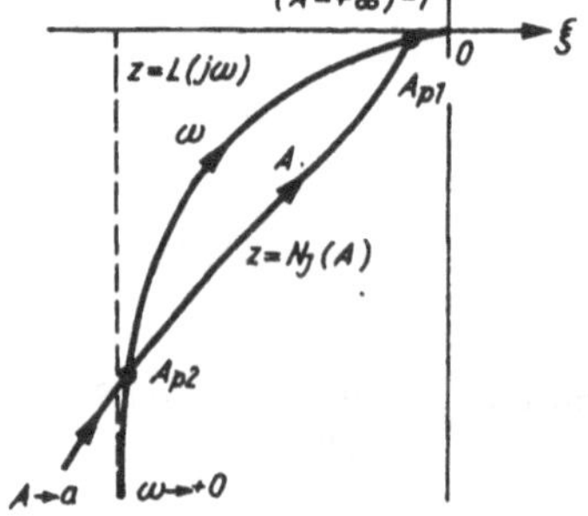

Bild 129 Stabilitätsverhalten der Dauerschwingungen des Enthalpieregelkreises

Was kann man nun tun, um dieses Verhalten zu verbessern? Die nächstliegende Maßnahme besteht darin, die *Verstärkung* K_R des Enthalpiereglers zu *verringern*. Dadurch kann man die lineare Ortskurve so stark zusammenziehen, daß die Schnittpunkte mit der nichtlinearen Ortskurve und damit die Dauerschwingungen verschwinden. Im vorliegenden Fall müßte K_R dazu mindestens auf die Hälfte reduziert werden. Dadurch würde aber die Ausregelung der Störungen zu sehr verlangsamt.

Der *Einsatz eines PD-Reglers* zur Rückdrehung der linearen Ortskurve ist zwecklos, da man wegen der Störwelligkeit keinen genügend starken D-Anteil verwirklichen kann.

Will man also das Stabilitätsverhalten verbessern, so ist man gezwungen, dies über die Nichtlinearität zu versuchen. Als erstes wird man an eine *Veränderung des Parameters a der Nichtlinearität* denken. Wegen $\alpha = 1 - 2a/A$ erhält man für ein geändertes a die gleichen α-Werte wie für das ursprüngliche a, nur mit anderen A-Werten. Da die Lage der Punkte der nichtlinearen Ortskurve gemäß (242) und (243) durch α bestimmt wird, ändert sich bei Wahl eines anderen a die Gestalt der nichtlinearen Ortskurve nicht. Lediglich die Verteilung des Parameters A längs der Ortskurve wird anders. Betrachtet man irgendein festes α und ändert a in a' ab, so gilt für die zugehörigen Werte A und A'

$$1 - \frac{2a}{A} = 1 - \frac{2a'}{A'}, \quad \text{also} \quad \frac{A}{A'} = \frac{a}{a'}.$$

Wird daher a *vergrößert*, so gehören zu den gleichen Ortskurvenpunkten größere A-Werte. Da dies auch für die Schnittpunkte mit der linearen Ortskurve gilt, werden die Amplituden A_{p1} und A_{p2} größer. Da der Einzugsbereich der Ruhelage von der Amplitude A_{p2} der instabilen Dauerschwingung abhängt, wird er sich also bei Vergrößerung von a ausdehnen, das Stabilitätsverhalten somit verbessert werden. Aber ein solches Vorgehen ist riskant! Tritt doch einmal eine größere Störung auf, durch welche der Einzugsbereich der Ruhelage verlassen wird, so ist die Amplitude der nun entstehenden stabilen Dauerschwingung so groß, daß eine Gefährdung der Anlage eintreten kann.

Wird umgekehrt a *verkleinert*, so gehören zu den Schnittpunkten der beiden Ortskurven kleinere A-Werte als vorher. Der Einzugsbereich der Ruhelage wird dann so klein, daß bei den stets vorhandenen Störungen die stabile Dauerschwingung angenommen wird, das System sich dann also tatsächlich im Zustand der Dauerschwingung befindet. Falls man aber a klein genug wählt, im vorliegenden Fall z. B. $a = 0{,}2$ (Verkleinerung auf 1/5), ist deren Amplitude A_{p1} soweit herabgesetzt, daß sie im Bereich der allgemeinen Störwelligkeit liegt und toleriert werden kann.

Beliebig klein darf man a jedoch nicht wählen. Die Nullzone des Dreipunktgliedes im Speisewasserregler (deren halbe Breite a ist) ist nämlich ein notwendiges

Übel, das unter anderem eine übermäßige Beanspruchung des Stellmotors verhindert.

Halten wir fest: Die Verkleinerung der Nullzone im Dreipunktglied des untergeordneten Regelkreises, soweit sie eben möglich ist, stellt eine zweckmäßige Stabilisierungsmaßnahme dar.

Will man jedoch die Dauerschwingung vollständig beseitigen, so muß man zu einem stärkeren Hilfsmittel greifen, nämlich eine zusätzliche nichtlineare Kennlinie vor die Lose schalten. Eine derartige Maßnahme entspricht der üblichen Reihenstabilisierung im linearen Regelkreis, nur daß jetzt eine Nichtlinearität eingebaut werden soll. Man kann deshalb von einer *nichtlinearen Reihenstabilisierung* sprechen. Wie hat man dabei die Korrekturkennlinie zu wählen?

Die folgende Überlegung soll dafür möglichst einfach einen Anhaltspunkt geben. Ausdrücklich sei darauf hingewiesen, daß sie lediglich heuristischen Charakter hat und durch die nachfolgende rechnerische Untersuchung bestätigt werden muß. Die Schnittpunkte der beiden Ortskurven im Bild 128 werden beseitigt, wenn es gelingt, die nichtlineare Ortskurve im Bereich kleiner und mittlerer A nach links wegzudrücken. Das wird der Fall sein, wenn man für die Punkte dieses Ortskurvenbereiches den Betrag $|N_J(A)|$ genügend stark vergrößert. Um zu sehen, wie dies durch Vorschalten einer Kennlinie vor die Lose erreicht werden kann, gehen wir von Bild 130 aus. Darin sei die Nichtlinearität NL 1 eine eindeutige Kennlinie mit der positiven Beschreibungsfunktion $N_1(A)$, die zunächst noch nicht weiter festgelegt wird. Befindet sich die Regelung im Zustand der Harmonischen Balance, so liegt am Eingang von NL 1 die harmonische Schwingung $A\,e^{j\omega t}$. Falls man ganz überschlägig die periodische Ausgangsgröße von NL 1 durch ihre Grundschwingung ersetzt, hat man zwischen den beiden Nichtlinearitäten die harmonische Schwingung

$$B\,e^{j\omega t} \text{ mit } B = AN_1(A)\,.$$

Auf sie reagiert NL 2 mit der Grundschwingung

$$N_2(B)\,B\,e^{j\omega t}\,.$$

Somit ist die „Beschreibungsfunktion“ der Reihenschaltung beider Kennlinien

$$\frac{N_2(B)\,B}{A} = N_1(A)\,N_2[AN_1(A)]\,. \tag{244}$$

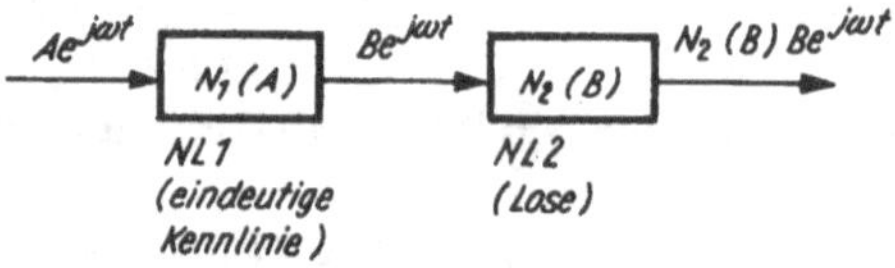

Bild 130 Heuristische Betrachtung zur nichtlinearen Reihenstabilisierung

Nochmals sei bemerkt, daß es sich hierbei um eine heuristische Betrachtung handelt und daß man bei der tatsächlichen Berechnung der Beschreibungsfunktion der Reihenschaltung nicht so vorgehen darf, da die Ersetzung der Schwingung zwischen den beiden Nichtlinearitäten durch eine harmonische Schwingung eine allzu starke Abweichung von der Wirklichkeit darstellt. Die nichtlineare Ortskurve zu (244) ist durch

$$z = -\frac{1}{N_1(A)}\,\frac{1}{N_2[AN_1(A)]}$$

gegeben. Sofern $N_1(A) < 1$, und zwar ausgeprägt im Bereich kleiner und mittlerer A, kann dies zu der gewünschten Streckung der zu N_2, also zur Lose, gehörenden nichtlinearen Ortskurve führen.

Eine Kennlinie mit dem gewünschten Verhalten von $N_1(A)$ stellt die Totzone dar. Das kann man aus (76) erkennen, aber auch sofort aus dem Bild 45 ablesen, wenn man beachtet, daß dort $-1/N(A)$ dargestellt ist. Man gelangt so zu dem Vorschlag, *zur Verbesserung des Stabilitätsverhaltens eine Totzone in Reihe vor die Lose zu schalten*: Bild 131.

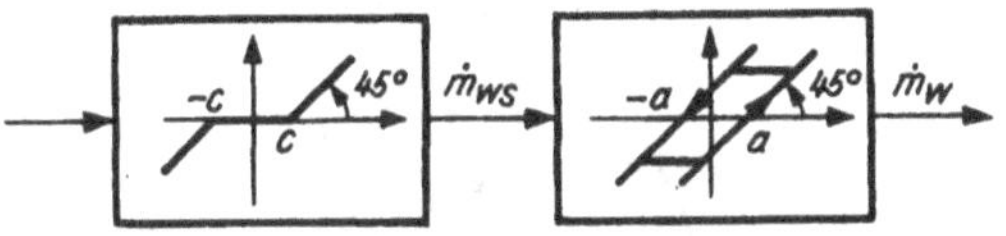

Bild 131 Reihenstabilisierung durch Vorschalten einer Totzone

Um die Tauglichkeit dieses Vorschlags zu überprüfen, hat man zunächst die Beschreibungsfunktion der Reihenschaltung Totzone — Lose exakt zu berechnen. Das kann in der bisherigen Manier geschehen (Abschnitt 2.3), doch wird die Berechnung schon recht umständlich. Man kann deshalb zur numerischen Berechnung übergehen. Dazu denkt man sich $A \sin v$ auf die Totzone geschaltet und erhält so die Ausgangsgröße $\dot m_{WS}(v)$ nach Bild 132a, die man etwa im Intervall $\pi/2 \leqq v \leqq 3/2\pi$ betrachtet. Eine hinreichend dichte Folge von Funktionswerten $\dot m_{WS}(v_\nu)$ (Größenordnung: 20) nimmt man als Argumente der Lose-Nichtlinearität (Bild 132b) und bekommt so die zugehörigen Werte $\dot m_w(v_\nu)$. Mit ihnen berechnet man numerisch das Integral

$$\operatorname{Re} N(A) = \frac{2}{\pi A} \int\limits_{\frac{\pi}{2}}^{\frac{3}{2}\pi} \dot m_W(v) \sin v \, dv\,.$$

Diese Rechnung hat man für jeden interessierenden A-Wert durchzuführen.

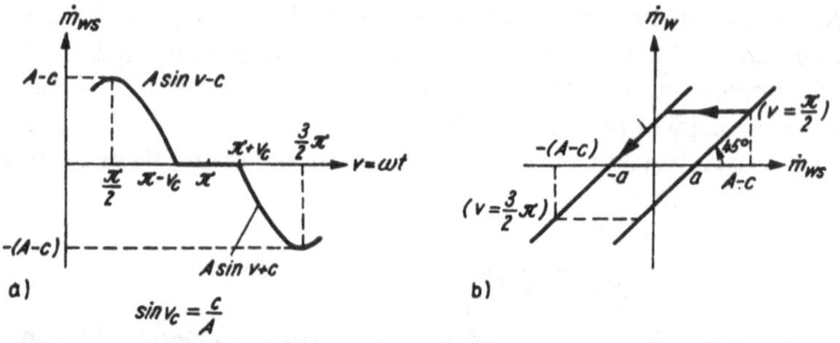

Bild 132 Zur numerischen Berechnung der Beschreibungsfunktion der Kennlinienschaltung aus Bild 131

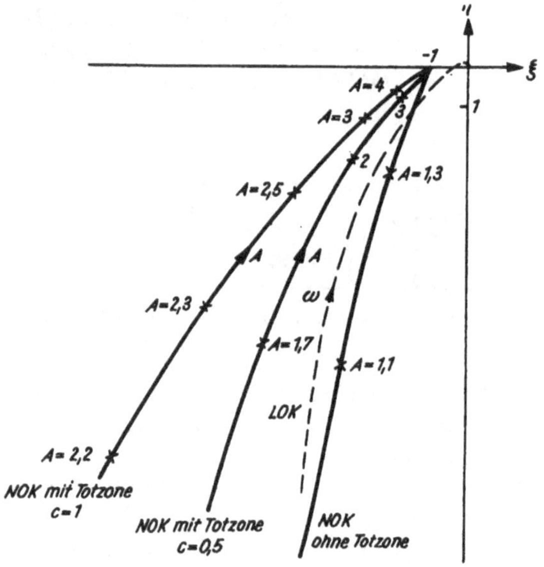

Bild 133 Auswirkung der Korrektur-Nichtlinearität auf die Lose-Ortskurve.
LOK: lineare Ortskurve
NOK: nichtlineare Ortskurve

Die Bestimmung des Imaginärteils ist einfacher, weil man sich auf die allgemeine Formel (69) stützen kann. Wie man aus Bild 132b sieht, ist die bei Aufschaltung von $A \sin v$ umschlossene Fläche S der Hystereseschleife ein Parallelogramm mit der Grundlinie $2a$ und der Höhe $2[(A - c) - a]$. Daher ist

$$S = 4aA - 4a^2 - 4ac$$

und somit

$$\text{(245)} \qquad \operatorname{Im} N(A) = -\frac{4}{\pi}\left[\frac{a}{A}\left(1 - \frac{a}{A} - \frac{c}{A}\right)\right].$$

Im vorliegenden Fall ist $a = 1$. Zwei nichtlineare Ortskurven der Reihenschaltung aus Bild 131, und zwar für $c = 0{,}5$ und $c = 1$ sind im Bild 133 dargestellt. Wie man sieht, gibt es in der Tat keinen Schnitt mehr mit der linearen Ortskurve. Es tritt somit keine Dauerschwingung mehr auf, und die Ruhelage darf als global asymptotisch stabil angesehen werden.

Bleibt abschließend zu sagen, daß die vorstehend beschriebene nichtlineare Stabilisierung mit sehr gutem Erfolg in Kraftwerken eingesetzt wird.

Übungsaufgaben mit Lösungen

Aufgabe 1

Wie lauten die Zustandsgleichungen des im Bild A1 dargestellten Regelkreises?

$G(s)$ ist eine rationale Übertragungsfunktion n-ter Ordnung mit einfachen Polen, deren Zählergrad höchstens gleich dem Nennergrad ist.

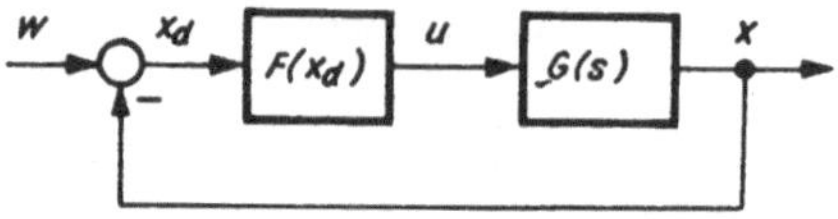

Bild A1

Aufgabe 2

Ein Totzeitglied und ein Kennlinienglied sind gemäß Bild A2 in Reihe geschaltet. Kann man sie vertauschen, ohne den Zusammenhang zwischen der Eingangsgröße $u(t)$ und der Ausgangsgröße $y(t)$ zu verändern?

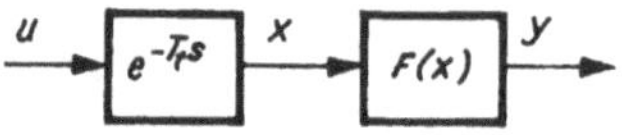

Bild A2

Aufgabe 3

Zwei Fälle werden betrachtet:

$$R(s) = K_R \quad \text{(P-Regler)}\,,$$

$$R(s) = K_R \frac{1 + 3s}{1 + 0{,}3s} \quad \text{(realer PD-Regler)}.$$

a) Man bestimme den Ruhezustand des nichtlinearen Regelkreises.

b) Man beschreibe den Regelkreis in Abweichungen vom Ruhezustand und skizziere den zugehörigen Standardregelkreis.

c) Für welche Werte des Reglerverstärkungsfaktors K_R ist der Regelkreis global asymptotisch stabil?

d) Warum verliert der PD-Regler bei großen sprungförmigen Sollwertänderungen seine dynamischen Vorzüge gegenüber dem P-Regler?

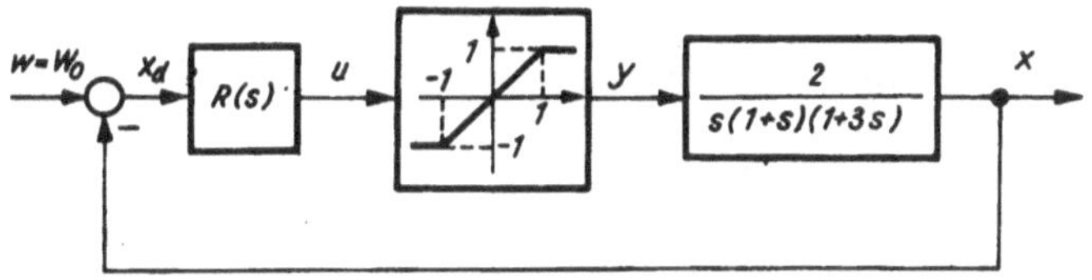

Bild A3

Aufgabe 4

Im Regelkreis von Bild A3 wird die Begrenzungskennlinie durch das Dreipunktglied nach Bild A4 ersetzt.

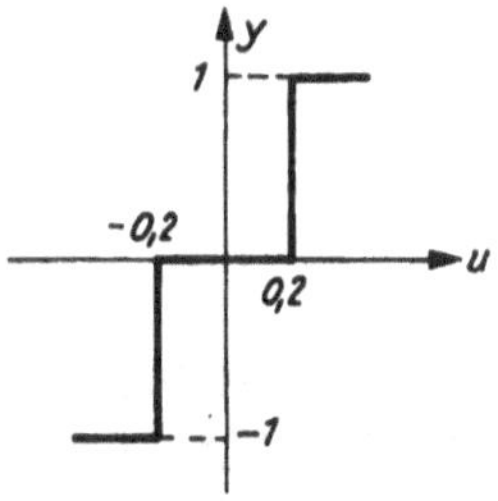

Bild A4

a) Wie groß darf jetzt K_R bei P- bzw. PD-Regelung gewählt werden, wenn globale asymptotische Stabilität herrschen soll?

b) Wie steht es mit der stationären Genauigkeit?

Aufgabe 5

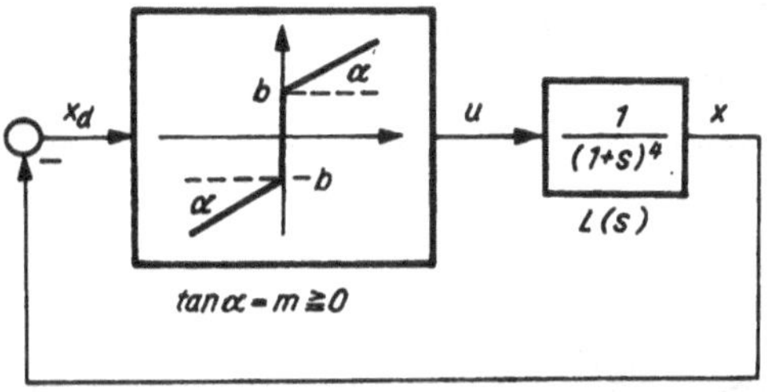

Bild A5

a) Man berechne die Beschreibungsfunktion der Kennlinie.

b) Wie können die lineare und die nichtlineare Ortskurve zueinander liegen?

c) In welchem Wertebereich des Parameters m führt der Regelkreis Dauerschwingungen aus?

d) Welches Verhalten zeigt der Regelkreis für den restlichen Wertebereich von m?

Aufgabe 6

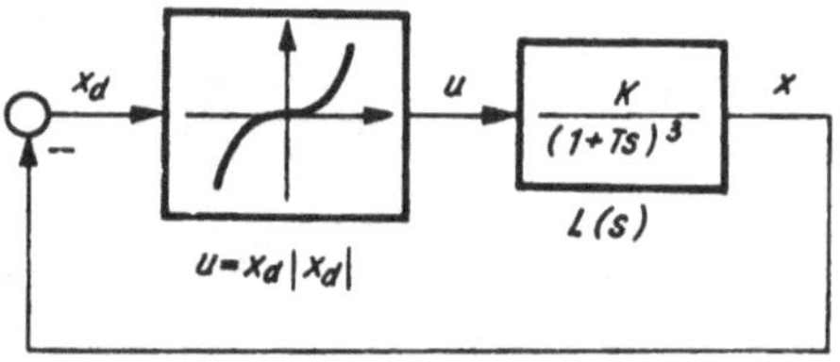

Bild A6

a) Man berechne die Beschreibungsfunktion der Kennlinie

$$u = x_d|x_d| = \begin{cases} x_d^2, & x_d \geqq 0 \\ -x_d^2, & x_d \leqq 0 \end{cases}.$$

Beispielsweise kann der Strömungswiderstand in dieser Weise von der Geschwindigkeit abhängen. Da er der Geschwindigkeit entgegengerichtet ist, erhält man obige Kennlinie, wenn man zu ihr noch die Vorzeichenumkehr im Soll-Istwert-Vergleich hinzuschlägt.

b) Man skizziere die Ortskurven.

c) Frequenz und Amplitude von Dauerschwingungen sind zu bestimmen.

Aufgabe 7

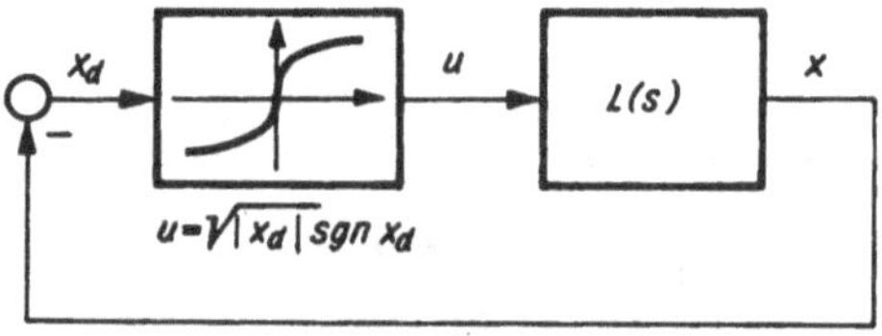

Bild A7

a) Man berechne die Beschreibungsfunktion der Kennlinie

$$u = \sqrt{|x_d|}\,\mathrm{sgn}\,x_d = \begin{cases} \sqrt{x_d}, & x_d \geqq 0 \\ -\sqrt{-x_d}, & x_d \leqq 0 \end{cases}.$$

Von diesem Typ kann die Durchflußkennlinie zwischen zwei Flüssigkeitsbehältern sein, da die Strömungsgeschwindigkeit der Quadratwurzel aus dem Betrag der Niveaudifferenz proportional ist.

b) Man skizziere die Ortskurven und stelle die Art der Dauerschwingungen fest.

Aufgabe 8

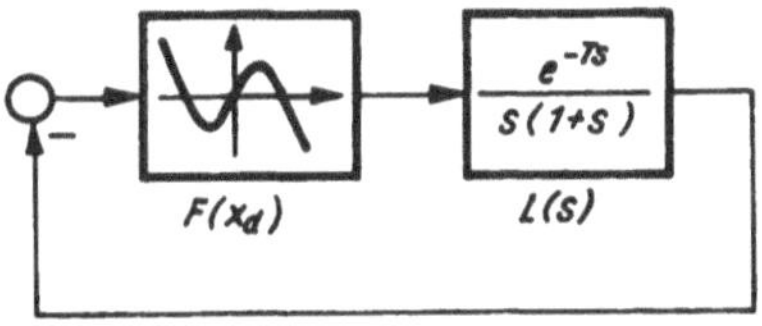

Bild A8

Im Regelkreis von Bild A8 sei

$$F(x_d) = \alpha x_d - \beta x_d^3 \text{ mit } \alpha, \beta > 0 .$$

a) Man berechne die Beschreibungsfunktion der Kennlinie und skizziere die nichtlineare Ortskurve.

b) Man ermittle Frequenz und Amplitude der stabilen Dauerschwingung.

Aufgabe 9

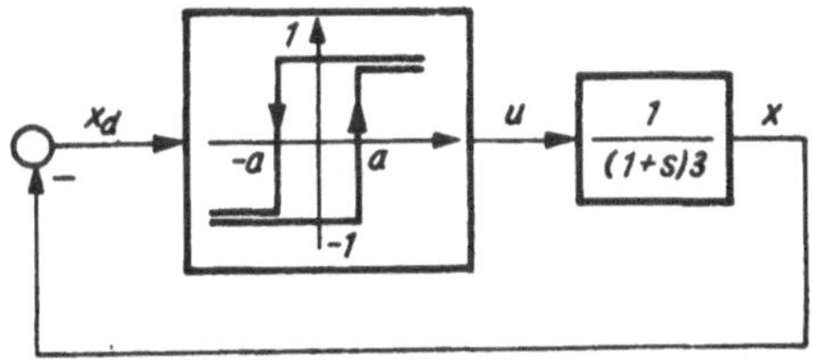

Bild A9

a) Für welche Werte des Kennlinienparameters $a \geqq 0$ treten nach dem Verfahren der Harmonischen Balance Dauerschwingungen des Regelkreises auf?

b) In welchem Bereich liegt die Frequenz ω der Dauerschwingungen für verschiedene a?

c) Ist eine Schwingung mit der Frequenz $\omega_p = \sqrt{3}$ möglich?

Aufgabe 10

Für den nichtlinearen Regelkreis im Bild A10 bestimme man mittels des Frequenzkennlinienverfahrens Frequenz und Amplitude der Dauerschwingungen. Wie ist deren Stabilitätsverhalten?

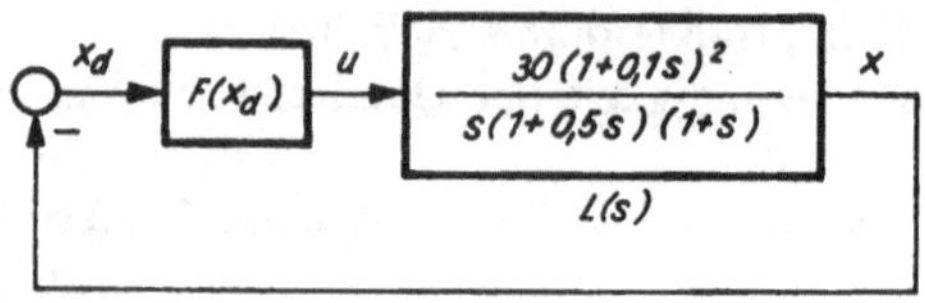

Bild A10

Dabei sei $F(x_d)$
a) eine Zweipunktkennlinie,
b) eine Begrenzung,
c) eine Totzone
gemäß Bild A11.

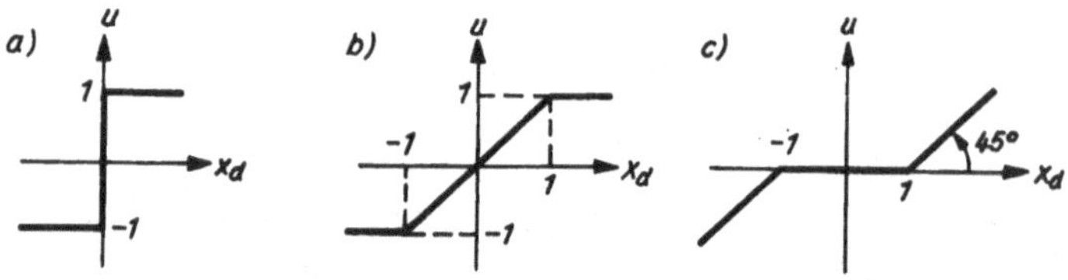

Bild A11

Aufgabe 11

Zu dem im Bild A12 dargestellten Regelkreis mit konstanter Führungsgröße sollen die Parameter der Dauerschwingung berechnet werden.

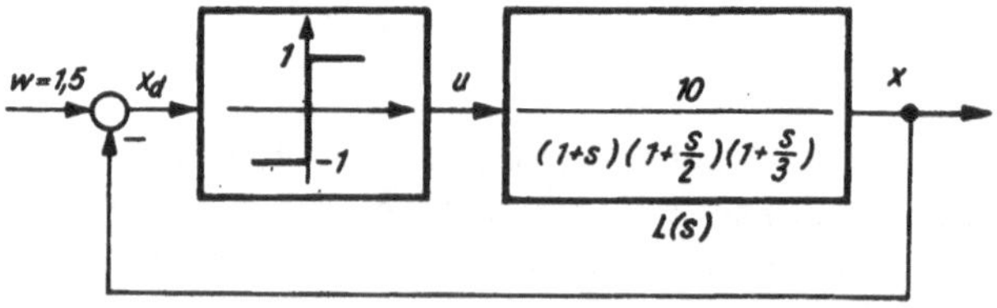

Bild A 12

Aufgabe 12

Durch Harmonische Balance ist die Dauerschwingung des Regelkreises im Bild A13 zu ermitteln.

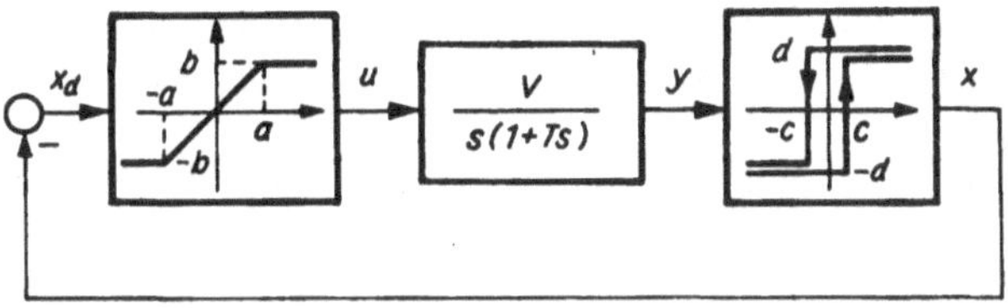

Bild A13

Aufgabe 13

Die Dauerschwingung des Regelkreises im Bild A14 ist zu ermitteln.

a) Man ignoriert den relativ schwachen Tiefpaßcharakter des Integriergliedes und wendet die Methode von Kapitel 7 an.

b) Falls man die Tiefpaßeigenschaft des Integriergliedes nicht für ausreichend hält, kann man so vorgehen: Man faßt die gestrichelt eingerahmten Blöcke im Bild A14 zu *einem* komplizierteren nichtlinearen Glied zusammen und berechnet dessen Beschreibungsfunktion. Dann liegt wieder der Standardregelkreis mit nur einer Nichtlinearität vor.

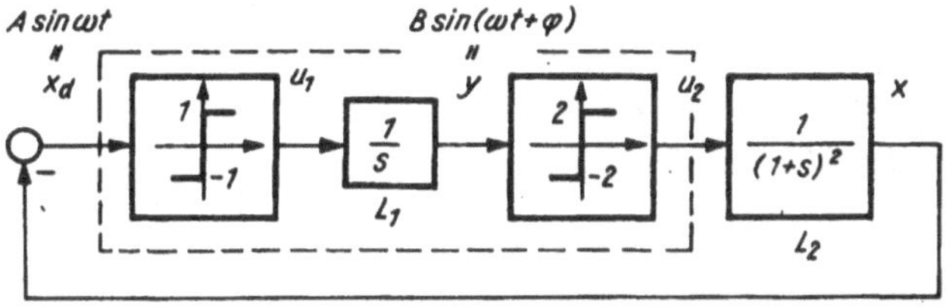

Bild A14

Aufgabe 14

Der Regelkreis im Bild A15 hat keine Standardform. Dennoch kann man auch hier ohne weiteres die Harmonische Balance anwenden, wenn man vom Zustand des Schwingungsgleichgewichtes ausgeht und durch die Grundschwingungen approximiert.

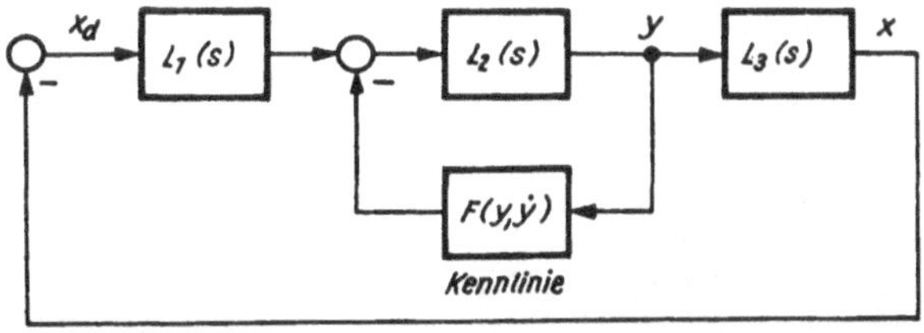

Bild A15

a) Welche wesentlichen Voraussetzungen muß man hierzu machen und wie lauten die Gleichungen zur Bestimmung von Frequenz und Amplitude der Dauerschwingung von x_d?

b) Man berechne Frequenz und Amplitude, wenn die Nichtlinearität ein Zweipunktglied und

$$L_1(s) = 1\,, \qquad L_2(s) = \frac{1}{(1 + Ts)^2}\,, \qquad L_3(s) = \frac{K}{s}$$

ist.

Aufgabe 15

Im Abschnitt 8.1 wurde die Differentialgleichung einer Reibungsschwingung hergeleitet: Gleichung (214). In ihr ist der durch die trockene Reibung verursachte Dämpfungsterm $r \operatorname{sgn} \dot{x}$ nichtlinear. Es sei nun zusätzlich angenommen, daß auch die Rückstellkraft nichtlinear ist, und zwar derart, daß zu $\omega_0^2 x$ noch der kubische Term αx^3 hinzutritt. Dann lautet die Differentialgleichung der Reibungsschwingung:

$$\ddot{x} + \omega_0^2 x + \alpha x^3 + r \operatorname{sgn} \dot{x} = E \sin \omega t\,.$$

Man bestimme mittels der Harmonischen Balance die Amplitude A und die Phasenverschiebung φ der Dauerschwingung von x in Abhängigkeit von der Frequenz ω der Eingangsgröße $E \sin \omega t$.

Lösung von Aufgabe 1

Partialbruchzerlegung von $G(s)$:

$$G(s) = \sum_{\nu=1}^{n} \frac{r_\nu}{s - \lambda_\nu} + r_0\,.$$

Definition der Zustandsvariablen:

$$X_\nu(s) = \frac{1}{s - \lambda_\nu} U(s)\,, \qquad \nu = 1\,, \ldots, n\,.$$

Dann Zustandsgleichungen zu $G(s)$:

(L1) $$\dot{x}_\nu = \lambda_\nu x_\nu + u\,, \qquad \nu = 1, \ldots, n\,,$$

(L2) $$x = \sum_{\nu=1}^{n} r_\nu x_\nu + r_0 u\,.$$

Dazu kommt die Rückführung

(L3) $$u = F(x_d) = F(w - x)\,.$$

Eingangsgröße des *geschlossenen* Regelkreises ist w, Ausgangsgröße x. Aus (L1) bis (L3) ist daher u zu eliminieren.

Fall I: $r_0 = 0$, d. h., der Zählergrad von $G(s)$ ist kleiner als der Nennergrad.

$$\dot{x}_\nu = \lambda_\nu x_\nu + F\left(w - \sum_{\nu=1}^{n} r_\nu x_\nu\right),$$

$$x = \sum_{\nu=1}^{n} r_\nu x_\nu .$$

Fall II: $r_0 \neq 0$, d. h., der Zählergrad von $G(s)$ ist gleich dem Nennergrad (wird praktisch selten vorkommen).

Setzt man abkürzend $v = \sum_{\nu=1}^{n} r_\nu x_\nu$, so hat man aus den Gleichungen

(L4) $$x = v + r_0 u ,$$

(L5) $$x_d = w - x ,$$

(L6) $$u = F(x_d)$$

u in Abhängigkeit von der Eingangsgröße w darzustellen. Aus (L4) und (L6) folgt

$$x = v + r_0 F(x_d) ,$$

also wegen (L5)

(L7) $$x_d + r_0 F(x_d) = w - v .$$

Der Ausdruck

(L8) $$f(x_d) = x_d + r_0 F(x_d)$$

stellt eine neue Kennlinie dar, die mit $F(x_d)$ bekannt ist. Setzt man voraus, daß $F(x_d)$ monoton im engeren Sinn ist, so gilt dies wegen $r_0 = G(0) > 0$ auch für $f(x_d)$. Dann existiert die inverse Kennlinie f^{-1} zu f und man erhält aus (L7)

$$x_d = f^{-1}(w - v)$$

oder

(L9) $$x = w - f^{-1}(w - v) .$$

Damit aus (L4):

$$u = \frac{1}{r_0}\left[w - v - f^{-1}(w - v)\right].$$

Nach (L1), (L2) lauten die Zustandsgleichungen somit

$$\dot{x}_\nu = \lambda_\nu x_\nu + \frac{1}{r_0}\left[w - \sum_{i=1}^{n} r_i x_i - f^{-1}\left(w - \sum_{i=1}^{n} r_i x_i\right)\right], \qquad \nu = 1, \ldots, n,$$

$$x = w - f^{-1}\left(w - \sum_{i=1}^{n} r_i x_i\right),$$

letzteres wegen (L9).

Lösung von Aufgabe 2

Es gilt:

$$x(t) = u(t - T_t), \qquad y(t) = F(x(t)),$$

also

$$y(t) = F(u(t - T_t)).$$

Nach Vertauschung der beiden Übertragungsglieder hat man $x^*(t) = F(u(t))$, $y^*(t) = x^*(t - T_t)$, also

$$y^*(t) = F(u(t - T_t)).$$

Also: $y^*(t) = y(t)$ (obgleich die Zwischengrößen x und x^* verschieden sind), d. h.: Totzeitglied und Kennlinienglied sind vertauschbar, ohne daß sich der Zusammenhang zwischen der Eingangsgröße $u(t)$ und der Ausgangsgröße $y(t)$ ändert.

Ersetzt man aber das Totzeitglied durch ein *beliebiges* lineares Übertragungsglied, so gilt diese Vertauschungsregel *nicht* mehr.

Lösung von Aufgabe 3

a) Da das lineare Teilsystem ein I-Glied enthält, kann es nur zur Ruhe kommen, wenn seine Eingangsgröße Null wird:

$$y_R = 0.$$

Daraus folgt weiter:

$u_R = 0$, wegen der Gestalt der Kennlinie;

$x_{dR} = 0$, wegen $u_R = K_R x_{dR}$, $K_R \neq 0$;

$x_R = W_0$, wegen $x_{dR} = W_0 - x_R$.

Die Regelung ist also stationär genau. Die Begrenzung der Stellgröße y spielt dabei keine Rolle, weil die Begrenzung im Ruhezustand im Nullpunkt angesteuert wird.

b) Beim Übergang zu den Abweichungen von der Ruhelage bleiben die linearen Teilsysteme unverändert, während die Kennlinie in einem parallel verschobenen

Koordinatensystem mit dem Ursprung (u_R, y_R) zu beschreiben ist. Wenn $u_R = y_R = 0$, fällt hier das neue Koordinatensystem mit dem ursprünglichen zusammen und die Darstellung der Kennlinie bleibt unverändert. Verlegt man den Regler entgegen der Wirkungsrichtung, so erhält man den Standardregelkreis im Bild L1.

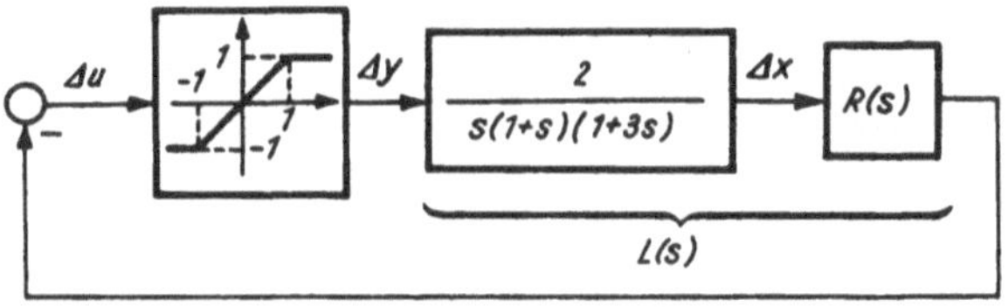

Bild L1

Faßt man die beiden linearen Blöcke zusammen, so ergibt sich für beide Reglertypen die gleiche Struktur, weil die Zählerzeitkonstante des PD-Reglers gerade so gewählt ist, daß sie die größte Nennerzeitkonstante der Strecke wegkürzt: Bild L2. Darin ist

$$T_2 = \begin{cases} 3 & \text{für P-Regelung,} \\ 0{,}3 & \text{für PD-Regelung.} \end{cases}$$

c) Der Regelkreis ist global asymptotisch stabil, wenn keine Dauerschwingungen auftreten, wenn sich also die lineare Ortskurve $z = L(j\omega)$ und die nichtlineare Ortskurve $z = N_J(A)$ der Begrenzungskennlinie nicht schneiden. Nach Bild L3 ist dies genau dann der Fall, wenn

$$\operatorname{Re} L(j\omega_p) > -\frac{1}{m},$$

wobei m die Steigung des mittleren Stückes der Begrenzungskennlinie ist und ω_p aus

$$\operatorname{Im} L(j\omega_p) = 0 \qquad \text{bzw.} \qquad \operatorname{Im} L^{-1}(j\omega_p) = 0$$

folgt. Wegen $m = 1$ und

$$L^{-1}(j\omega) = \frac{1}{2K_R}\, j\omega(1 + j\omega)(1 + T_2 j\omega)$$

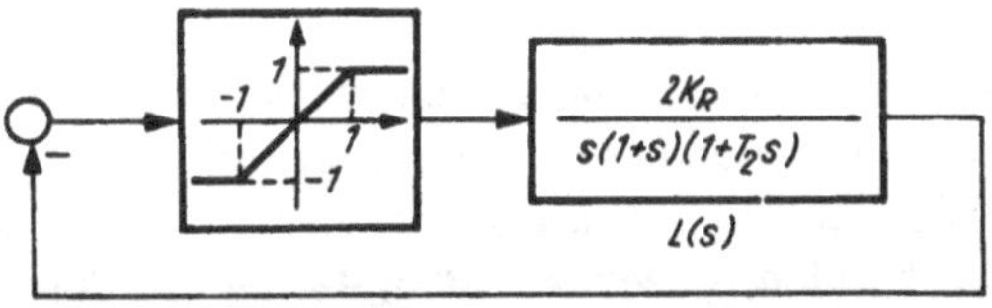

Bild L2

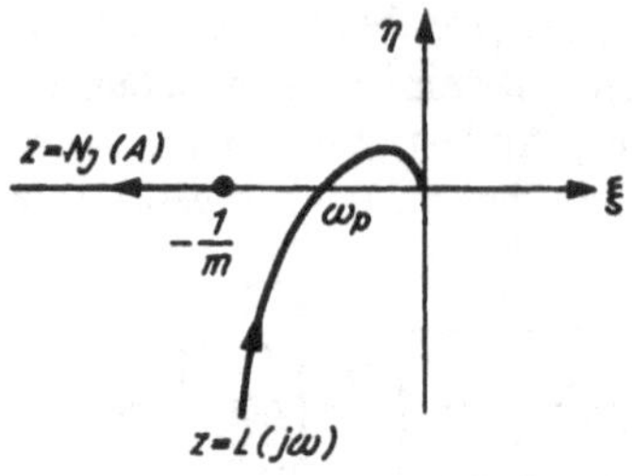

Bild L3

erhält man die Ungleichung

$$2K_R \frac{T_2}{1+T_2} < 1$$

und daraus

$K_R < 0{,}67$ für die P-Regelung,

$K_R < 2{,}17$ für die PD-Regelung

als Bereich der globalen asymptotischen Stabilität.

d) Der Sollwertsprung erfolge in $t = 0$. Mit w springt auch x_d, da sich x wegen des Verzögerungsverhaltens der Strecke stetig ändert. Dann gilt für den P-Regler

$$u(+0) = K_R x_d(+0)\,,$$

für den PD-Regler

$$u(+0) = \lim_{s\to\infty} sU(s) = \lim_{s\to\infty} s \cdot K_R \frac{1+3s}{1+0{,}3\,s}\, x_d(s) =$$

$$= \lim_{s\to\infty} K_R \frac{\dfrac{1}{s}+3}{\dfrac{1}{s}+0{,}3} \cdot \lim_{s\to\infty} sX_d(s) =$$

$$= 10\,K_R x_d(+0)\,.$$

Der PD-Regler hat somit dynamisch einen weit größeren Verstärkungsfaktor als stationär, was zu hohen Anfangsspitzen der Funktion $u(t)$ führt. Darauf beruht die stärkere Wirkung des PD-Reglers gegenüber dem P-Regler. Ist aber eine nachgeschaltete Begrenzung vorhanden, so werden die Spitzen abgeschnitten und können nicht mehr auf die Strecke einwirken.

Lösung von Aufgabe 4

a) Wie bei A3, nur mit der nichtlinearen Ortskurve des Dreipunktgliedes (Bild 43):

$$K < 0{,}21 \qquad \text{bei P-Regelung,}$$

$$K_R < 0{,}68 \qquad \text{bei PD-Regelung}$$

ist der Bereich der globalen asymptotischen Stabilität des Regelkreises.

b) Wegen des I-Gliedes im linearen Teilsystem ist zunächst wieder

$$y_R = 0\,.$$

Hierzu gehört aber, im Gegensatz zur Begrenzungskennlinie, kein eindeutiger Wert u_R. Vielmehr ist jeder Wert aus dem Intervall

$$-0{,}2 < u_R < 0{,}2$$

möglich. Wegen

$$x_{dR} = \frac{1}{K_R}\, u_R$$

gilt für die bleibende Regeldifferenz

$$-\frac{0{,}2}{K_R} < x_{dR} < \frac{0{,}2}{K_R}\,.$$

Dieser nichtlineare Regelkreis hat also, verursacht durch die Unempfindlichkeitszone des Dreipunktgliedes, unendlich viele Ruhelagen. Welche sich einstellt, hängt vom Anfangszustand und der Art der Störungen ab. *Trotz I-Glied im Vorwärtszweig ist der Regelkreis nicht stationär genau.*

Lösung von Aufgabe 5

a) Möglichkeit I: Direkte Berechnung.
Es ist

$$u = \begin{cases} b + m x_d, & x_d > 0 \\ -b + m x_d, & x_d < 0 \end{cases}.$$

Da die Kennlinie eindeutig, ist $N(A)$ reell. Damit wird mit $x_d = A \sin v$:

$$N(A) = \frac{1}{\pi A}\left[\int_0^{\pi} (b + mA \sin v)\sin v \, dv + \int_{\pi}^{2\pi} (-b + mA \sin v)\sin v \, dv\right].$$

Substituiert man im zweiten Integral $v = \pi + z$, so sieht man, daß es gleich dem ersten Integral ist. Somit ist

$$N(A) = \frac{2b}{\pi A}\int_0^\pi \sin v \, dv + \frac{2m}{\pi}\int_0^\pi \sin^2 v \, dv\,,$$

also

$$N(A) = \frac{4b}{\pi A} + m\,.$$

Möglichkeiten II: Aus Bild L4 ist unmittelbar zu sehen, daß sich die Kennlinie im Bild A5 durch Parallelschaltung einer Zweipunktkennlinie und einer linearen Kennlinie darstellen läßt. Da die Beschreibungsfunktion als Frequenzgang eingeführt ist, kann man Beschreibungsfunktionen wie Frequenzgänge miteinander verknüpfen.

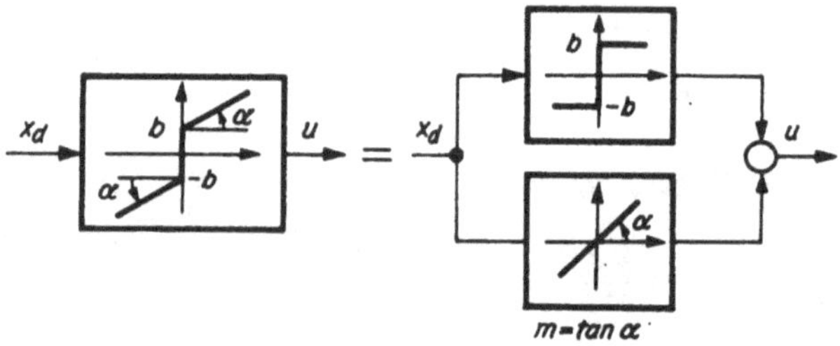

Bild L4

Die Beschreibungsfunktion der Parallelschaltung ist daher die Summe der beiden einzelnen Beschreibungsfunktionen, wobei die Beschreibungsfunktion des Proportionalglieds dessen Verstärkungsfaktor m ist:

$$N(A) = \frac{4b}{\pi A} + m\,.$$

Von einem derartigen Aufbau komplizierter Kennlinien aus einfachen kann man auch sonst manchmal bei der Berechnung von Beschreibungsfunktionen Gebrauch machen.

b) Aus $N_J(A) = -\dfrac{1}{\dfrac{4b}{\pi A} + m}$ folgt die im Bild L5 skizzierte Gestalt der nichtlinearen Ortskurve. Bei normaler Gestalt der linearen Ortskurve treten somit die beiden dort skizzierten Fälle ein:

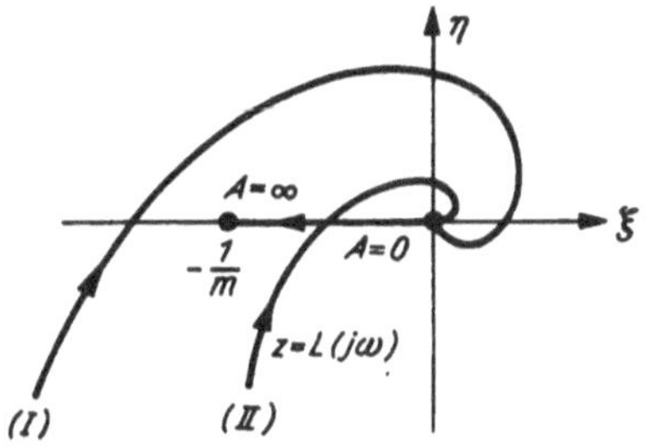

Bild L5

(I) Keine Dauerschwingung.

(II) Genau eine Dauerschwingung. Da die lineare Ortskurve von der nichtlinearen Ortskurve von rechts nach links durchstoßen wird, ist diese Dauerschwingung stabil.

c) Aus $L^{-1}(j\omega) = (1 + j\omega)^4$ folgt für den Schnittpunkt der linearen Ortskurve mit der reellen Achse aus Im $L^{-1}(j\omega) = 0$ $\omega_p^2 = 1$ und damit

$$\text{Re}\, L(j\omega_p) = \frac{1}{\text{Re}\, L^{-1}(j\omega_p)} = -\frac{1}{4}.$$

Eine Dauerschwingung liegt dann vor, wenn

$$\text{Re}\, L^{-1}(j\omega_p) > -\frac{1}{m}$$

also

$$m < 4$$

ist.

d) Es wäre voreilig, auf Grund unserer Faustregel im Abschnitt 2.1 für $m > 4$ auf stabiles Verhalten des Regelkreises zu schließen. Diese Regel kann ja nur dann Gültigkeit beanspruchen, wenn es sich um einen realen Regelkreis handelt, dessen zeitveränderliche Größen nicht unendlich groß werden können. Das ist bei dem vorliegenden Kreis infolge der Abwesenheit von irgendwelchen Begrenzungen durchaus möglich.

In der Tat treten hier unbegrenzt aufklingende Zeitvorgänge auf. Darauf weist bereits die Tatsache hin, daß die lineare Ortskurve für $m > 4$ die gesamte nichtlineare Ortskurve umschließt (Lage I im Bild L5), was bei sinngemäßer Anwendung des Nyquist-Kriteriums unbegrenztes Anwachsen der Zeitvorgänge bedeutet.

Man kann sich aber auch unmittelbar hiervon überzeugen, wenn man in Bild A5 die Nichtlinearität durch die Parallelschaltung von Bild L4 ersetzt und anschließend deren Summierungsstelle mit dem Soll-Istwert-Vergleich zusammenfaßt: Bild L6.

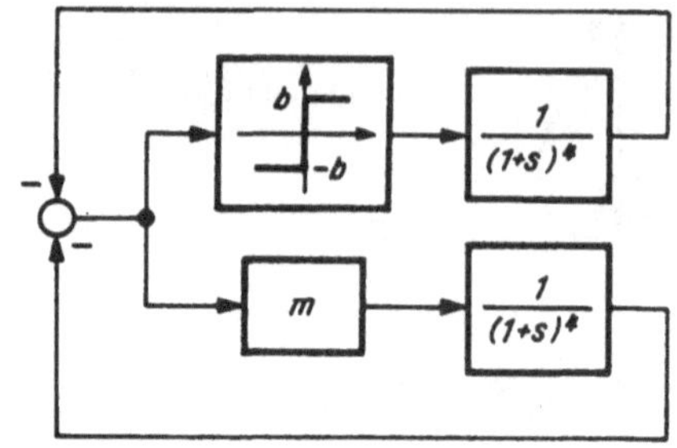

Bild L6

Wie man sieht, ist der untere Regelkreis linear. Mittels des Nyquist- oder Hurwitzkriteriums weist man nach, daß er für $m > 4$ instabil ist, d. h., mindestens einer seiner Pole rechts der j-Achse liegt.

Lösung von Aufgabe 6

a) Mit $x_d = A \sin v$ wird

$$N(A) = \frac{1}{\pi A}\left[\int_0^{\pi} A^2 \sin^2 v \cdot \sin v \, \mathrm{d}v + \int_{\pi}^{2\pi} (-A^2 \sin^2 v) \cdot \sin v \, \mathrm{d}v\right].$$

Da $\sin^3 v$ eine ungerade Funktion ist, gilt

$$N(A) = \frac{2}{\pi} A \int_0^{\pi} \sin^3 v \, \mathrm{d}v = \frac{2}{\pi} A \cdot \frac{4}{3},$$

also

$$N(A) = \frac{8A}{3\pi} \quad \text{und damit}$$

$$z = N_J(A) = -\frac{3\pi}{8A}.$$

b) Bild L7 zeigt die nichtlineare Ortskurve sowie eine typische lineare Ortskurve. Es gibt somit stets eine instabile Grenzschwingung, die aber, als instabil, in einem realen System nicht auffallen wird.

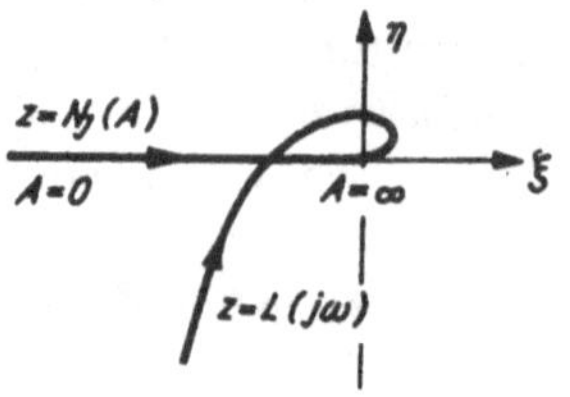

Bild L7

c) Aus den Gleichungen $\mathrm{Im}\, L^{-1}(j\omega) = 0$ und $N(A) = -\mathrm{Re}\, L^{-1}(j\omega)$ erhält man $\omega_p^2 = 3/T^2$ und $A_p = 3\pi/K$.

Lösung von Aufgabe 7

a) Mit $x_d = A \sin v$ wird

$$N(A) = \frac{1}{\pi A}\left[\int_0^{\pi} \sqrt{A \sin v} \cdot \sin v \, dv + \int_{\pi}^{2\pi} (-\sqrt{-A \sin v}) \cdot \sin v \, dv\right].$$

Substituiert man im zweiten Integral $z = v - \pi$, so sieht man, daß es gleich dem ersten ist. Damit wird

$$N(A) = \frac{2}{\pi} \frac{c_0}{\sqrt{A}} \quad \text{mit der Konstante}$$

$$c_0 = \int_0^{\pi} (\sin v)^{\frac{3}{2}} \, dv .$$

Mit $z = v/2$ wird daraus

$$c_0 = 4\sqrt{2} \int_0^{\frac{\pi}{2}} \sin^{\frac{3}{2}} z \cos^{\frac{3}{2}} z \, dz .$$

Nach der „Tabelle einiger bestimmter Integrale" in [27] gilt

$$\int_0^{\frac{\pi}{2}} \sin^{2\alpha+1} z \cos^{2\beta+1} z \, dz = \frac{\Gamma(\alpha + 1)\, \Gamma(\beta + 1)}{2\Gamma(\alpha + \beta + 2)} \quad \text{für beliebige } \alpha, \beta,$$

wobei $\Gamma(x)$ die Gamma-Funktion ist.*) Daher ist

$$c_0 = 2\sqrt{2} \frac{\left[\Gamma\left(\frac{5}{4}\right)\right]^2}{\Gamma\left(\frac{5}{2}\right)} .$$

b) Wegen $N_J(A) = -\dfrac{\pi}{2c_0}\sqrt{A}$ erhält man das Bild L8 für die nichtlineare und eine typische lineare Ortskurve. Mithin gibt es stets genau eine stabile Grenzschwingung (sofern die Ordnung des linearen Teilsystems mindestens 3 beträgt).

*) Definition, Eigenschaften und Wertetabelle der Gamma-Funktion ebenfalls in [27], Seite 138 und Seite 59.

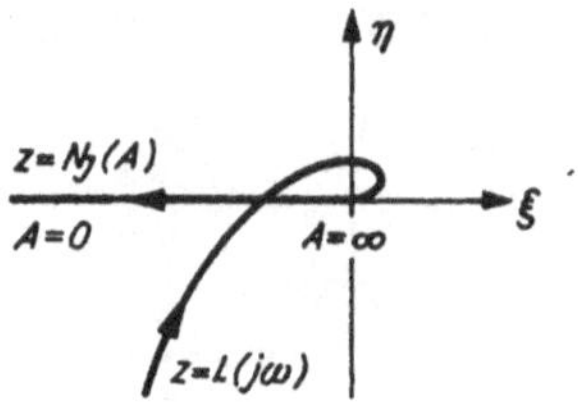

Bild L8

Lösung von Aufgabe 8

a) Mit $x_d = A \sin v$ ist

$$N(A) = \frac{1}{\pi A} \int_0^{2\pi} [\alpha A \sin v - \beta A^3 \sin^3 v] \sin v \, dv\,,$$

also

$$N(A) = \alpha - \frac{3}{4} \beta A^2\,.$$

Bild L9 zeigt die nichtlineare Ortskurve

$$z = N_J(A) = -\frac{1}{\alpha - \frac{3}{4}\beta A^2}\,.$$

Sie verläuft für $A < \sqrt{\frac{4}{3}\frac{\alpha}{\beta}}$ auf der negativen reellen Achse, springt für $A = \sqrt{\frac{4}{3}\frac{\alpha}{\beta}}$ von $-\infty$ auf $+\infty$ um und geht dann auf der positiven reellen Achse für $A \to +\infty$ gegen den Nullpunkt.

b) Wie aus Bild L9 hervorgeht, gibt es auf Grund der Harmonischen Balance eine stabile Dauerschwingung nur dann, wenn die lineare Ortskurve den negativen

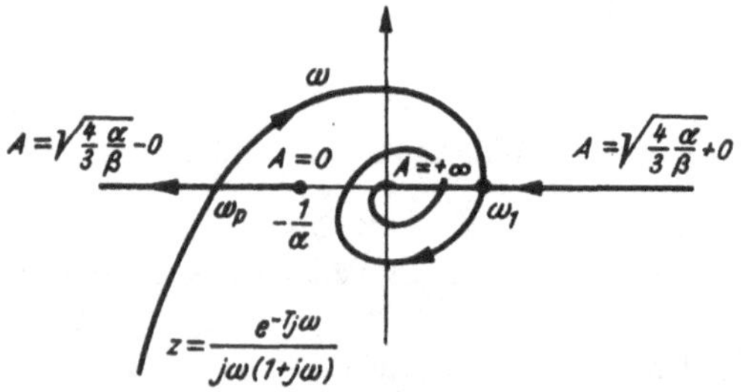

Bild L9

Ast der nichtlinearen Ortskurve schneidet. Die stabile Dauerschwingung ist dann durch den Schnittpunkt mit der kleinsten Frequenz charakterisiert.

Wegen

$$L^{-1}(j\omega) = -\omega(\omega \cos T\omega + \sin T\omega) - j\omega(\omega \sin T\omega - \cos T\omega)$$

erhält man ω_p aus

$$\tan T\omega = \frac{1}{\omega}.$$

Die kleinste positive Lösung ω_p dieser transzendenten Gleichung kann man etwa nach Bild 58 ermitteln.

Mit ihr wird

$$\operatorname{Re} L^{-1}(j\omega_p) = -\omega_p \frac{\omega_p + \tan T\omega_p}{\sqrt{1 + \tan^2 T\omega_p}} = -\omega_p \sqrt{\omega_p^2 + 1}.$$

Gemäß

$$N(A) = -\operatorname{Re} L^{-1}(j\omega_p)$$

wird daher

$$A_p = \sqrt{\frac{4}{3\beta}\left(\alpha - \omega_p \sqrt{1 + \omega_p^2}\right)},$$

sofern $-\operatorname{Re} L^{-1}(j\omega_p) < \alpha$, also $\operatorname{Re} L(j\omega_p) < -1/\alpha$, entsprechend Bild L9.

Lösung von Aufgabe 9

a) Im Bild L10 ist die nichtlineare Ortskurve des Zweipunktgliedes mit Hysterese gemäß Bild 46 eingezeichnet. Soll es einen Schnittpunkt mit der linearen Ortskurve geben, so muß im Schnittpunkt mit der imaginären Achse

$$\operatorname{Im} \frac{1}{(1 + j\omega)^3} < -\frac{\pi\alpha}{4}$$

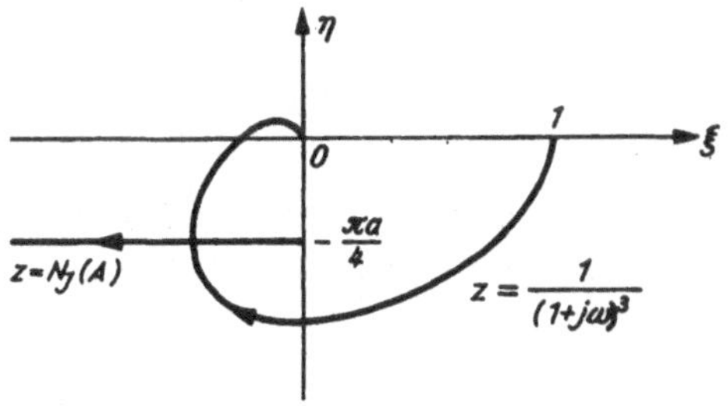

Bild L10

sein. Wegen

$$L(j\omega) = \frac{(1 - j\omega)^3}{(1 + \omega^2)^3}$$

folgt aus Re $L(j\omega) = 0$

$$\omega_p^3 = \frac{1}{3}$$

und damit

$$\operatorname{Im} L(j\omega_p) = -\frac{3}{8}\sqrt{3}.$$

Somit muß

$$0 \leqq a < \frac{3\sqrt{3}}{2\pi}$$

sein, damit auf Grund der Harmonischen Balance eine Dauerschwingung existiert.

b) Die Gleichungen

$$\operatorname{Re} N(A) = -\operatorname{Re} L^{-1}(j\omega),$$

$$\operatorname{Im} N(A) = -\operatorname{Im} L^{-1}(j\omega)$$

lauten hier nach (73) wegen $b = 1$:

$$\text{(L10)} \qquad \frac{4}{\pi A}\sqrt{1 - \left(\frac{a}{A}\right)^2} = 3\omega^2 - 1,$$

$$\text{(L11)} \qquad \frac{4a}{\pi A^2} = \omega(3 - \omega^2).$$

Da die Ausdrücke auf der linken Seite nicht negativ sein können und $\omega > 0$ sein muß, folgt

$$\omega^2 \geqq \frac{1}{3} \quad \text{und} \quad \omega^2 \leqq 3,$$

also

$$\frac{1}{3}\sqrt{3} \leqq \omega_p \leqq \sqrt{3}.$$

c) Soll $\omega_p = \sqrt{3}$ sein, so folgt aus (L11), daß $a = 0$ sein muß, also der Grenzfall des Zweipunktgliedes ohne Hysterese vorliegt. Damit ergibt sich aus (L10)

$$A_p = \frac{1}{2\pi}$$

als Amplitude der Dauerschwingung:

Allgemeine Anmerkung: Untersucht man einen Regelkreis, dessen Nichtlinearität ein *Zweipunktglied mit Hysterese* ist, während das *lineare Teilsystem Proportionalverhalten* zeigt, so sind die Ortskurven von dem im Bild L10 dargestellten Typ. Dann kann es sein, z. B. bei einem Verzögerungsglied 2. Ordnung mit genügend starker Dämpfung, daß die *beiden Ortskurven keinen Schnittpunkt* aufweisen. *Daraus kann man in diesem Ausnahmefall nicht schließen, daß keine Dauerschwingung auftritt, muß vielmehr mit ihrem Vorhandensein* rechnen. Das liegt daran, daß in diesem Sonderfall trotz scheinbar genügenden Tiefpaßcharakters des linearen Teilsystems die Eingangsgröße der Nichtlinearität nicht hinreichend sinusförmig ist und daher die Grundannahme der Harmonischen Balance nicht zutrifft. Das Verfahren der Harmonischen Balance läßt sich verbessern, so daß auch solche Fälle weitgehend erfaßt werden, doch wird es dann komplizierter. Siehe hierzu K. S. Yeung: Verbesserung der Harmonischen Balance durch Strukturumformung. Regelungstechnik **23** (1975), Seite 312—317.

Lösung von Aufgabe 10

Man zeichnet zunächst die Frequenzkennlinien zu $L(j\omega)$ (mit der Verstärkung 1): Bild L11. Da die Phasenkennlinie die (—180°)-Linie zweimal schneidet, hat das lineare Teilsystem eine Ortskurve, wie sie qualitativ im Bild L12 wiedergegeben ist.

Aus Bild L11 entnimmt man die Werte

$$\omega_{p1} = 2{,}4 \qquad \text{und} \qquad \omega_{p2} = 5{,}8\,,$$

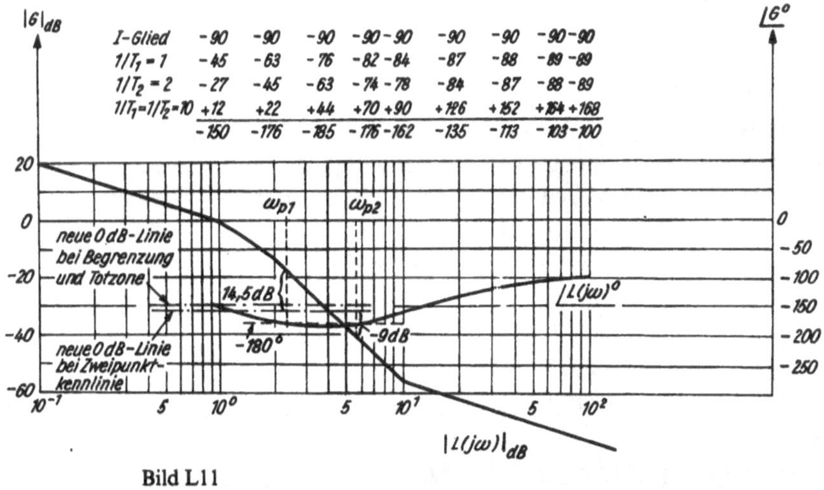

Bild L11

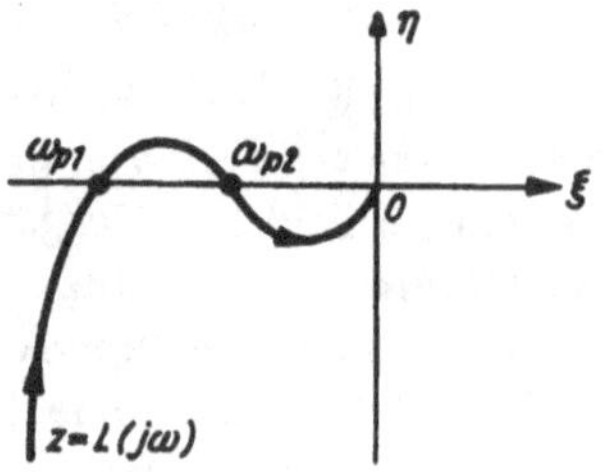

Bild L12

für die $\angle L(j\omega) = -180°$ ist und demgemäß Dauerschwingungen in Frage kommen.

a) Im Fall einer Zweipunktkennlinie wird der *normierte* Frequenzgang des linearen Teilsystems

$$L_n(j\omega) = k_n L(j\omega)\,,$$

wobei $k_n = 4/\pi$ (wegen Bild 80 und $b = 1$). Damit ergibt sich für den Verstärkungsfaktor von $L(j\omega)$:

$$v_n = \frac{4}{\pi}\,30 = 38{,}2\,, \quad \text{also} \quad V_n = 31{,}5\ \text{dB}\,.$$

Man erhält so die im Bild L11 eingezeichnete neue 0-dB-Linie zum Zweipunktglied. Nunmehr liest man ab:

$$|L_n(j\omega_{p1})| = 14{,}5\ \text{dB}\,; \qquad |L_n(j\omega_{p2})| = -9\ \text{dB}\,.$$

Mit diesen Werten bekommt man aus Bild 81 (logarithmische Beschreibungsfunktion für das Zweipunktglied)

$$A_{p1} = 5{,}3\,; \qquad A_{p2} = 0{,}35\,.$$

Bei der Dauerschwingung mit der größeren Amplitude (und der kleineren Frequenz) handelt es sich um eine stabile Grenzschwingung, weil die nichtlineare Ortskurve die lineare von rechts nach links durchstößt. Hingegen ist die Dauerschwingung mit den Parametern ω_{p2} und A_{p2} instabil.

b) Bei der Begrenzungskennlinie ist nach Bild 80

$$k_n = m = 1\,,$$

so daß

$$V_n = 30 \qquad \text{bzw.} \qquad v_n = 29{,}3\ \text{dB}\,.$$

Das ergibt die im Bild L11 eingezeichnete neue 0-dB-Linie dieses Falles. Man liest dann ab:

$$|L_n(j\omega_{p1})| = 12{,}5\ \text{dB}\,, \qquad |L_n(j\omega_{p2})| = -11\ \text{dB}\,.$$

Da die logarithmische Beschreibungsfunktion der Begrenzung nach Bild 83 keine negativen Werte annimmt, gehört zur größeren Frequenz ω_{p2} keine Dauerschwingung. Zu ω_{p1} ergibt sich aus Bild 83

$$\alpha_{p1} = \frac{A_{p1}}{a} = 5{,}3\,,$$

also wegen $a = 1 : A_{p1} = 5{,}3$.

Denkt man sich die nichtlineare Ortskurve der Begrenzungskennlinie in das Bild L12 eingetragen, so beginnt sie zwischen den Punkten mit ω_{p2} und ω_{p1} und verläuft auf der reellen Achse nach links. Daher ist die obige Dauerschwingung stabil.

c) Für die Totzone erhält man ganz entsprechend wie in b) nur eine Dauerschwingung, und zwar wieder zu ω_{p1}. Sie hat nach Bild 84 die Amplitude

$$A_{p1} = 1{,}55$$

und ist instabil.

Lösung von Aufgabe 11

Obgleich die Kennlinie punktsymmetrisch ist, wird die Dauerschwingung wegen $w \neq 0$ einen Gleichterm enthalten:

$$x_d = C_p + A_p \sin \omega_p t\,.$$

Zur Ermittlung der drei Schwingungsparameter hat man nach Kapitel 6 folgende Schritte vorzunehmen:

a) Berechnung von

$$\varrho = -\frac{1}{k_1} \operatorname{Re} L^{-1}(j\omega_p)\,.$$

Dabei ist k_1 ein Parameter der Kennlinie, den man aus Bild 97 entnimmt: $k_1 = b = 1$. Weiter folgt aus $\operatorname{Im} L^{-1}(j\omega) = 0$ die Lösung

$$\omega_p = \sqrt{11}\,.$$

Daher ist

$$\varrho = -\frac{1}{10}(1 - \omega_p^2) = 1\,.$$

b) Man bestimmt gemäß (175) die Gerade

$$g : n_0 = -c\gamma + q \quad \text{bzw.} \quad g : \frac{n_0}{q} + \frac{\gamma}{q/c} = 1\,.$$

Darin ist nach (174)

$$c = \frac{p_2}{k_0 L(0)}, \qquad q = \frac{1}{k_0}\left[\frac{W_0 - x_{dS}}{L(0)} - u_S\right].$$

k_0 ist wieder ein Parameter der Kennlinie, den man aus Bild 97 zu $k_0 = b = 1$ entnimmt. p_1 und p_2 sind die Werte, mit denen die Amplitude A und der Gleichterm C normiert sind: $\alpha = A/p_1$, $\gamma = C/p_2$. Beim Zweipunktglied ist nach Bild 97 $p_1 = p_2 = 1$. Da die vorliegende Kennlinie symmetrisch ist, liegt ihr Symmetriezentrum im Ursprung: $x_{dS} = 0$, $u_S = 0$. Schließlich ist $L(0) = 10$. Man erhält so

$$c = 0{,}1; \qquad q = 0{,}15\,,$$

so daß

$$g: \frac{n_0}{0{,}15} + \frac{\gamma}{1{,}5} = 1\,.$$

c) Jetzt zieht man die Kurvenblätter des Zweipunktgliedes im Bild 99 heran. Man trägt die Gerade g in die n_0-γ-Ebene (Bild 99a) ein und stellt ihren Schnittpunkt mit der Kurve zum Parameter $n_1 = \varrho = 1$ fest:

$$\gamma_p = 0{,}25 \qquad \text{und} \qquad n_{0p} = 0{,}13\,.$$

d) Nun geht man in die n_0-α-Ebene (Bild 99b), sucht wiederum die Kurve mit dem Parameter $n_1 = \varrho = 1$ auf und fixiert den Punkt zur Abszisse $n_{0p} = 0{,}13$. Seine Ordinate ist

$$\alpha_p = 1{,}25\,.$$

Somit ist

$$\omega_p = \sqrt{11} = 3{,}32;$$

$$A_p = p_1\alpha_p = 1{,}25;$$

$$C_p = p_2\gamma_p = 0{,}25\,.$$

Lösung von Aufgabe 12

Da in der Rückführung kein Block liegt, kann man das Zweipunktglied mit Hysterese in der Wirkungsrichtung über den Soll-Istwert-Vergleich verschieben und dann mit der Begrenzung zu *einer* Kennlinie zusammenfassen.

a) Die Vertauschung mit einer Umpolstelle (Vorzeichenwechsel) ist für jede punktsymmetrische Kennlinie durchführbar. Man betrachte etwa die Kennlinie in Bild L13:

$$u = \begin{cases} F_U(x_d), & \dot{x}_d > 0 \\ F_O(x_d), & \dot{x}_d < 0 \end{cases}.$$

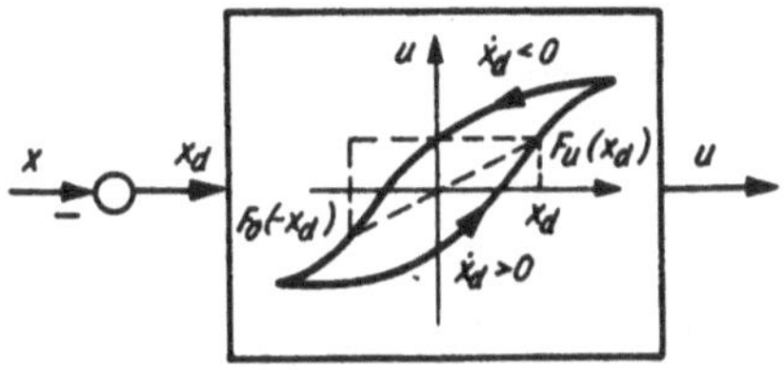

Bild L13

Wegen $F_U(x_d) = -F_0(-x_d)$ und $F_0(x_d) = -F_U(-x_d)$ kann man dafür auch schreiben

$$u = \begin{cases} -F_0(-x_d), & \dot{x}_d > 0 \\ -F_U(-x_d), & \dot{x}_d < 0 \end{cases}.$$

Wegen $x_d = -x$, also $\dot{x}_d = -\dot{x}$, wird daraus

$$u = \begin{cases} -F_0(x), & \dot{x} < 0 \\ -F_U(x), & \dot{x} > 0 \end{cases} \quad \text{oder}$$

$$u = -v, \qquad v = \begin{cases} F_U(x), & \dot{x} > 0 \\ F_0(x), & \dot{x} < 0 \end{cases}.$$

Die letzten beiden Beziehungen bringen zum Ausdruck, daß der Vorzeichenwechsel jetzt *hinter* der Kennlinie erfolgt.

b) Man erhält so die Reihenschaltung zweier Kennlinien im Bild L14, links. Betrachten wir etwa den Fall $d \leqq a$, also $-d \geqq -a$. Dann gilt für $\dot{x}_d > 0$:

$$y = \begin{cases} -d, & x_d < c \\ d, & x_d > c \end{cases}, \quad \text{also} \quad u = \begin{cases} -md, & x_d < c \\ md, & x_d > c \end{cases}.$$

Entsprechend für $\dot{x}_d < 0$:

$$y = \begin{cases} -d, & x_d < -c \\ d, & x_d > -c \end{cases}, \quad \text{also} \quad u = \begin{cases} -md, & x_d < -c \\ md, & x_d > -c \end{cases}.$$

Der resultierende Zusammenhang zwischen x_d und u wird daher wieder durch eine Zweipunktkennlinie mit Hysterese dargestellt, wobei die Hystereseschleife die halbe Breite c und die Höhe $h = md = (b/a)\,d$ hat (Bild L14), rechts).

Durch die gleiche Betrachtung erhält man auch im Fall $d > a$ ein Zweipunktglied mit Hysterese, wobei lediglich $h = b$ ist.

c) Auf den so erhaltenen Standardregelkreis aus einem Zweipunktglied mit Hysterese und einem linearen Teilsystem 2. Ordnung kann man nun die Harmonische Balance gemäß Abschnitt 2.4, Beispiel c), anwenden.

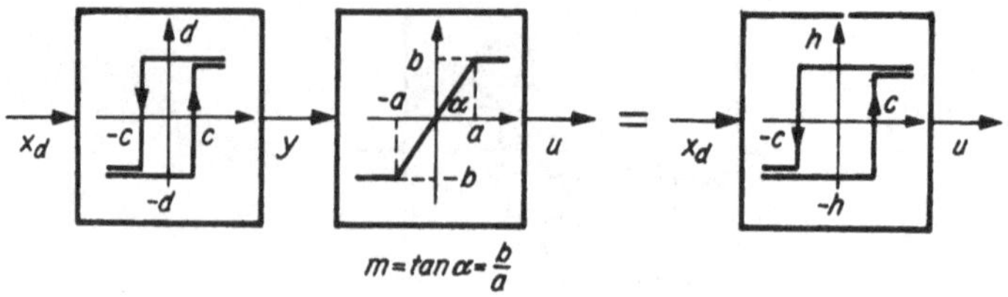

Bild L14

Lösung von Aufgabe 13

a) Hier ist

$$L_1(j\omega) = \frac{1}{j\omega}, \quad \text{also} \quad |L_1(j\omega)| = \frac{1}{\omega};$$

$$L_2(j\omega) = \frac{1}{(1 + j\omega)^2}, \quad \text{also} \quad |L_2(j\omega)| = \frac{1}{1 + \omega^2};$$

$$L^{-1}(j\omega) = (L_1 L_2)^{-1} = j\omega(1 + 2j\omega - \omega^2);$$

$$N_1(A) = \frac{4}{\pi A}, \qquad N_2(B) = \frac{8}{\pi B}.$$

Damit lauten die Gleichungen (188), (189), (190):

$$\operatorname{Im} L^{-1}(j\omega) = \omega(1 - \omega^2) = 0\,, \text{ so daß } \omega_p = 1;$$

$$B = \frac{1}{\omega_p} \cdot \frac{4}{\pi A} \cdot A = \frac{4}{\pi \omega_p};$$

$$A = \frac{1}{1 + \omega_p^2} \cdot \frac{8}{\pi B} \cdot B = \frac{8}{\pi} \frac{1}{1 + \omega_p^2}.$$

Also ist

$$B_p = \frac{4}{\pi}, \qquad A_p = \frac{4}{\pi}.$$

b) Um die Beschreibungsfunktion N des gestrichelt eingerahmten Blocks im Bild A14 zu gewinnen, geht man auf die allgemeine Definition der Beschreibungsfunktion zurück. Man denkt sich $x_d = A \sin \omega t = A \sin v$ aufgeschaltet und rechnet nacheinander die Zeitfunktionen $u_1(v)$, $y(v)$ und $u_2(v)$ exakt aus. Durch Fourierentwicklung berechnet man die Grundschwingung von $u_2(v)$. Dann ist

$$N = \frac{\tilde{u}_2}{\tilde{x}_d}$$

die gesuchte Beschreibungsfunktion (wobei das ~-Symbol wieder die Zeigerdarstellung bezeichnet).

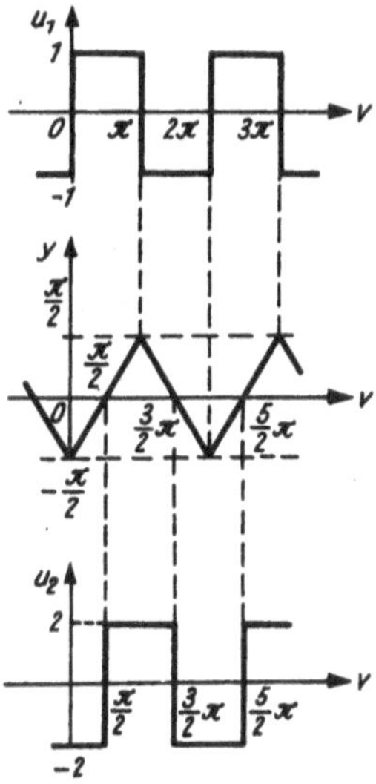

Bild L15

Im vorliegenden Fall erhält man bei Aufschaltung von $x_d = A \sin v$ nacheinander die im Bild L15 aufgezeichneten Funktionen. Bei der Berechnung der Funktion y ist zu beachten, daß sie symmetrisch zur v-Achse liegen muß, da keine Gleichterme auftreten können.

$u_2(v)$ ist eine gerade Funktion. Daher ist ihre Grundschwingung

$$a_2 \cos v = a_2 \sin\left(v + \frac{\pi}{2}\right), \qquad v = \omega t\,,$$

mit

$$a_2 = \frac{2}{\pi} \int\limits_{\frac{\pi}{2}}^{\frac{3}{2}\pi} 2 \cos v \,\mathrm{d}v = -\frac{8}{\pi}.$$

Für die Zeigerdarstellung ergibt sich daraus

$$\tilde{u}_2 = -\frac{8}{\pi} \mathrm{e}^{j\left(v + \frac{\pi}{2}\right)},$$

also wegen $e^{j\frac{\pi}{2}} = j$:

$$\tilde{u}_2 = -j\frac{8}{\pi}e^{jv}.$$

Wegen $\tilde{x}_d = A\,e^{jv}$ wird somit

$$N(A) = \frac{\tilde{u}_2}{\tilde{x}_d} = -\frac{8}{\pi A}j.$$

Anstelle der Regelung im Bild A14 kann man also im Zustand der Harmonischen Balance die Regelung im Bild 16 untersuchen, die wieder vom Standardtyp ist.

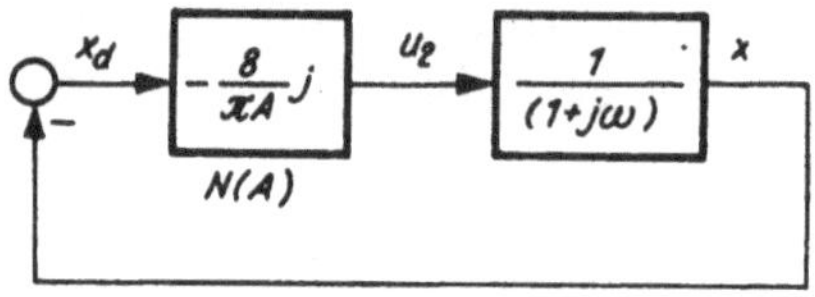

Bild L16

Die nichtlineare Ortskurve ist durch

$$z = N_j(A) = -\frac{8}{\pi}Aj$$

gegeben und im Bild L17 sizziert. Man ersieht aus ihm, daß es genau eine Dauerschwingung gibt, die stabil ist. Man erhält nun in üblicher Weise ihre Parameter aus

$$N(A) = -L^{-1}(j\omega),$$

d. h.

$$-\frac{8}{\pi A}j = -(1 + j\omega)^2:$$

$$\omega_p = 1, \qquad A_p = \frac{4}{\pi}.$$

Damit ist das in a) erhaltene Ergebnis legitimiert. Vollständige Übereinstimmung beider Resultate, wie sie hier vorliegt, wird sich bei komplizierteren Verhältnissen allerdings nicht einstellen. Auch ist zu beachten, daß man mit der Methode b) keine Aussage über Amplituden von Schwingungen *innerhalb* des umfassenden nichtlinearen Blocks machen kann. Die Abweichung vom wahren Wert wird dann gröber sein. Dies gilt im vorliegenden Fall für B_p. Für die wahre

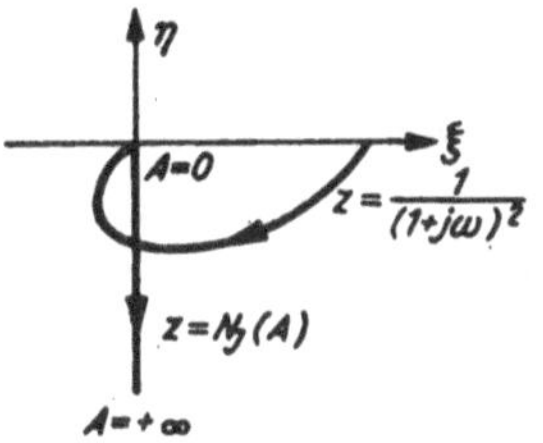

Bild L17

Amplitude von y liest man aus Bild L15 $\pi/2 = 1{,}57$ ab, während sich unter a) $B_p = 4/\pi = 1{,}27$ ergab. Die Abweichung beträgt somit 19 %.

Lösung von Aufgabe 14

a) Damit man die Kennlinie $F(y, \dot{y})$ im Zustand des Schwingungsgleichgewichts durch die Beschreibungsfunktion charakterisieren kann, muß ihre Eingangsgröße näherungsweise sinusförmig sein, denn dies wird bei der Definition der Beschreibungsfunktion angenommen. Das wird der Fall sein, wenn das *Teilsystem mit* $L_2(s)$ *ein genügend starker Tiefpaß* ist. Das Verhalten der beiden anderen linearen Teilsysteme spielt in dieser Hinsicht keine Rolle. Zur Vermeidung von Gleichtermen wird man weiterhin Punktsymmetrie der Kennlinie (sowie monotones Steigen) annehmen. Ihre Beschreibungsfunktion sei dann $N(A)$.

Im Zustand der Harmonischen Balance kann man die Beschreibungsfunktion wie einen Frequenzgang mit anderen Frequenzgängen verknüpfen (wie aus den Zeigerdarstellungen sofort folgt). Daher kann man die Beschreibungsfunktion der inneren Schleife im Bild A15 unmittelbar dort ablesen:

$$N_i(A, \omega) = \frac{L_2(j\omega)}{1 + L_2(j\omega)\, N(A)} .$$

Damit erfolgt die Gleichung der Harmonischen Balance in der üblichen Weise:

$$L_1(j\omega)\, N_i(A, \omega)\, L_3(j\omega) = -1 ,$$

und daraus durch einfache Umformung

$$[L_1(j\omega)\, L_3(j\omega)]^{-1}\, N(A) = -1 - [L_1(j\omega)\, L_2(j\omega)\, L_3(j\omega)]^{-1} .$$

Ist die Kennlinie eindeutig und $N(A)$ daher reell, so kann man für die letzte Gleichung schreiben:

(L12) $\quad N(A)\, \mathrm{Re}\, [L_1(j\omega)\, L_3(j\omega)]^{-1} = -1 - \mathrm{Re}\, L^{-1}(j\omega)$,

(L13) $\quad N(A)\, \mathrm{Im}\, [L_1(j\omega)\, L_3(J\omega)]^{-1} = -\mathrm{Im}\, L^{-1}(j\omega)$,

wobei abkürzend $L = L_1 L_2 L_3$ gesetzt ist.

b) Mit

$$N(A) = \frac{4b}{\pi A}, \quad (L_1 L_3)^{-1} = j\frac{\omega}{K} \quad \text{und}$$

$$L^{-1} = -\frac{2T\omega^2}{K} + j\frac{\omega}{K}(1 - T^2\omega^2)$$

erhält man aus (L12) und (L13)

$$\omega_p = \sqrt{\frac{K}{2T}} \quad \text{und} \quad A_p = \frac{8b}{\pi}\frac{1}{KT-2}.$$

Für $KT > 2$ hat man also mit einer Dauerschwingung zu rechnen.

Lösung von Aufgabe 15

Der lineare Anteil ist durch $\ddot{x} + \omega_0^2 x$ gegeben, so daß

$$P(j\omega) = (j\omega)^2 + \omega_0^2 = \omega_0^2 - \omega^2$$

ist. Die Nichtlinearität

$$F(x, \dot{x}) = \alpha x^3 + r \operatorname{sgn} \dot{x}$$

entsteht durch Parallelschaltung zweier Kennlinien. Daher erhält man ihre Beschreibungsfunktion N als Summe der beiden Beschreibungsfunktionen N_1 zu αx^3 und N_2 zu $r \operatorname{sgn} \dot{x}$. Hiervon ist N_1 gemäß (233) bereits bekannt:

$$N_1(A) = \frac{3}{4}\alpha A^2.$$

Die Kennlinie $u = r \operatorname{sgn} \dot{x}$ unterscheidet sich dadurch von der Zweipunktkennlinie, daß die Signumfunktion nicht von x_d, sondern von der Ableitung $\dot{x}$ abhängt. Wegen $x = A \sin \omega t = A \sin v$, also $\dot{x} = \omega A \cos v$ ist

$$\operatorname{sgn} \dot{x} = \operatorname{sgn}(\omega A \cos v) = \operatorname{sgn}(\cos v),$$

da A und $\omega > 0$ sind und das Vorzeichen deshalb allein von der cos-Funktion bestimmt wird. Nach (220) und (221) ist nun

$$\operatorname{Re} N_2(A) = \frac{r}{\pi A}\int_0^{2\pi} \operatorname{sgn}(\cos v) \sin v \, dv,$$

$$\operatorname{Im} N_2(A) = \frac{r}{\pi A}\int_0^{2\pi} \operatorname{sgn}(\cos v) \cos v \, dv.$$

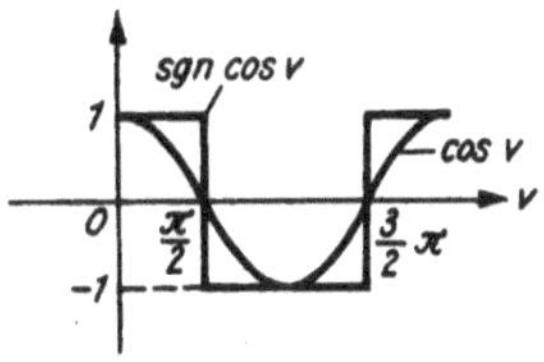

Bild L18

Da sgn (cos v) gerade ist, wird Re $N_2(A) = 0$ und weiter nach Bild L18

$$\operatorname{Im} N_2(A) = \frac{2r}{\pi A} \int\limits_{\frac{\pi}{2}}^{\frac{3}{2}\pi} (-1) \cos v \, \mathrm{d}v = \frac{4r}{\pi A}.$$

Daher ist

$$N_2(A) = j\frac{4r}{\pi A}.$$

Die Beschreibungsfunktion der gesamten Nichtlinearität $F(x, \dot{x})$ wird so

$$N(A) = N_1(A) + N_2(A) = \frac{3}{4}\alpha A^2 + j\frac{4r}{\pi A}.$$

Hiermit erhält man aus (226), (227) die Gleichungen der Harmonischen Balance des vorliegenden Problems:

(L 14) $$\left[\frac{3}{4}\alpha A^2 + \omega_0^2 - \omega^2\right]^2 + \left(\frac{4r}{\pi A}\right)^2 = \left(\frac{E}{A}\right)^2,$$

$$\tan(-\varphi) = \frac{4r/\pi A}{\frac{3}{4}\alpha A^2 + \omega_0^2 - \omega^2}.$$

Aus diesen Gleichungen kann man A und φ in Abhängigkeit von ω berechnen. Insbesondere wird aus (L14)

$$\frac{3}{4}\alpha A^2 + \omega_0^2 - \omega^2 = \pm\frac{E}{A}\sqrt{1 - \left(\frac{4r}{\pi E}\right)^2}$$

oder

(L 15) $$\omega^2 = \omega_0^2 + \frac{3}{4}\alpha A^2 \pm \frac{E_r}{A}$$

mit

$$E_r = E\sqrt{1 - \left(\frac{4r}{\pi E}\right)^2}.$$

Damit Dauerschwingungen auftreten können, muß also

$$r \leqq \frac{\pi}{4} E$$

sein: Der Reibungswiderstand darf im Vergleich zur äußeren Anregung nicht zu groß sein.

Zusammenstellung einiger Beschreibungsfunktionen

Benennung der Nichtlinearität	Bild bzw. Gleichung Dabei: $x_d = A \sin \omega t$	Beschreibungsfunktion $N(A)$
Zweipunktglied	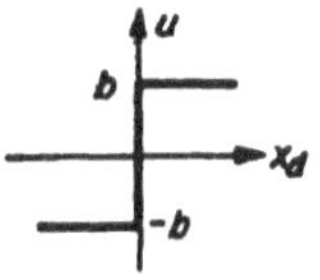	$\frac{4b}{\pi A}, \quad A > 0$
Zweipunktglied mit Hysterese	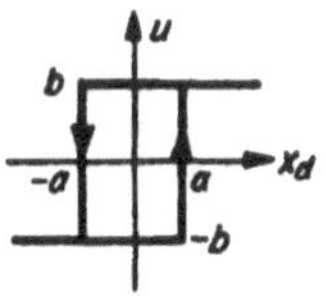	$\frac{4b}{\pi A}\sqrt{1-\left(\frac{a}{A}\right)^2} - j\frac{4ab}{\pi A^2}, \quad A \geqq a$
Trockene Reibung	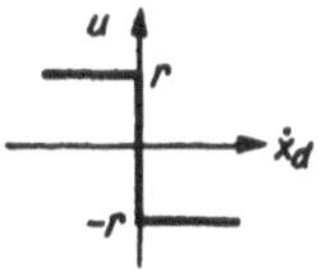	$-j\frac{4r}{\pi A}, \quad A > 0$
Dreipunktglied	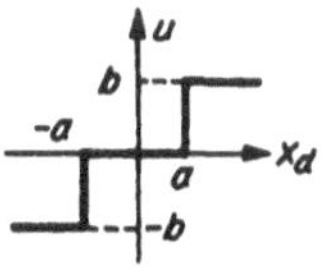	$\frac{4b}{\pi A}\sqrt{1-\left(\frac{a}{A}\right)^2}, \quad A \geqq a$
Dreipunktglied mit Hysterese	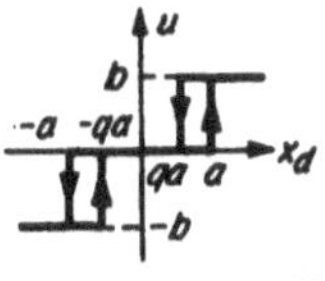	$\frac{2b}{\pi A}\left[\sqrt{1-\left(\frac{a}{A}\right)^2} + \sqrt{1-\left(\frac{qa}{A}\right)^2}\right] - j\frac{2ab(1-q)}{\pi A^2}$ $A \geqq a$
Begrenzung	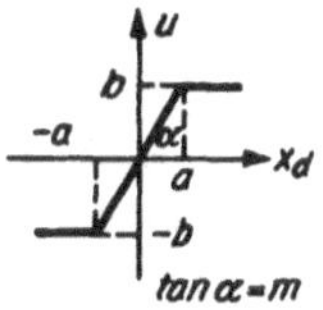	$m, \quad 0 \leqq A \leqq a$ $\frac{2m}{\pi}\left[\operatorname{Arcsin}\frac{a}{A} + \frac{a}{A}\sqrt{1-\left(\frac{a}{A}\right)^2}\right], \quad A \geqq a$

Benennung der Nichtlinearität	Bild bzw. Gleichung Dabei: $\dot{x}_d = A \sin \omega t$	Beschreibungsfunktion $N(A)$
Totzone	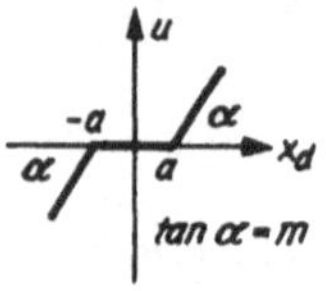	$m\left[1-\frac{2}{\pi}\operatorname{Arcsin}\frac{a}{A}-\frac{2}{\pi}\frac{a}{A}\sqrt{1-\left(\frac{a}{A}\right)^2}\right], \quad A \geqq a$
	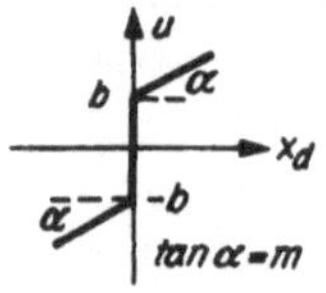	$\frac{4b}{\pi A}+m, \quad A>0$
Lose (Spiel)	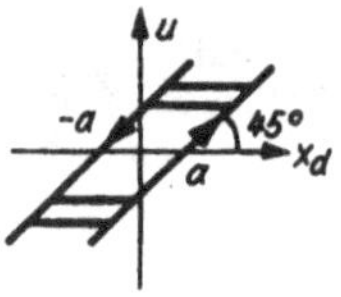	$\frac{1}{2}+\frac{1}{\pi}[\operatorname{Arcsin}\alpha+\alpha\sqrt{1-\alpha^2}]-j\frac{1}{\pi}(1-\alpha^2)$ $-1<\alpha<1, \quad \alpha=1-\frac{2a}{A}$
	$u = x_d^3$	$\frac{3}{4}A^2$
	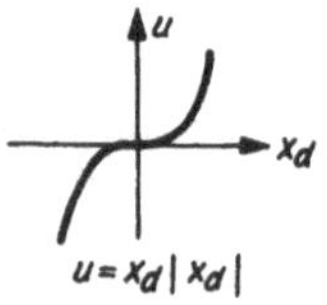	$\frac{8A}{3\pi}$
	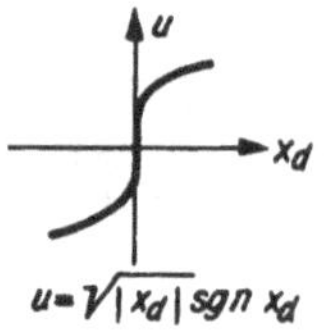	$\frac{4\sqrt{2}}{\pi}\frac{\left[\Gamma\left(\frac{5}{4}\right)\right]^2}{\Gamma\left(\frac{5}{2}\right)}\frac{1}{\sqrt{A}}, \quad A>0$

Literaturverzeichnis

A. Lehrbücher, in denen die Harmonische Balance behandelt wird

[1] ATHERTON, D. P.: Nonlinear Control Engineering. Van Nostrand, London, 1975. Sehr ausführliche Behandlung der Methode der Beschreibungsfunktion.

[2] FASOL, K. H.: Die Frequenzkennlinien. Springer-Verlag, Wien, 1968. Verwendung der Beschreibungsfunktion im Kapitel 8.

[3] GELB, A. und VAN DER VELDE, W. E.: Multiple-Input Describing Functions and Nonlinear System Design. McGraw-Hill, New York, 1968. Standardwerk zur Methode der Beschreibungsfunktion.

[4] GIBSON, J. E.: Nonlinear Automatic Control. McGraw-Hill, New York, 1963. Methode der Beschreibungsfunktion: Kapitel 9.

[5] GILLE, J. C., PELEGRIN, M. und DECAULNE, P.: Lehrgang der Regelungstechnik. Band I: Theorie der Regelungen. R. Oldenbourg, München/Verlag Technik, Berlin 1964. Harmonische Balance: Kapitel 21.

[6] GÖLDNER, K.: Nichtlineare Systeme der Regelungstechnik. Reihe Automatisierungstechnik, Verlag Technik, Berlin, 1973. Harmonische Balance im Kapitel 2.

[7] HSU, J. C. und MEYER, A. U.: Modern Control Principles and Applications. McGraw-Hill, 1968. Harmonische Balance in den Kapiteln 6 und 7.

[8] LEONHARD, W.: Einführung in die Regelungstechnik, Nichtlineare Regelvorgänge. Vieweg, Braunschweig, 1970. Beschreibungsfunktion im Kapitel 6.

[9] NASLIN, P.: Dynamik linearer und nichtlinearer Systeme. R. Oldenbourg, München, 1959. Harmonische Balance im Kapitel 8.

[10] POPOW, E. P.: Dynamik automatischer Regelsysteme. Akademie-Verlag, Berlin, 1958. Harmonische Balance: Kapitel 16 und 17.

[11] POPOW, E. P. und PALTOW, I. P.: Näherungsmethoden zur Untersuchung nichtlinearer Regelungssysteme. Akademische Verlagsgesellschaft Geest und Portig, Leipzig, 1963. Umfangreiche Monografie über die Harmonische Balance (Harmonische Linearisierung).

[12] SOLODOWNIKOW, W. W.: Instationäre und nichtlineare Systeme. Verlag Technik, Berlin, 1974. Harmonische Balance in den Kapiteln 9 bis 12.

[13] STARKERMANN, R.: Die harmonische Linearisierung I, II. BI-Hochschultaschenbücher. Bibliographisches Institut, Mannheim, 1970.

[14] TEODORESCU, D.: Entwurf nichtlinearer Regelsysteme mittels Abtastmatrizen. Dr. Alfred Hüthig Verlag, Heidelberg, 1973. Bringt im Rahmen der Harmonischen Balance eine neuartige Behandlungsmethode für Regelkreise mit Nichtlinearitäten.

B. Einige weitere Lehrbücher über nichtlineare Systeme, insbesondere Stabilitätstheorie

[15] BHATIA, N. P. und SZEGÖ, G. P.: Stability Theory of Dynamical Systems. Springer-Verlag, Berlin/Heidelberg/New York, 1970.

[16] HAHN, W.: Stability of Motion. Springer-Verlag, Berlin/Heidelberg/New York, 1967. Standardwerk der Ljapunow-Theorie.

[17] MALKIN, J. G.: Theorie der Stabilität einer Bewegung. R. Oldenbourg, München, 1959.

[18] PHILIPPOW, E.: Nichtlineare Elektrotechnik. Akademische Verlagsgesellschaft Geest und Portig, Leipzig, 1963.

[19] SCHÄFER, W.: Theoretische Grundlagen der Stabilität technischer Systeme, Direkte Methode. Vieweg, Braunschweig, 1976. Für den Anwender gedachte Zusammenstellung grundlegender Begriffe und Sätze der Stabilitätstheorie.

[20] WILLEMS, J. L.: Stabilität dynamischer Systeme. R. Oldenbourg, München/Wien, 1973.

[21] ZYPKIN, J. S.: Theorie der Relaissysteme der automatischen Regelung. R. Oldenbourg, München, 1958. Exakte Bestimmung der periodischen Vorgänge in Relaissystemen.

C. Bücher über Schwingungsprobleme

[22] ANDRONOW, A. A., WITT, A. A. und CHAIKIN, S. E.: Theorie der Schwingungen I und II. Akademie-Verlag, Berlin, 1965 und 1969.

[23] MAGNUS, K.: Schwingungen, eine Einführung in die theoretische Behandlung von Schwingungsproblemen. B. G. Teubner, Stuttgart, 3. Auflage, 1976.

[24] STOKER, J. J.: Nonlinear Vibrations in Mechanical and Electrical Systems. Interscience Publishers, New York, 5. Auflage, 1963.

D. Regelungstechnische Grundlagen

[25] FÖLLINGER, O., DÖRRSCHEIDT, F. und KLITTICH, M.: Regelungstechnik, Einführung in die Methoden und ihre Anwendung. Elitera-Verlag, Berlin, 2. Auflage, 1977. Darin auch Behandlung der Zustandsraummethoden.

[26] OPPELT, W.: Kleines Handbuch technischer Regelvorgänge. Verlag Chemie, Weinheim, 5. Auflage, 1972.

E. Mathematische Grundlagen

[27] BRONSTEIN, I. N. und SEMENDJAJEW, K. A.: Taschenbuch der Mathematik. Harri Deutsch, Frankfurt (Main), 16. Auflage, 1976.

[28] DOETSCH, G.: Anleitung zum praktischen Gebrauch der Laplace-Transformation und der Z-Transformation. R. Oldenbourg, München/Wien, 3. Auflage, 1967.

[29] FÖLLINGER, O.: Laplace- und Fourier-Transformation. Elitera-Verlag, Berlin, 1977.

[30] ZURMÜHL, R.: Matrizen und ihre technischen Anwendungen. Springer-Verlag, Berlin, 4. Auflage, 1964.

Sachwortverzeichnis

Abtastregler 24
Anfangszustand 27, 46
Ausgangsgleichung 34, 35
Ausgangsvektor 14, 27

Begrenzungskennlinie 12, 23
— mit Hysterese 24
Beschreibungsfunktion 62ff.
— bei mehrdeutiger Kennlinie 137
Berechnung der — 66ff.
für Begrenzungskennlinie 70
für Dreipunktglied 66
für Dreipunktglied mit Hysterese 66
für Zweipunktglied 66
für Zweipunktglied mit Hysterese 66
— für Dreipunktglied 70, 221
— Losekennlinie 179, 222
— für Totzone 72, 222
— für Zweipunktglied 76, 221
— für Zweipunktglied mit Hysterese 70, 221
logarithmische — 124ff.
für Begrenzungskennlinie 125
für Dreipunktglied 125
für Totzone 126
für Zweipunktglied 124
negative inverse — 74
normierte — 122
Bewegungsraum 28
Bode-Diagramm 96

Dämpfung 165
Dauerschwingung 56, 58, 81, 84, 88, 90, 97, 104ff.
lineare — 114
stabile — 184
Diagonalmatrix 34
Dreipunktglied mit Hysterese 22
Dreipunktkennlinie 20, 40
Duffingsche Differentialgleichung 166, 172
Durchflußkennlinie 193

Eingangsvektor 14, 27
Einschwingvorgang 55, 56, 104
Einzugsbereich einer Ruhelage 50, 116, 119, 185
Eisensättigung 24
Enthalpieregelung 174

Faltungsintegral 25
Festwertregelung 37, 39
Fourierreihe 59, 134, 168
Frequenzgang 25, 64, 167
Frequenzkennlinien 74, 96, 121ff.
— bei eindeutiger Kennlinie 123
— bei mehrdeutiger Kennlinie 129
nichtlineare — 96

Gamma-Funktion 205
Gleichstrommotor 14, 25, 156
Grenzschwingungen 105ff.
instabile — 105, 111ff.
semistabile — 105, 111ff.
stabile — 105, 110ff.
Grenzzyklus 115
Grundschwingung 60, 65, 133, 149

Harmonische Balance 55ff.
Gleichung der — 66
— bei eindeutiger Kennlinie 151
— bei mehrdeutiger Kennlinie 155
— bei unsymmetrischer Kennlinie 136ff.
— für mehrschleifigen Regelkreis 155
— für nichtlineare Schwingungsdifferentialgleichung 170
Voraussetzungen zur — 61
Harmonische Linearisierung 64
Hurwitz-Kriterium 101, 204
Hysteresekennlinie 22, 41, 64

Integrierverhalten 39, 40

Kennlinie
mehrdeutige — 93
unsymmetrische — 132ff.
Kennlinienglied 18

Laplace-Transformation 16
Linearisierung, harmonische 64
Linearisierung um einen Arbeitspunkt 64
Lose 178

Magnetisierungskennlinie 15, 19
Matrizenschreibweise 38ff.

Nichols-Diagramm 129
Nyquist-Kriterium 109, 204

Oberschwingungen 59, 90, 133, 168
Operator 11
Ortskurve, lineare 74
— für Verzögerungssysteme 79
Ortskurve, nichtlineare 75
— für allgemeines Dreipunktglied mit Hysterese 73
— für Begrenzungskennlinie 76
— für Dreipunktglied 76
— für Lose 181
— für Totzone 77
— für Zweipunktglied 75
— für Zweipunktglied mit Hysterese 77
Oszillator, elektrischer 162

Partialbruchzerlegung 30, 196
PD-Regler 185, 199
realer — 100, 190
Pendel 45
Phasenraum 27
PI-Regler 175
PID-Regler 24
Pole
einfache — 30, 51
mehrfache — 31, 34, 52
Proportialverhalten 39

Rampenfunktion 177
Regelkreis der Schwingungsdifferentialgleichung 168
Regelkreis, nichtlinearer 18, 43, 168
mehrschleifiger — 155
Reihenstabilisierung, nichtlineare 186
Relaiskennlinie 22, 70
Relaisregler 18
Ruhelage 20, 37ff.
Abweichungen von der — 42, 44, 51
asymptotisch stabile — 49, 53
global asymptotisch stabile — 50, 51, 97ff.
instabile — 45, 48, 51, 53
stabile 45, 47, 52, 53
Stabilitätsverhalten der — 57
Ruhezustand 37ff.
Abweichungen vom — 190

Sättigungskennlinie 23
Schwebung 173
Schwingung
autonome — 165, 169, 170
erzwungene — 167, 169, 170
heteronome — 165, 167
parametererregte — 167
Schwingungsdifferentialgleichung 28
gedämpfte — 173
lineare — 165
Schwingungsgleichgewicht 59ff., 133, 149
Selbstschwingung 115
Signalflußbild 17, 26, 36
Signumfunktion 19
Stabilisierung 100ff.
— mittels Frequenzkennlinien 127
Stabilität, asymptotische mit beschränktem Einzugsbereich 53
Stabilitätsverhalten
— einer Ruhelage 44, 115
— von Grenzschwingungen 107
Standardregelkreis, nichtlinearer 45, 58
stationärer Zustand 164
Abweichungen vom — 164
Steuervektor 27
Störglied 167, 170
Störungen 20, 41, 44, 165
Störwelligkeit 185
Strömungswiderstand 192
Strukturbild 17, 26, 36

Tiefpaß 59, 90, 133, 168
Totzeitglied 18, 190, 198
Totzone 23, 40, 177
Trajektorie 27
Verhaltensweisen der — 55ff.
trockene Reibung 22, 156, 165

Überlagerungsprinzip 11
Übertragungsfunktion 17, 25
— rationale 190
Übertragungsglied 11
— lineares 11, 162
— nichtlineares 12
— rationales 18, 29, 33, 35, 38, 42, 51

Van der Polsche Gleichung 165, 171
Ventilkennlinie 19, 132
Verstärkerkennlinie 19
Verstärkungsfaktor, dynamischer 200
Verstärkungsprinzip 11
Verzögerungsglied 30
Verzögerungssystem 94
Verzögerungsverhalten 78
Vorhaltecharakter 101

Zeigerdarstellung 62, 135, 169, 215
Zustandsdifferentialgleichung 30ff., 35
Zustandsebene 46
Zustandskurve 27
Zustandspunkt 27
Zustandsraum 27
Zustandsvariable 25ff., 196
Zustandsvektor 27
Zwei-Ortskurven-Verfahren 74
Zweipunktkennlinie 19
— mit Hysterese 21, 41

FSC
www.fsc.org
MIX
Papier | Fördert
gute Waldnutzung
FSC® C083411

Kolibri 360 GmbH
Ferdinand-Jühlke-Straße 7
99095 Erfurt, Deutschland
produktsicherheit@kolibri360.de